自然珍藏系列

哺乳動物圖鑑

克拉克柏頓◎編輯顧問

黃小萍◎譯

貓頭鷹出版社

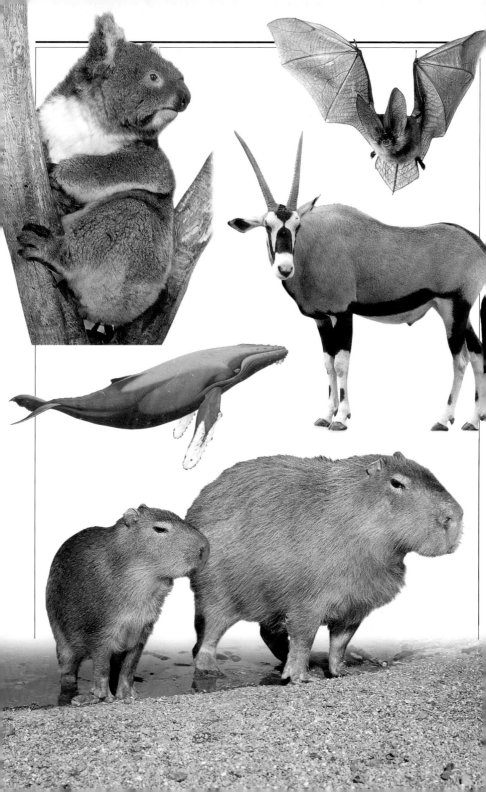

■ 中文版序

想要認識哺乳動物嗎？

李玲玲

近年來國人觀賞野生動物的興趣越來越高，也經常會主動搜尋各類野生動物圖鑑、解說手冊或參考資料來增加自己對各類野生動物的認識與瞭解。儘管坊間有相當多有關鳥類、昆蟲的書籍，但是關於與人類親緣關係最密切的哺乳動物，好的圖鑑或書籍卻相當缺乏，這本《哺乳動物圖鑑》的出版可以稍稍彌補此一遺憾。

《哺乳動物圖鑑》在簡短的篇幅下精要的提供了許多哺乳動物的資訊，除了介紹哺乳動物的一般特性、演化、形態構造、生殖、社會組織結構、感官與通訊能力、活動方式、食性外，還介紹了生活在沙漠、草原、森林、極地與高山、水中等不同生態系中哺乳動物的適應生存，哺乳動物所面臨的威脅與保育，哺乳動物與人類的關係，以及如何觀察哺乳動物。

此外，本書更針對超過450種的各類哺乳動物，也就是將近全世界現生哺乳動物中四分之一的種類，簡要地敘述牠們的外貌、體型、分布範圍、社會結構、懷孕期、產仔數、食性。精簡的文字與上千幅精彩的照片與圖像，可讓讀者在短時間內愉快地、廣泛地認識各類哺乳動物。

本書的編輯顧問曾擔任英國自然史博物館哺乳動物組資深研究員，因此對於書中內容正確性與精準度的掌握無庸置疑。然而要稍加說明的是，由於動物的分類會隨著新的研究發現而不斷修正演變，本書的分類系統將全世界的哺乳動物分為21個目，相對於另一種分類方式把哺乳動物分為26目有所不同，主要的差異在於後者將有袋類（無尾熊、袋鼠等）再區分為7個不同的目，同時將鰭腳目（海豹、海獅等）併入食肉目中。另外，某些物種的學名也因為新的分類方式而有所改變，但是這些屬於分類上的細節，應當不影響讀者對於書中所述哺乳動物一般習性的瞭解。

李玲玲 美國加州大學戴維斯分校博士，現任國立台灣大學動物學系副教授。專長為動物生態、動物行為、哺乳動物學、野生動物保育。

"A Dorling Kindersley Book"
www.dk.com

哺乳動物圖鑑

Original title : EYEWITNESS HANDBOOK: MAMMALS
Copyright © 2002 Dorling Kindersly Limited, London
Chinese Text Copyright © 2003 Owl Publishing House
All rights reserved.

翻譯 黃小萍
名詞審定 李玲玲
出版 貓頭鷹出版社
發行人 涂玉雲
發行 英屬蓋曼群島商家庭傳媒股份有限公司
城邦分公司
連絡處 台北市民生東路二段141號2樓
讀者服務專線 0800-020-299
24小時傳真服務 02-25170999
劃撥帳號 19833503 英屬蓋曼群島商家庭傳媒
股份有限公司城邦分公司
香港發行所 城邦（香港）出版集團
電話 852-25086231／傳真 852-25789337
馬新發行所 城邦（馬新）出版集團
電話 603-90563833／傳真 603-90562833
印製 成陽彩色製版印刷股份有限公司
初版 2003年5月／初版6刷 2005年5月
定價 新臺幣750元
ISBN 986-7879-41-4
有著作權・侵害必究

系列主編 陳穎青
執行編輯 羅凡怡
特約編輯 張瑩瑩
版面構成 洪素貞
行銷企畫 夏瑩芳、林筑琳、柯若竹
讀者服務信箱 owl_service@cite.com.tw
貓頭鷹知識網 www.owl.com.tw 歡迎上網訂購
大量團購請洽專線 02-23560933轉282
歡迎投稿！請寄：台北市信義路二段213號11
樓 貓頭鷹編輯部收

目錄

物種論述 54

緒 論

哺乳動物是脊椎動物中最為人熟知的一群，也是變化最多、環境
適應力最強的動物，從海洋到極地的廣大棲地中，都有哺乳動物生存。
儘管變化多端，哺乳動物仍有許多共同的基本
特徵：溫血、以分娩方式生育下一代、用乳腺分泌的乳汁哺育
新生兒，而且身上大多覆有毛髮，只有少數例外。

透過演化過程，地球上的生命已有數百萬年的變化，因此衍生出龐雜的生物陣容，從蠕蟲、蠍子、蒼蠅、魚類到蛙類、爬行類、鳥類，乃至哺乳類等，包含了不知幾百萬的物種。在動物名冊中，哺乳動物通常列位於最頂端，彷彿自然的演化過程正是以此為終點。哺乳動物確實成功地廣布於各式各樣的棲地，且體型和數量都相當龐大；

然而，卻不能將之視為演化的巔峰，因為其他動物如天空中的鳥類、陸地上的昆蟲、海洋裡的魚類和甲殼動物等，從演化的角度來看也一樣成功，且無論就物種或個體的數量而言，都比哺乳動物來得多。儘管如此，哺乳動物仍然擁有許多獨特而迷人的特質。

◁ 漫長的演化歷史
化石遺跡顯示，巨帶齒獸這種形似
鼩鼱（尖鼠）的小型哺乳動物約於
2億年前出現在地球上，正是早期
恐龍廣布於陸地上的時期。

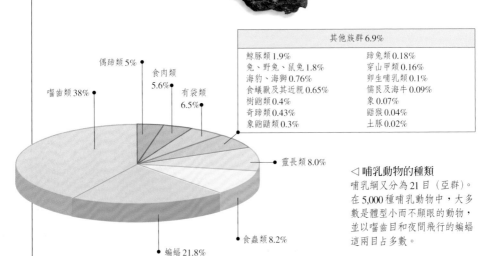

其他族群 6.9%	
鯨豚類 1.9%	蹄兔類 0.18%
兔、野兔、鼠兔 1.8%	穿山甲類 0.16%
海豹、海獅 0.76%	卵生哺乳類 0.1%
食蟻獸及其近親 0.65%	儒艮及海牛 0.09%
樹鼩類 0.4%	象 0.07%
奇蹄類 0.43%	跗猴 0.04%
象鼩鼱類 0.3%	土豚 0.02%

偶蹄類 5%

食肉類 5.6%

嚙齒類 38%

有袋類 6.5%

靈長類 8.0%

食蟲類 8.2%

蝙蝠 21.8%

◁ 哺乳動物的種類
哺乳綱又分為 21 目（亞群）。
在 5,000 種哺乳動物中，大多
數是體型小而不顯眼的動物，
並以嚙齒目和夜間飛行的蝙蝠
這兩目占多數。

生存之道

哺乳動物藉由非常複雜的生理化學，使身體維持較高的恆溫，因此，與冷血的爬行動物及昆蟲相較之下，哺乳動物對食物的需求量相當大。但也因此，哺乳動物能在嚴寒的條件下持續活動，可在多季生存於高山及鄰近兩極的遙遠地區；這說明了哺乳動物是少數能夠生存於嚴苛棲息環境的動物。在動物王國中，哺乳動物還展現出某些至為複雜的行為模式：大多數哺乳動物都能從經驗中學習，像大象這類極長壽的動物，就能累積無價的技能與知識傳予子孫。有些哺乳動物會組成複雜的社會群組，利用完善的溝通方式，促使個體互相協助，以求生存。

△ 智能
猩猩具有解決問題及使用工具的能力。上圖這隻黑猩猩已懂得使用枝條從白蟻丘中取食。

▽ 社會行為
由於雌性哺乳動物會哺育幼仔，因此家庭生活為期較長。許多哺乳動物的社會關係會延續到成年期，組成獅群、羊群、猴群、鯨群等各種小群體。

◁ 環境適應力
從在貧瘠、多岩的山脈中生存的蹄兔（左圖），到能在海洋中長途游行的鯨魚，哺乳動物幾乎占據了所有的棲息環境。

人類與其他哺乳動物

人類與其他哺乳動物有一段漫長而親密的關係史：從牠們暖和的體溫、毛茸茸的身體、機警的反應、臉部的表情、活躍的行動及複雜的行為中，我們獲得了認同感。在人類歷史中，哺乳動物更曾是膜拜、詛咒或獻祭的主體；牠們也因為能和人作伴、提供食物、或是載重等各種用途，長期為人類所圈養。這種因應人類所需，針對動物性情或長處進行選擇性繁殖的過程，往往造就出相當大的改變與多樣性，譬如家犬，不僅品種種數龐大，而且只有極少數仍與其祖先——狼非常神似。本書將重點放在目前仍棲息於野外，且生存幾乎不受人類影響（儘管不全然如此）的物種，因為牠們更需要我們的關心與保護。

△ 為人工作的哺乳動物
有許多哺乳動物力氣很大，如水牛、犛牛和其他牛種、馬、驢、駱駝、駱馬及大象等，都可用來拖拉、負重，或從事其他勞力工作。

◁ 膜拜
在古埃及，胡狼被視為引導亡靈的阿奴畢斯神化身，因而受到膜拜。在印度，牛、象及猴子至今仍是神聖的動物；在某些社會中，獅、虎、熊等動物則具有神靈及惡魔的混合形象。

◁ 研究
對哺乳動物進行詳細的生物學研究，可幫助我們找到方法，來保護生存遭受威脅的物種。

◁ 保育
人類捕殺露脊鯨等大型哺乳動物已有數百年歷史，如今雖將注意力集中在保育工作上，但對某些物種來說，卻是為時已晚。

如何使用本書

本書涵括了哺乳動物綱中的 21 個目，每一目的物種又根據各自所屬的科別排序。

下方的示範頁面列舉了一個典型的條目，條目資訊則由內文、色帶及圖例所組成。

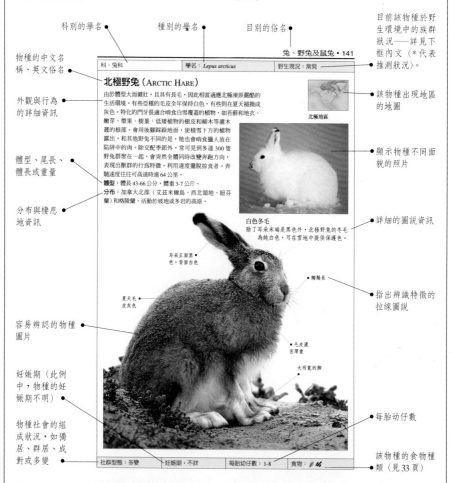

科別的學名

種別的學名

目別的俗名

目前該物種於野生環境中的族群狀況——詳見下框內文（*代表推測狀況）。

物種的中文名稱、英文俗名

外觀與行為的詳細資訊

體型、尾長、體長或重量

分布與棲息地資訊

容易辨認的物種圖片

妊娠期（此例中，物種的妊娠期不明）

物種社會的組成狀況，如獨居、群居、成對或多變

兔、野兔及鼠兔 • 141

科：兔科　　　　學名：*Lepus arcticus*　　　　野生現況：常見

北極野兔 (ARCTIC HARE)

由於體型大而健壯，且具有長毛，因此相當適應北極凍原嚴酷的生活環境。有些亞種的毛皮全年保持白色，有些則在夏天裡換成灰色。特化的門牙很適合啃食白雪覆蓋的植物，如苔蘚和地衣、嫩芽、漿果、樹葉、低矮植物的樹皮和柳木等灌木叢的根部。會用後腳踩踏地面，使積雪下方的植物露出。和其他野兔不同的是，牠也會啃食獵人放在陷阱中的肉。除交配季節外，常可見到多達 300 隻野兔群聚在一起，會突然全體同時改變奔跑方向，表現出獸群的行為特徵。利用速度擺脫掠食者，奔馳速度往往可高達時速 64 公里。

體型：體長 43-66 公分，體重 3-7 公斤。

分布：加拿大北部（艾茲米爾島、西北領地、紐芬蘭）和格陵蘭。活動於坡地或多岩的高原。

北極地區

顯示物種不同面貌的照片

該物種出現地區的地圖

白色多毛
除了耳朵末端是黑色外，北極野兔的冬毛為純白色，可在雪地中提供保護色。

詳細的圖說資訊

耳朵正面黑色，背面白色

夏天毛皮灰色

顎頰長

毛皮濃密厚重

大而寬的腳

指出辨識特徵的拉線圖說

社群型態：多變　　妊娠期：不詳　　每胎幼仔數：1-8　　食物： ✐ 🌿

每胎幼仔數

該物種的食物種類（見 33 頁）

本書所標示的物種族群狀況主要以世界自然與自然資源保育聯盟（IUCN）的「瀕危物種紅皮書」（見 46 頁）為根據，分類如下：

野外絕種：僅存在於人工圈養環境。

嚴重瀕危：面臨極高度的絕種危機。

瀕臨絕種：面臨相當高度的絕種危機。

受威脅：面臨高度絕種危機。

瀕危風險低：必須透過保育，才能免於成為上述族群。

常見：在廣大的區域內具有較高的族群密度。

地區性常見：在限定範圍內，具有較高的族群密度。

什麼是哺乳動物？

哺乳動物是人類日常生活中最熟知的動物。我們所圈養的動物及寵物大多是哺乳動物，同樣地，在野生動物公園與動物園裡，我們喜歡觀察的野生動物也多半是哺乳動物。人類也是哺乳動物，因此同樣具有這個類群所有典型的特徵，事實上，我們在動物世界中的最近親——猿與猴，都是哺乳動物。

哺乳動物的特徵

哺乳動物有三個主要特徵，使牠們有別於其他類別的動物，也與其他脊椎動物不同（脊椎動物即具有內部骨架的動物，如魚類、爬行類及哺乳類）。首先，哺乳動物是溫血動物，更精確地說是內溫、恆溫動物，亦即能從體內產生熱度，使身體維持在相當高的溫度，通常為 35-40℃，且不論環境溫度如何變化，都能將體溫保持於恆定範圍。其次，哺乳動物具有毛髮或毛皮，就連看起來似乎完全沒有毛髮的哺乳動物，如鯨魚和海豚，身上仍有一些地方具有毛髮。第三個特徵是雌性哺乳動物會以體內腺體分泌的乳汁哺育新生幼仔，這種腺體稱為乳腺，也是哺乳動物這整個類群的名稱由來。

頭部相對較大

厚毛皮層

乳腺

幼仔吸吮乳汁

△ 哺乳動物與乳汁
雌性哺乳動物（上圖為白眉鬚猴）以乳腺分泌的乳汁哺育新生小猴。乳腺是皮膚中的特殊汗腺，通常位於雌性的胸部或腹部。

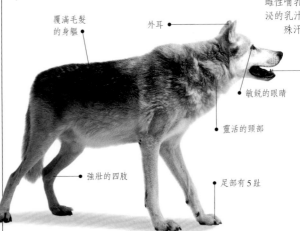

覆滿毛髮的身軀

外耳

長有各種牙齒的顎

敏銳的眼睛

靈活的頸部

強壯的四肢

足部有 5 趾

◁ 哺乳動物的身軀
以狼為例，典型的哺乳動物具有大型的頭部、敏銳的眼睛、耳朵和鼻子。強壯的顎配備了數種牙齒（見 18 頁）。修長的身軀、四肢及尾巴（見 16 頁）大都覆滿毛髮。不過，也有些哺乳動物演化出大相逕庭的形態（見對頁）。

三類哺乳動物

哺乳動物常依其繁殖方式分為 3 類。單孔類或卵生哺乳動物的雌性會先產卵，再由卵中孵出幼仔。有袋類哺乳動物的胎兒則會在母親子宮中短暫發育，但在發育初期便即分娩出世，身形微小、看不見也聽不到，四肢才初具雛形，而且沒有毛髮。這類新生兒出生後，會爬到母親身上的袋狀物──育兒袋，在袋中吸吮母親的乳汁，繼續發育成長。第三類也是種類最多的一類，是具有胎盤的哺乳動物（見 22 頁）。這類哺乳動物的胎兒在子宮中透過胎盤取得養分，並發育至較後期的階段，因此胎盤哺乳動物的幼仔出生時，發育程度會比有袋類的幼仔更完整。

△ **卵生哺乳動物**
單孔類哺乳動物有 5 種，包括 4 種針鼴（圖中為短吻針鼴）及鴨嘴獸。

◁ **有袋類哺乳動物**
有袋類哺乳動物約有 292 種，包括袋鼠（如圖中的坎島灰袋鼠）、岩袋鼠和沙袋鼠、無尾熊、䶄、袋狸，及形似鼠、鼩的小型有袋動物。

特化的哺乳動物

雖然大多數哺乳動物都生活在陸地上，但有幾類卻發展出適應不同環境的能力。這些哺乳動物根據其特定的生活環境，演化出非常獨特的形態及四肢結構。

噴氣孔　　　長須鯨（哺乳動物）　　　水平的尾鰭

初級飛羽　　鰓　　　　　　　　　　　垂直的尾鰭

鯨鯊（魚類）

▷ **形態似鳥的哺乳動物**
超過 1/5 種的哺乳動物不會跑卻會飛。蝙蝠的前肢變成翼的形狀，但牠的翼是由手指骨連結一片皮膜而成，不像鳥翼那樣由羽毛組成。

尾部無骨　　　　蒼鷹（鳥類）

修長的指骨　　　敏銳的耳朵

薄而具有彈性的皮膜　　　歐亞兔蝠（哺乳動物）

△ **形態似魚的哺乳動物**
鯨、海豚及鼠海豚具有流線型的身軀，以便在水中游動，形態與魚類相似。牠們的前肢變成鰭狀，身體末端具有尾鰭。牠們用肺呼吸，而不像魚類用鰓呼吸。

演化

和所有生物一樣，哺乳動物歷經了很長的演化過程。以所有曾經出現在地球上的哺乳動物而言，現今約4,475 種仍存於世的種類只是其中的一小部分。化石證據顯示，最早的哺乳動物出現的年代，和早期恐龍一樣是在 2 億年多前。但哺乳動物的一些特徵，例如以乳汁哺育新生兒，並無法從化石中得到證明。因此，史前時代的哺乳動物必須透過化石殘骸，特別是牙齒和頭骨（見對頁），才能驗明正身。

哺乳動物始祖

早期哺乳動物的始祖是一群活動力強的小型掠食動物，形似哺乳動物的爬行動物亞群，屬於孔獸目。根據化石推論，有些孔獸目動物已具有毛皮，並可能是溫血動物，正逐漸演化成真正的哺乳動物。這些早期哺乳動物出現於三疊紀中期，牠們的頭骨（見對頁）出現新的特徵，骨骼更輕、更靈活，四肢垂直排列在身體下方，而不再像爬行動物一樣向兩側伸展。2 億年前，早期哺乳動物開始在森林底層獵捕小型獵物。接下來的 1 億 3 千 5 百萬年，恐龍統治了陸地；此時的哺乳動物儘管體型都不比家貓大，但仍然存活下來。牠們可能是在夜間活動，因為對恐龍這類大型爬行動物來說，夜晚太冷，無法行動。

△ 早期哺乳動物

在非洲賴索托發現的巨帶齒獸，是最早的哺乳動物之一，源自三疊紀末期。化石殘骸顯示，這種動物身長 12 公分，外型與現今的鼩鼱或樹鼩極為相似。

始祖象（5 千萬～3 千 5 百萬年前）　　　始乳齒象（3 千 5 百萬年前）　　　嵌齒象（2 千萬年前）

三疊紀	侏羅紀	白堊紀
此時形似哺乳動物的爬行動物頗為常見。第一批哺乳動物與第一批恐龍出現。	主宰陸地的恐龍包括巨大草食性與兇猛的肉食性動物，哺乳動物則是體型嬌小的夜行性食蟲動物，可能為卵生（單孔類）。	恐龍持續分化，形成許多類群。哺乳動物仍為小型夜行性掠食動物。
距今年數（百萬年）　205	142	

快速演化

恐龍在6千5百萬年前滅絕。不久之後的第三紀初期，哺乳動物開始產生巨大的變化，就連那些從四隻腳的祖先高度演化而成的動物，也在這個時期的初期出現。哺乳動物在此時演化出千百種新品種，有些品種後來消失了，其他存活下來的，則形成現代的哺乳動物。直到距今5千萬年前，第一批鯨魚開始在大海遨遊，早期的蝙蝠也在天空展翼飛翔。

▽ 演化中的家族

有些哺乳動物族群從前曾比現在還要普遍許多。例如大象家族，雖然現存只有3個品種，卻擁有漫長而多樣的演化歷史，整個家族品種曾經超過160種。

恐象（2千2百萬～2百萬年前）　　　亞洲象（現代）

早期爬行動物

頭骨後方的顎關節

形狀一致的牙齒

三疊紀的哺乳動物

顴弓

顎關節比早期爬行動物更往前方推進

大型顴弓

特化的牙齒

現代哺乳動物　　□ 齒骨

頭骨的演化

哺乳動物的爬行動物祖先牙齒形狀大致相同，下顎則由許多塊骨頭組成。但經過演化後，哺乳動物的下顎簡化成一塊齒骨，牙齒則有各種不同形狀，同時發展出顴弓，用來固定強韌有力的咀嚼肌肉。

▽ 演化年表

哺乳動物在中生代一直都是小型掠食動物，變化不大。當新生代展開，恐龍消失無蹤，哺乳動物（和鳥類）隨即快速演化，不久就主宰了陸地。

	第三紀		第四紀
有袋類及胎盤哺乳動物可能於此時期出現。	哺乳動物開始快速演化。直到4千萬年前，大部分現代類群都已演化成型。		一連串冰河時期嚴重改變了許多哺乳動物的棲息環境。現代人類出現，伴隨著許多大型哺乳動物的消失，如長毛象、巨慶鹿等。
65	1.8		現代

新生代

多樣性

哺乳動物是所有動物中分布最廣、物種歧異度也最高的一群。相較於其他主要的動物類群而言，牠們的棲地種類更多樣，分布範圍更廣泛，有一部分原因在於哺乳動物的內溫性（溫血性），這種特點使牠們即使是在極地海洋這類寒冷的地區，仍能保有活動力。

極端的體型與形態

哺乳動物的體型大小所涵蓋的範圍，令其他動物望塵莫及。體型最大的哺乳動物是藍鯨，牠不僅是現存於世的最大型動物，也是地球上有史以來最龐大的動物之一。相較於最小型的哺乳動物，例如比人類拇指更小的豬鼻蝠或侏儒尖鼠，藍鯨的體重是牠們的7千萬倍。在這兩個極端之間，哺乳動物的大小與形態更充滿各種可能，包括比昆蟲還小的老鼠、可以游得比魚更好的水獺與海豚、翼展比多數鳥類更寬的果蝠，還有角比成人手臂更長的巨大水牛等等。

◁ 最大型的哺乳動物
一隻攝食正常的雌藍鯨體重可超過150公噸，身長可達30公尺，與最大型的恐龍如阿根廷龍不相上下。

▷ 向上伸展
長頸鹿可接觸到離地面6公尺高的樹葉。長頸鹿的每個部位都拉長了：超長的頸部、可伸長的吻部及如高蹺般的四肢，連舌頭都能從嘴巴伸出達45公分長。

△ 最小型的哺乳動物
豬鼻蝠又稱為熊蜂蝠，可說是輕如鴻毛——只有約2公克重。牠的體長約30公釐，翼寬15公分，棲息在泰國西南部的山洞中。侏儒尖鼠的體重幾乎和牠一樣輕。

生活型態

哺乳動物幾乎可在地球上各種棲息環境中生存、活動。不同的物種發展出適應各種陸地棲息環境的能力，以應付變化極大的氣溫與地形，從寒冷的冰原、高山頂峰到熱帶雨林、針葉林、闊葉林、草原及灌木區，乃至最荒涼乾旱的沙漠地帶。哺乳動物的蹤跡還遍及天空、淡水與海水水域、土壤及地下洞穴中。儘管牠們也需要呼吸空氣，有些哺乳動物如抹香鯨與喙鯨，仍經常潛至深海中。

△ 陸地上
陸地上速度最快的動物是獵豹，牠奔跑的時速可達 100 公里。北美洲的叉角羚速度也幾乎一樣快。

△ 樹上
無尾熊、貂、袋鼯、某些狐猴及許多種猴子都生活在樹上，屬於樹棲性動物。

△ 天空中
雖然蝙蝠是唯一真正能夠飛行的哺乳動物，但還有許多哺乳動物是滑翔專家，例如鼯猴。

△ 水中
哺乳動物中，有些會經常親近水域，如水獺；有些會長時間停留在水中，例如海豹；至於鯨魚、海豚與鼠海豚，則從不離開牠們的水生環境。

似是而非

在幾千萬年的演化過程中，血緣相近的哺乳動物為了適應不同的環境，往往各有改變。樹棲性鼠類不僅具有大眼睛，還能在樹枝間靈巧行動；但牠們的近親——盲鼠卻幾乎完全看不見，並且穴居於地底。相反地，也有血緣甚遠的哺乳動物因為具有共通的生活習性與棲息地，而演化出極為相似的外型。

▷ 袋鼴
除了顏色之外，袋鼴的外型幾乎和歐洲鼴鼠一模一樣，然而牠卻屬於有袋目，是個完全不同的家族。

△ 歐洲鼴鼠
雖然這隻鼴鼠是食蟲動物，但無論體型或外表都與袋鼴十分相似。為了因應地底生活，牠也具有鏟子般的前爪、粗壯的身體和細小的眼睛與耳朵等特徵。

身體結構

大多數哺乳動物的身體結構都具有容易辨別的頭部與頸部、修長的軀幹、末端分裂為 5 趾（手指或腳趾）的四肢及 1 根尾巴。在 2 億年前最早出現的哺乳動物身上，這些基本構造已明顯可見。然而在歷經漫長的演化過程之後，這些結構已轉化成各式各樣的尺寸與形狀。

內骨骼

組成骨架的骨骼是身體內部的支撐構造，即內骨骼。內骨骼的質輕而強硬，經由可彎曲的關節連結後，便可以活動。大多數哺乳動物在相似的部位中，都具有這類骨頭，不過馬的許多指骨與趾骨已經消失無蹤。

▷ **最常見的形態**
鼠形是最常見的形態，因為每 5 隻哺乳動物中，就有 2 隻是囓齒類。

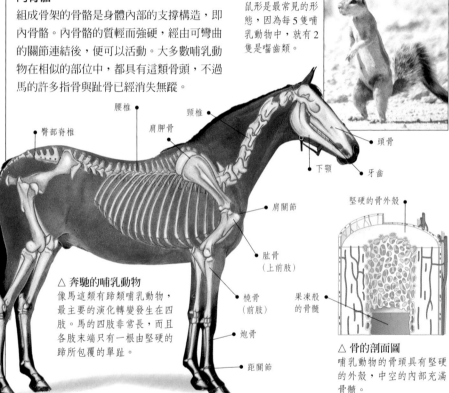

腰椎

臀部脊椎

頸椎

肩胛骨

頭骨

下顎

牙齒

肩關節

肱骨（上前肢）

撓骨（前肢）

炮骨

距關節

△ **奔馳的哺乳動物**
像馬這類有蹄類哺乳動物，最主要的演化轉變發生在四肢。馬的四肢非常長，而且各肢末端只有一根由堅硬的蹄所包覆的單趾。

堅硬的骨外殼

果凍般的骨髓

△ **骨的剖面圖**
哺乳動物的骨頭具有堅硬的外殼，中空的內部充滿骨髓。

哺乳動物的四肢

哺乳動物四肢的外型及其內部骨頭的變化很大，端視其行動方式而定，有地上跑的腿、空中飛的翼和水中游的鰭，可說整體結構均已特化。除了行動之外，許多物種的四肢還有其他功能，如捕捉獵物或梳理毛髮。

翼

蹄

鰭

手

適應水生環境

鯨豚類擁有演化程度極高的身體結構，其形態和結構與最初或原始的哺乳動物非常不同。爲了適應在水中推進的生活方式，海豚的頭、頸和身軀呈流線型，尖端則呈錐形，平滑的皮膚上幾乎沒有毛髮。

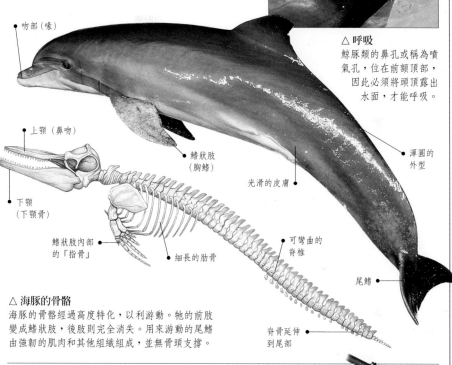

吻部（喙）

上顎（鼻吻）

鰭狀肢
（胸鰭）

光滑的皮膚

下顎
（下顎骨）

鰭狀肢內部
的「指骨」

細長的肋骨

可彎曲的
脊椎

尾鰭

△ 呼吸
鯨豚類的鼻孔或稱為噴氣孔，位在前額頂部，因此必須將頭頂露出水面，才能呼吸。

渾圓的外型

脊骨延伸
到尾部

△ 海豚的骨骼
海豚的骨骼經過高度特化，以利游動。牠的前肢變成鰭狀肢，後肢則完全消失。用來游動的尾鰭由強韌的肌肉和其他組織組成，並無骨頭支撐。

適應飛行生活

蝙蝠後肢的整體結構與大多數哺乳動物相似，但前肢卻高度演化成翼。牠的上臂骨頭又短又粗，前臂骨卻很長。蝙蝠的翼膜是由大多數哺乳動物（包括人類）都有的指間皮膚組織演化而來，主要由延伸極長的指骨來支撐。翼膜本身則是一層很薄的肌肉以及富有彈性的纖維，夾在兩層皮膚之間而形成。雙翼藉由肩膀與胸部的強健肌肉來拍擊。

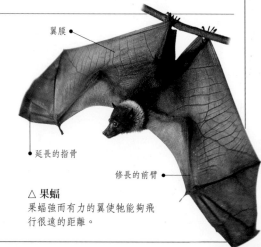

翼膜

延長的指骨

修長的前臂

△ 果蝠
果蝠強而有力的翼使牠能夠飛行很遠的距離。

牙齒

哺乳動物還有一項特點，是下顎直接與頭骨相鉸合，因而成為強大的利器。與其他脊椎動物不同的是，哺乳動物具有形狀不一且功能分化的牙齒，稱為「異型齒」。牠們的牙齒種類主要有4種：前面的門齒具有平整銳利的邊緣，用來啃咬；犬齒長而尖銳，用來撕扯；前臼齒與臼齒（頰齒）寬大的牙面可用來碾磨，銳利的邊緣用以切割。不同物種的牙齒有不同的發展：肉食性動物的犬齒較長，用來截刺並撕扯獵物；草食性動物的犬齒極小或甚至沒有犬齒，但前臼齒與臼齒很大，且凹凸不平，極利於嚼磨。

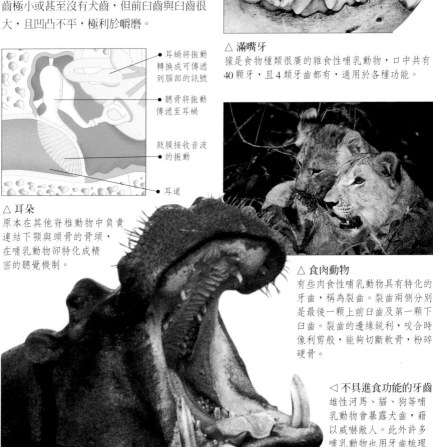

銳利的切割邊緣 ●

寬廣的研磨表面 ●

多重突起的嚼食表面 ●

食肉動物的頰齒　　食草動物的頰齒　　雜食動物的頰齒

臼齒 ●　　前白齒 ●　　大齒 ●　　門齒 ●

△ 滿嘴牙
獴是食性種類很廣的雜食性哺乳動物，口中共有40顆牙，且4類牙齒都有，適用於各種功能。

耳蝸將振動轉換成可傳遞到腦部的訊號 ●

聽骨將振動傳遞至耳蝸 ●

鼓膜接收音波的振動 ●

耳道 ●

△ 耳朵
原本在其他脊椎動物中負責連結下顎與頭骨的骨頭，在哺乳動物卻特化成精密的聽覺機制。

△ 食肉動物
有些肉食性哺乳動物具有特化的牙齒，稱為裂齒。裂齒兩側分別是最後一顆上前臼齒及第一顆下白齒。裂齒的邊緣銳利，咬合時像利剪般，能夠切斷軟骨，粉碎硬骨。

◁ 不具進食功能的牙齒
雄性河馬、貓、狗等哺乳動物會暴露犬齒，藉以威嚇敵人。此外許多哺乳動物也用牙齒梳理毛髮。

皮膚與毛髮

哺乳動物的皮膚有許多重要功能，可用來包覆並保護體內脆弱複雜的組織，同時提供觸覺。皮膚中的汗腺能釋放汗水，當汗水蒸發時可幫助身體散熱，使體溫維持穩定；皮脂線所產生的天然油脂或蠟，能使皮膚保持柔軟，又能防水。皮膚還會長出只有哺乳動物才有的毛髮。大型食草動物如象的皮膚，可超過3公分厚，可增加對獅子等掠食者的防禦力，同時防止蚊蟲叮咬寄生。

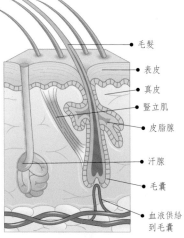

- 毛髮
- 表皮
- 真皮
- 豎立肌
- 皮脂腺
- 汗腺
- 毛囊
- 血液供給到毛囊

△ 皮膚剖面
哺乳動物的皮膚分為2層：外部的表皮粗糙而無知覺，內部的真皮具有腺體及觸覺感應組織。

▷ 鬚
鼻子四周敏感的毛髮稱為鬚（觸鬚），在哺乳動物行動時，用來接觸四周環境。

◁ 刺
刺蝟及豪豬等哺乳動物具有擴大、堅硬而末梢尖銳的毛髮，稱為刺毛、皮刺或刺，主要功能是自衛。

老虎　　海豚　　犰狳

△ 皮膚種類
老虎的皮膚具有便於在草叢中偽裝的條紋。海豚的皮膚沒有毛髮，利於在水中游動。犰狳的皮膚長有角質外鱗甲，可用來自衛。

體溫調控

哺乳動物是恆溫動物，即體溫維持在固定的高溫，能透過各種行為來調控體溫，譬如在泥漿中打滾，或在陰涼處休息、收縮或擴張皮膚中攜有熱能的血管、加速或減緩新陳代謝率、顫抖，或是流汗。

▷ 喘氣
具有厚毛皮的哺乳動物無法利用排汗來降低體溫，因此改藉喘氣將身體的熱氣排出，同時蒸發口水以協助散熱。

繁殖

哺乳動物行有性繁殖，即雌性的卵細胞必須與來自雄性的精細胞結合，成為能夠長成新個體的受精卵。牠們無法像某些較低等的生物一樣進行無性繁殖，即無法僅由單一個體來繁殖後代。哺乳動物的繁殖方法具有許多獨特之處，特別是新生代能在體內特化的組織——子宮中生長。子宮內側有一層內膜，稱為胎盤，未出世的胎兒就從這裡取得養分。

求偶與交配

求偶過程可確保雌性與雄性哺乳動物的同種結合，以繁殖出健康且有生命力的後代。求偶過程涉及聲音、體味及視覺，通常由雄性發出求偶聲，以便吸引遠處的潛在配偶；許多雌性哺乳動物則會散發體味，告知雄性自己已準備交配。透過體態與動作的展現，交配對象可相互評估對方的條件，挑選適當的配偶。

△ 繁殖期的競爭
有些雄性哺乳動物會互相搏鬥，以爭取和雌性交配的機會。最壯碩強健的雄性便是贏家，因為牠們最有可能繁殖出最健康的後代。

◁ 交配
哺乳動物行體內受精：雄性的精細胞會進入雌性的體內，以便使卵細胞受精。

▽ 繁殖季節
大多數的哺乳動物如海豹，每年只在特定時期聚集在一起進行繁殖，並在最適合生長的季節撫育幼仔，通常是在食物供給量最豐富的春天或夏天。

卵生哺乳動物

單孔目是由單孔類哺乳動物組成的一個小族群，牠們並不會分娩出成型的幼仔。幼仔會在母體內的卵中發育，待母親產卵後，幼仔才孵出，並和其他哺乳動物一樣吸吮母親的乳汁。單孔目包括鴨嘴獸和4種針鼴，這5個物種原產於東南亞及澳洲。母針鼴會將蛋和其後孵出的幼仔放在育兒袋中。

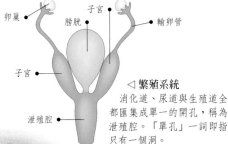

◁ **繁殖系統**

卵巢　　子宮　　膀胱　　輸卵管　　子宮　　泄殖腔

消化道、尿道與生殖道全都匯集成單一的開孔，稱為泄殖腔。「單孔」一詞即指只有一個洞。

◁ **鴨嘴獸**

母鴨嘴獸在河岸的洞穴中築巢。牠在產卵後的10天孵化期中，會保護卵，並使卵保持溫暖，直到幼獸孵化為止。母鴨嘴獸沒有乳頭，乳汁由乳腺分泌到腹部，讓新生兒舔食。

有袋動物

有袋動物的英文 marsupial 源自拉丁文，意爲「皮質囊袋」。在292種有袋動物中，大多數母體的腹部都有個育兒袋。相對於胎盤動物（見22頁）來說，有袋動物的胎兒是在發育最初期便即誕生，然後爬入母親的育兒袋中，在安全有保護的情況下繼續發育。

卵巢　　子宮　　子宮　　卵巢　　陰道　　產道　　陰道

◁ **繁殖系統**

雌性有袋動物具有2條陰道，供雄性的精子進入使卵受精，同時也有2個子宮。胎兒從中央暫時形成的產道分娩而出。

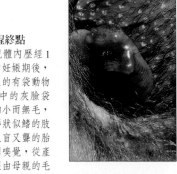

▷ **旅程終點**

在母親體內歷經1個月的妊娠期後，剛出生的有袋動物（如圖中的灰臉袋鼠）細小而無毛，具有形狀似鰭的肢芽。又盲又聾的胎兒利用嗅覺，從產道口經由母親的毛皮「游」到育兒袋中，然後貼在袋內的乳頭上吸吮乳汁，再繼續發育6個月後，才開始探索外面的世界。

▷ **袋鼠幼仔**

年紀稍長的有袋類幼仔會短暫離開育兒袋，在想要吸奶、休息或遭受威脅時回到袋中。育兒袋可向前開啓（如袋鼠），或向後開啓（如無尾熊）。

胎盤動物

哺乳動物除了單孔獸與有袋動物之外，全為胎
盤動物。胎盤是一種在雌性子宮中隨胎兒一起
發育的體內組織，具有經過特化的功能，可將
母體血液中的氧氣與養分傳輸到胎兒，並將廢
棄物輸出，使胎兒能在子宮中發育到更成熟的
階段。不過，「胎盤動物」一詞並不夠精準，
因為有袋動物的母體子宮中也有發展不完全的
胎盤組織。

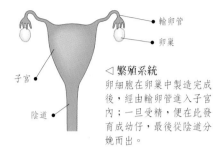

◁ 繁殖系統

卵細胞在卵巢中製造完成
後，經由輸卵管進入子宮
內；一旦受精，便在此發
育成幼仔，最後從陰道分
娩而出。

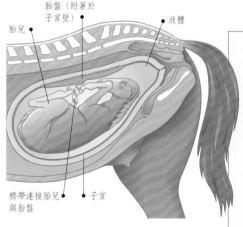

△ 子宮內部

胎盤嵌在子宮內膜中，透過由血管組成的臍帶與
發育中的胎兒相連。子宮中的液體可緩衝胎兒所
受的撞擊與顛簸。胎盤在胎兒出生後不久，也隨
之排出體外。

▷ 新生兒

有些哺乳動物的新
生兒在出生後幾分
鐘內，就能走動並
奔跑，這類物種通
常出生在開放地
區，且面臨掠食者
的威脅，譬如牛
羚。誕生於巢穴中
的新生兒通常發育
較不完全。

呼吸第一口氣

子宮中的胎兒透過胎盤從母親血液中獲
得氧氣，因此不須自己呼吸。然而在
誕生後，胎兒即與子宮分離，新生兒
立刻需要空氣。有些哺乳動物在水中進
行分娩，如海豚、鼠海豚、鯨魚、儒艮
和海牛等，因此新生兒一出生，就必須
快速浮出水面呼吸空氣。通常，母親或
其他成獸在新生兒浮出水面的這段旅程
中，會溫柔地給予推頂與支撐。

△ 誕生於水中

陸地上的哺乳動物誕生時，通常是頭先出
現，以便讓通過產道的過程較為順利；但海
豚和其他鯨豚類的新生兒則是尾部先出現，
因其流線型的身體能夠順暢地滑出產道。

親代的撫育

哺乳動物的繁殖過程有個特點在動物界並不常見,就是親代的長時間照顧。新生兒吸食母親的乳汁達數星期,甚至數月之久。親代提供幼仔溫暖、安全與護衛。這種照顧均由母親負責,但有些物種的父親也會擔任此責,在某些社群性物種中,還可由團體中其他成員加以照顧。大型哺乳動物如象、猩猩及人類等,親代照顧的時間最長可達 10 年以上。

◁ 快速繁殖專家
如老鼠等小型嚙齒動物是許多掠食者的日常主食,因此牠們以快速繁殖作為自我防衛之道。一對家鼠可在 1 年內繁殖 2-3 代,若全部存活,數量可達 1 千隻。

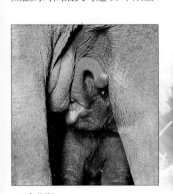

△ 哺乳期
雌性哺乳動物以乳汁哺育新生兒的期間,稱為哺乳期。哺乳期長短不一,小型嚙齒動物為10-14 天,而象的哺乳期可長達 3 或 4 年。

△ 少量的新生代
大型哺乳動物如圖中的狒狒,每胎只產 1、2 隻新生代。如此親代才能以較多的時間來照顧新生兒,使牠們有更好的生存機會。

成長階段

哺乳動物親代照顧期間延長所造成的結果之一,是新生代享有較長的「童年」或學習期。牠們因而得以觀察父母及群內成員的行為,用不斷摸索的方式,嘗試狩獵或各種不同食物等活動。

◁ 嬉戲
哺乳動物的幼仔如狐狸,嬉戲時看來似乎純為樂趣。但其實遊戲也具有重要意義,它可幫助幼仔發展敏銳的感官、加速反應力、增強體能與靈活度,這些都是牠們成熟後獵捕食物、躲避敵手,以及繁殖期與對手競爭時所必需的能力。

社群模式

哺乳動物具有各種社會行為，草食性動物的社群行為比肉食性動物更為顯著。然而，由於哺乳動物具有適應環境的特質，因此社群的模式也視棲地、季節、繁殖狀況、生命週期以及食物豐富度而定。此外，在撫養新生代時，哺乳動物多半會與同種群聚，共同生活一段時間。

獨居性哺乳動物
肉食性哺乳動物如貓科、部分的熊科、貂科（鼬和貂）及靈貓科（靈貓及獴）多傾向獨居，而非群居性，部分原因是為了減少同一區域內掠食者互相競食的壓力。但犬科家族卻展現完全相反的傾向，會形成有組織的群體。

△ 獨行的潛獵者
貓科動物是獨行的夜行性潛獵動物。如果有兩隻貓科動物同時出現，若不是一對配偶，就是母親帶著幼仔。獅子是唯一的例外，會組成獅群。

◁ 領域
一如其他大型肉食性動物，熊也會建立領域。但是公棕熊的領域會與母熊重疊，使兩性偶爾能夠相遇進行交配。

配對
有些哺乳動物，特別是靈長類，會雌雄配對一整年或達數年之久，某些種類的長臂猿甚至會終生配對。這種配對系統可省去在每個交配季節時，為了競爭新的交配對象所耗費的能量與風險。不過最近的研究顯示，這種配偶關係並不總是一夫一妻制，當另一配偶不在時，牠們也可能與其他個體交配。

△ 琴瑟和鳴
有些長臂猿為了加強配偶之間的關係，會發出二重唱般的呼叫，特別是在黎明時刻。這種吼聲也可用來警告其他長臂猿遠離牠們的領域。

延伸的家族

有些猴與狐生活在由雌性與其配偶、子女組成的家族群體中。有些物種如獅、狼、大猩猩等，其群體還可延伸到其他近親，或是向下延伸到一、二代的子孫。成熟的雄性可能會獨居，只在交配時才與群體互動。許多有蹄動物則會組成龐大的同種群體，甚至與不同種動物混居在一起，如斑馬、瞪羚及羚羊，以數量保障安全。

△ 兔子窩
兔子會以最多 20 隻左右的個體組成穩定的群體，其中雌雄數目大致相同。輩分較高的雌兔佔有距離兔窩中心最近、最大也最安全的洞穴。

◁ 象群
象群是母系社群，通常由具有親緣關係的母象及其小象所組成。公象則和許多大型草食性動物一樣，年輕公象組成單身漢群，年長公象則獨居。

▷ 虎鯨群
虎鯨群以年長雌虎鯨居首，由位階較低的雄虎鯨、雌虎鯨及其小鯨組成，最多可達 30 隻個體。虎鯨群可發展成多代同堂的群體。雄成鯨會暫時離開鯨群，以便與其他虎鯨群的母鯨交配。

群落生活

東非的裸隱鼠具有哺乳動物中獨一無二的群居型態，這種型態與昆蟲社會更為相近。牠們生活在最多可達 80 隻個體的群落中，並由一隻「鼠后」領導。只有鼠后會生育幼仔並授乳，其他成員或「朝臣」則負責照顧新生代。工鼠負責挖掘地道、尋找食物，並帶回群落的中心洞穴，以便與其他成員共享。

感官與溝通

哺乳動物不僅用感官來探路、尋找食物、辨認危險，也用感官與其他同種個體互動。牠們利用各式各樣複雜的溝通方式，譬如叫聲、氣味標記等，進行求偶、競爭優勢地位，或驅逐領域範圍的入侵者。

感官

哺乳動物擁有多數動物具備的 5 種主要感官：視覺、聽覺、嗅覺、觸覺及味覺。棲地環境會促使某些感官特別發達，例如生活在地底下的某些鼴鼠和隱鼠幾乎全盲，卻對觸覺及振動極端敏感；在視線不良的濃密森林中，猴子利用聲音來溝通；而開闊平原上的斑馬與羚羊，則大都具有敏銳的視力。

• 大耳朵聽覺靈敏

• 大眼睛面向正前方

• 尾巴具抓握力

△ **地下動物**
星鼻鼴鼠生活在地下，因此不太需要視力。牠鼻端四周觸鬚的觸覺非常敏感，再加上敏銳的嗅覺，使牠得以憑觸探及嗅聞尋找獵物與配偶。

回聲定位

鯨豚類與蝙蝠利用回聲定位或聲納來導航與尋找獵物。牠們先發出聲音，待回聲從鄰近物體反射回來時，就可得知物體的大小、位置與距離。

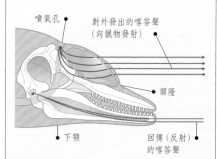

噴氣孔 •

對外發出的喀答聲
(向獵物發射)

額隆

• 下顎

回傳(反射)
的喀答聲

△ **反射的回聲**
海豚從噴氣孔發出聲音，透過前額的額隆對焦。反射的回聲則透過下顎傳至耳朵。

△ **夜間視力**
日常生活的活動週期也是影響感官發展的因素。夜行性的狐猴生活在非洲的森林中，牠朝向正面的大眼睛能看到最黯淡的光線，大耳朵則能在黑暗中發覺細微的聲響。

溝通

熱帶森林的清晨充滿了高呼、尖叫、噪叫和其他各種呼喊聲，主要的來源是猴子和其他靈長動物。這些聲音具有種內（同種的個體之間）溝通及其他目的，例如加強雌雄配偶間的聯繫；使同隊的每個成員知道其他成員的所在；向所有隊員宣告誰是優勢個體，或發出危險的警告；宣告森林的某個地區被牠們據為領域，警告敵對的同類不可僭越。這類溝通方式存在於所有哺乳動物中，且經常與視覺及嗅覺搭配運用。

△ 響亮的吼聲
南美洲的吼猴可發出整個動物王國中最響亮的聲音。清晨時雄吼猴以吼聲宣告群體的所在，聲音在 2 公里以外仍能聽見。

△ 氣味標記
許多哺乳動物會在領域四周排便或撒尿當作標記，警告外來者勿入。有些動物將腺體發出的氣味摩擦在岩石或其他物體表面，也具有相同效果。

△ 求偶呼聲
雄大翅鯨會發出一連串多變的嗚咽、尖叫、喀答和呼嘯聲，有時可作為求偶「歌」來吸引雌性。每隻雄大翅鯨都有其獨特的歌唱方式，且最長可持續 30 分鐘之久。

◁ 相互理毛
哺乳動物會理毛，以清理身上的塵土與糾結的毛髮。牠們也會為同種的其他個體理毛，以加強社群內的連結。

運動

典型的哺乳動物使用四肢行走，即所謂的四足運動模式。但在這個基本方式外，還有許多變化與例外。有些哺乳動物為二足式，如袋鼠、岩袋鼠和沙袋鼠。蝙蝠飛翔、鼴鼠鑽洞、長臂猿用前肢擺盪、沙鼠跳躍、海豹用後肢游動；鯨魚和海豚則完全不使用四肢，因其尾鰭並沒有任何四肢的骨頭。

四肢長度

從哺乳動物四肢長度與身體大小的比例，就可得知其運動的速度。譬如馬、鹿等動物四肢較長，一般表示牠們的行進速度很快。食蟲動物如鼴鼠和鼩鼱，則拖著腳步緩慢行走，因為牠們的獵物（蠕蟲和蛞蝓）行進速度並不快。四肢短而軀幹長的貂科家族，如鼬鼠，雖然犧牲了地面速度，卻能夠進入獵物的巢穴中。

▷ **蹠行動物**
使用這種步態的哺乳動物，是用腳跟（跟骨）、腳掌（肢梢）和趾骨來行走。熊和人類都使用這種姿勢。

腳趾

腳掌　　腳跟

腳跟

腳掌

◁ **蹄行動物**
有蹄的哺乳動物只以趾尖與地面接觸，趾尖則由堅硬的蹄包覆，就和這隻麋鹿一樣。蹄行動物的趾數有兩種，偶蹄動物有 2 趾，奇蹄動物有 1 趾。

單趾

▷ **趾行動物**
以這種姿勢行走時，身體重量是由 4 或 5 根腳趾（沒有蹄）分擔，腳的中央部位（掌部）則不與地面接觸。有些動物的腳掌很長，使腳跟有如向後彎曲的膝蓋。肉食性動物如貓科和犬科動物，即以這種方式行走。

腳跟

腳趾

腳掌

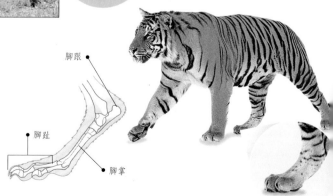

跳躍

一些有袋動物如袋鼠、岩袋鼠和沙袋鼠以二足跳躍前進，有些囓齒動物也是如此，例如跳鼠和跳兔。牠們的後肢腳掌部位比例很大，可提供緩衝，使動物在「彈跳」時爲順暢。

▽ 高效能

當哺乳動物以二足跳躍的方式加速時，這種步態會比跑步更具效能，因爲能量會儲存在後肢的大型肌腱中，而尾巴的上下擺動則可增加衝力。

飛越天空

許多哺乳動物族群如松鼠和鼯，都有滑行能力，但只有蝙蝠具有真正持續而可掌控的飛行能力。不過，由於蝙蝠在哺乳動物物種中占有超過1/5的席位，因此飛行便屬於哺乳動物相對常見的特徵；有些游離尾蝠飛行速度可達時速55公里以上。

▷ 滑行者

所有哺乳動物中，鼯猴擁有面積比例最大的飛行翼膜。

◁ 飛行者

與頭部、胸部相較之下，蝙蝠的身體後段和後肢比例非常小，以便減輕重量。

擺盪

長臂猿一族使用手臂交互盪掛於樹枝的方式前進，這種特殊的移動方法稱爲擺盪。牠們的手指頭演化成鉤形，拇指也無法像其他猿類或人類一樣抓握。

擺盪移動

長臂猿一邊向前移動，一邊像垂擺一樣擺盪，以便增加速度，並節省能量。

游於水中

水生哺乳動物演化出鰭與鰭狀肢，以便在水中移動（見42頁）。鯨魚的脊骨可以上下屈曲，同時輪流收縮上下的肌肉來驅動尾鰭。

◁ 鯨魚的尾部

末端漸細並捲曲的尾鰭，可使水流更有效地流過，而不會產生具有煞車效果的渦流。

攝食

哺乳動物是溫血動物，因此比同體型的冷血動物需要更多食物，提供身體燃燒產生熱能。只要是有機物，無論肉、蛋、真菌類、植物、果實、堅果、樹皮、樹液、蜂蜜、排遺或血液，幾乎都會成為某種哺乳動物的食物。

肉食性動物

哺乳動物中的食肉目所包含的，大都是只以肉為食的動物，幾乎不吃其他東西。食肉目家族包括貓科（貓、獅、豹）、犬科（狗、狐、狼）、貂科（鼬、水獺）、靈貓科（獴、靈貓、獛）；某些犬科動物及熊科動物則屬例外，如眼鏡熊與大貓熊就幾乎不吃肉。所有海豹、海獅、鯨魚和海豚都嗜肉，且從磷蝦到魚類甚至彼此都會吃。食蟲目則是較小型的食肉動物，其中也包括掠食性的物種，如鼩鼱（尖鼠）和鼴鼠。

▷ 捕魚
貂科家族中有些物種以魚為主食，包括水生的水獺及半水生的水貂，牠們具有尖銳的牙齒，可用來獵捕並撕裂滑溜的獵物。

◁ 快捷的獵者
獵豹是典型的貓科動物，專門獵捕野兔、瞪羚等移動速度很快的獵物，牠們會以迅雷不及掩耳的速度突襲獵物。

△ 食腐者
胡狼撿食各種掠食者吃剩的殘渣，但牠們本身也是身手矯健的狩獵者。

液態食物

吸血蝙蝠只以血液為食，從中獲取所有必要的養分。但牠並不直接吸吮血液，而是用牙齒切開一個傷口，舔食從中流出的血液。

▷ 渴飲者
吸血蝙蝠可在 10 分鐘內，舔食多達自身體重一半的血液。

△ 大胃王
就體型而言，侏儒尖鼠具有相當大的表面積，因此體熱散失得非常快。由於牠需要非常大量的熱能，所以每天要吃掉等同自己體重的食物。

△ 細小的獵物
土豚特化成捕食螞蟻與白蟻的專家。牠每天要舔食數千隻這類微小獵物，並以小釘子般的頰齒加以嚼食。

濾食性動物

世上最大型的哺乳動物——鬚鯨，吃的卻是某些最小型的獵物。這類掠食者與其獵物之間的體型差距，以及牠們濾食的被動本質（鬚鯨只是張開嘴巴讓大量的海水流入口中，然後將食物濾出），令人難以想像這類哺乳動物竟是掠食者或食肉動物。飢餓的藍鯨可在一天之內，吞下超過 4 公噸形似蝦子的磷蝦，而這也是牠唯一攝取的食物。

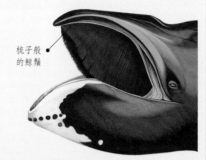

梳子般
的鯨鬚

△ 巨大的篩子
鯨鬚是一種類似軟骨的物質，從鯨魚的上顎骨垂懸而下，形成如剛毛狀的過濾板。弓頭鯨的鯨鬚最長，可達 4 公尺。

雜食性動物

許多哺乳動物為雜食性，食物的種類繁多，從植物、堅果、漿果到蛋、肉、昆蟲、屍體及腐肉都有。其中最大型的雜食性哺乳動物是熊。熊科家族中，只有北極熊除了肉之外什麼都不吃；其他熊類的適應力則好得多。美洲黑熊的食物中，有 9/10 是植物，但牠也和其他熊一樣，並不放過季節性食品，如初秋洄游產卵的鮭魚。浣熊是另一群機會主義覓食者，幾乎周邊任何東西都會吃。有些以肉食為主的哺乳動物，如狼、狗、狐及部分貓科成員如美洲小豹貓，若有必要也會轉為雜食。

△ 素食的熊
雖然美洲黑熊的體積龐大，有時可重達 300 公斤，但牠們卻會爬到樹叢上，用彈性十足的嘴唇採食果實與漿果。

草食性動物

植物性食物所含的養分與能量通常遠比肉類少，同時也較難在消化道中分解。和食肉動物比起來，草食性動物每天要花較長時間攝取大量食物，但比食肉動物占優勢的是，植物不會移動，不須費力獵捕，只不過有些植物具有防衛能力，如棘刺和毒素。大多數食草動物都具有發展良好的前臼齒與臼齒，以便徹底研磨食物。

△ 最大的饕家
陸地上最大型的哺乳動物——象，每天要進食超過150公斤的食物。但因消化系統很差，所以幾乎有一半的食物是原封不動地排出。

◁ 食草動物與食莖葉動物
食草動物包括瞪羚和斑馬，攝食青草和低矮的植物。食莖葉動物如鹿，攝食的植物範圍較廣，也包括了灌木和樹。

△ 堅果與種子
溫帶地區的秋天會盛產大量堅果與漿果，囓齒動物如金花鼠，則會將這些食物或埋或藏，日後再吃。

消化植物

有蹄類草食性動物有兩種。野馬和斑馬屬於後腸發酵動物，會先嚼食物才吞入胃中，再進入盲腸，進行消化過程中的發酵程序。其他大多數的偶蹄動物則為前腸發酵（或反芻）動物，牠們吞入的食物會先在第一個胃室，即瘤胃中進行發酵；然後又將食物反吐出來加以咀嚼，再吞入其餘的消化道中。

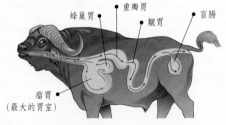

蜂巢胃　重瓣胃　皺胃　盲腸

瘤胃（最大的胃室）

△ 反芻動物
水牛咀嚼食物兩次，第一次是剛取食時，第二次是食物經瘤胃半消化之後。這就是所謂的反芻。

食物圖例

本書中,各種哺乳動物攝食的各類食物均以下列圖例表示,並說明如下。若有其他相關或特殊習性者,則於各物種個論內文中詳加說明。

大型哺乳動物
通常為草食性有蹄類動物,例如鹿、羚羊、斑馬、牛、綿羊、山羊等。

水生哺乳動物
海豹、海獅、海象、鯨、海豚、鼠海豚及海牛。

小型哺乳動物
體型約30公分以下,多半為草食性:大鼠、小鼠、田鼠、兔、松鼠。

鳥類
地棲型鳥類(如鶉類)、水禽(如鴨類)及巢中雛鳥。

爬行類
蜥蜴及蛇,有時指海龜、陸龜、鱷魚或短吻鱷。

兩生類
蛙類、蟾蜍、蠑螈及水螈,其中許多物種具有毒性。

頭足動物
具有長觸手的較大型軟體動物,如烏賊、章魚和墨魚。

魚類
獨棲或群聚、游速快或緩慢、生活於淺水或底棲魚類。

磷蝦
形狀似蝦的海洋甲殼動物,千百萬隻大批聚集在一起。

軟體動物
蝸牛和蛞蝓、海螺以及蚌殼類:蛤、牡蠣、貽貝、鮑魚。

蠕蟲
陸棲的軟體動物,如昆蟲的幼蟲(蛆)或水生甲殼動物的幼蟲。

節肢動物
具節肢的動物:昆蟲、蜈蚣、蜘蛛、蟹、淡水螯蝦。

其他無脊椎動物
包括海星、海參及水母。

卵蛋
主要為位於巢中的鳥蛋,或埋藏在地下的爬行動物的卵。

蜂蜜
蜜蜂專產的物質,也包含其他昆蟲所產的類似物質。

植物
地面以上的植物部位:葉,以及莖、花和軟枝。

草
草的葉片,但也包括富含營養的匍匐莖與根部。

果實
通常為柔軟的肉質果實與漿果,而不是堅硬的果實(見堅果)。

堅果
具有硬殼的果實或種子,打開後內部具有柔軟的核仁。

種子
花朵成熟後所結的實,肉質不多,外殼也不硬。

穀實
野生及馴化的禾草(如麥或米)富含澱粉的種子。

地下莖
包括其他植物的地下部位,如球莖、鱗莖或塊莖。

眞菌類
菇類、傘菌、擔狀菌,也包括酵母菌和地衣。

樹皮
樹木乾枯的外層,經常被咬開,以便覓得內部的樹液。

水生植物
淡水與鹹水植物;水生食草動物兩者皆食,如海牛。

沙漠哺乳動物

沙漠地區或冷或熱、多風或無風、多岩或多沙、海拔高或低，但都有一個共同特徵，就是永遠乾燥。相較於其他主要動物類群如昆蟲及爬行類而言，哺乳動物需要相當大量的水分，因此能適應沙漠生活的哺乳動物，在身體吸收、處理與釋放水分的方式上，便產生了重大改變。

獲取水分

棲息在沙漠的食肉動物可從新捕獲的獵物鮮血與體液中，獲得足夠的水分，因此取得水分的挑戰就轉為捕獲獵物的挑戰。食草動物可從植物獲取水分，特別是多肉植物。較小型的素食性哺乳動物將種子儲藏在巢穴中，以保存水分，並且舔食小石子和岩塊上的露珠。小型哺乳動物還會封堵窩穴的出口，以便將濕氣和冷空氣留在巢中。

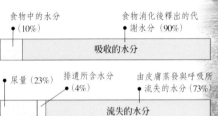

食物中的水分（10%）　　食物消化後釋出的代謝水分（90%）

吸收的水分

尿量（23%）　排遺所含水分（4%）　由皮膚蒸發與呼吸所流失的水分（73%）

流失的水分

△ 平衡水分
上圖說明跳囊鼠如何在乾燥的沙漠環境中生存。牠們完全依靠食物來獲取水分，所吸收的水分必須與失去的水分平衡，身體才不會脫水。

▽ 有效率的劍羚
劍羚的腎臟效率極佳，只排出少許尿量，排遺也十分乾燥。

◁ 儲存食物與水分
駱駝充滿脂肪的駝峰儲存的是食物和體內水分，因為當脂肪分解產生熱量時，分解過程會產生代謝水。飢渴的駱駝可在幾分鐘內喝下超過 50 公升的水。

覓食

大型沙漠食草動物能利用敏銳嗅覺偵測到降雨的來臨，同時前往植物即將生長的地點。小型食草動物也會為了短暫的食物盛產期而長途跋涉，沙漠跳鼠在一夜之間就可奔走 10 公里遠。有些草食性小動物還會收集並儲存盛產的食物，例如跳囊鼠巢中儲藏的過剩種子可多達 5 公斤。

▷ 站崗
在開闊的棲地上，視覺是偵測危險的主要感官。一群狐獴中，會有幾隻挺直站立，掃描地面以便偵查掠食者的蹤跡，並仰望天空偵查猛禽。

◁ 儲存食物
廣布於澳洲沙漠和內陸灌木叢中的粗尾細腳袋鼩，是一種貪婪的昆蟲與蠕蟲掠食者，會將多餘的食物以脂肪形式儲存於尾巴基部。

應付熱氣

大型沙漠哺乳動物如劍羚、紅瞪羚、長頸羚和駱駝等，都在涼爽的黎明與黃昏活動；白天則在灌叢或小山丘附近，任何找得到的陰涼處休息。牠們通常在夜間向新的食草區移動，因為夜間氣溫較低，且不易被掠食者發現。劍羚能在黑暗中行走 30 公里路，邊走邊反芻食物，並能在開始流汗散熱而失去水分前，將體溫升高到比正常體溫高 5℃。

▷ 散熱
溫血的哺乳動物體表面積大，可幫助散熱。撒哈拉沙漠的聶狐就有一雙大耳朵，既可冷卻身體，也能偵測到小獵物在沙地上爬動的聲音。

◁ 夜間覓食
小型沙漠哺乳動物如四趾跳鼠，白天高溫時通常躲在地道或地穴中，黃昏時刻才出來覓食；牠們利用大眼睛、大耳朵和長觸鬚一邊尋找食物，一邊保持警戒狀態。

草原哺乳動物

草原占地球陸地表面 1/4 的面積，孕育了非常多樣化的動物群落。雖然禾草是這類開放棲地上的優勢植被，但熱帶與亞熱帶地區的大草原上，仍然有零散的樹木與灌木叢，而且通常與開闊的林地相連。草原具有漫長的乾旱期及發生野火的危險，夾雜著偶來的雨水。

成群的動物

在空曠平原上，大型哺乳動物很少有藏身之處。草原上的食草動物採取的自衛法之一是「數多安全」，即聚集成群。當群體的部分成員進食或休息時，其他成員的數對眼睛、耳朵和鼻子會隨時保持警戒，偵查危險。當其中一員發現掠食者，就以叫聲及行動警告同伴，有些還會合作驅趕敵人。非洲大草原有最大規模的哺乳動物群集，斑馬、羚羊及瞪羚常大量聚集在一起。

▽ 遷移
大草原上的降雨並不均勻，當某些地區的植物正欣欣向榮生長時，其他地區可能處於乾旱期。大型食草動物如牛羚，經常為了尋找新的草地或水源而遷移。

△ 混群
不同哺乳動物可能會為了分享資源而組成混種的群體，例如長頸鹿能遠眺遠方地景，而斑馬有卓越的嗅覺。

◁ 狩獵隊
許多草原上的掠食動物如鬣狗、胡狼和獅子，都會組成狩獵隊，以便獵捕牛羚等可提供數日食物的大型獵物。

速度與行動力

由於草原上幾乎沒有可供遮蔽的地方，因此速度成為此處許多大型哺乳動物的重要特色。演化過程有利於速度快至能追捕到獵物的掠食者，如非洲的獵豹，及速度快到能躲避掠食者追擊的獵物，如北美洲的叉角羚；此兩例是動物王國中奔跑速度最快的動物。野馬則演化出在草原上長途跋涉所需的速度與耐力；速度最快的馬科動物是亞洲野驢，時速可達70公里。

▷ **四肢的設計**
鬃狼具有修長的四肢，但卻不是快捷的短跑好手。在牠所生活的高草原環境中，修長的腿使牠行動方便，並將頭抬高，以留意獵物或危險。

△ **自然淘汰**
母獅緊跟在獵物之後全速衝刺。為了增加捕獲的機會，這些高等的草原掠食者會專挑年幼或孱弱者下手。

地穴

在草原上開拓藏身之地的方法之一，就是向下挖掘。許多小型哺乳動物，特別是囓齒動物如草原犬鼠、田鼠及隱鼠等，都利用地穴藏身，以躲避掠食者、惡劣的氣候或火災。通常地穴口附近會有土丘，以防水患。最大型的地穴是由非洲一種專吃螞蟻與白蟻的土豚所築，大到可容一人藏身；澳洲的袋熊所挖掘的藏身處也幾乎和土豚的地穴一樣大。

▷ **棲息於地下**
每個草原犬鼠家族都有一個高度組織化的地道與巢穴網絡。牠們窩穴相鄰，形成迷你城鎮。

森林哺乳動物

森林是許多哺乳動物的家，能提供食物、避難所、躲避地面掠食者的安全環境，以及築窩作巢的場所。有些哺乳動物如絨毛猴與蜘蛛猴等，是完全樹棲（以樹為家）的動物，很少與地面接觸。而如貂和美洲豹貓等，則是半樹棲動物，牠們在地面和樹上都一樣行動自如。

活動於樹枝之間

許多樹棲動物以跳躍方式在樹枝間活動。其中技術最好的，要算是舊大陸上具有鉤子般手掌的長臂猿，以及運用手、腳和肌肉發達能夠抓握的尾巴行動的新大陸猴群。松鼠運用的則是可刺陷樹皮的利爪、有力的腳掌及可保持平衡的尾巴，還有跳躍前能先判斷距離的大眼睛。捲尾豪豬、浣熊、小食蟻獸等，則大都一步一步安穩緩慢地行走。

△ 滑行
鼯、蜜鼯、鼯猴、鼯鼠利用四肢間的延展皮翼在森林中滑翔，這些動物其實是滑行動物，而非真正的飛行動物。

▷ 跳躍
靈長類動物在跳躍時，身體大都保持挺立的姿態。狐猴利用長而有力的後腿來推進，長尾巴用來平衡身體，四肢則作為降落時的避震器。

在地面生活

森林為動物提供了葉、花、種子、果實及堅果等各式各樣豐富的食物。棲息在地面的哺乳動物如老鼠、田鼠、野豬、貘、鹿及歐卡皮鹿等，都會充分運用這些豐盛的食物來源。腐敗的落葉與樹枝形成的底層，也隱藏許多蠕蟲、蚯蚓、昆蟲及其他小型生物，正是小型哺乳動物掠食者如象鼩鼱及長吻的獵物。

◁ 保護色
多數森林哺乳動物都是棕色，以便與四周環境相融合。小鹿和小野豬的毛皮還有斑點，以融入森林底層的色彩。樹棲的貓科動物也具有斑點或斑紋，可與樹枝的陰影交融。

△ **築巢**
小型哺乳動物利用樹幹
上的洞來築巢，如圖中
的松鼠窩。

樹叢間的生活

熱帶森林的樹冠層是森林食物最
多的地方，整年都有葉叢、果實
與花可供食用，擅長在樹枝間移
動的動物因而得以生活於此。在
溫帶森林中，食物多具季節性，
且樹冠層通常會有較為開放的空
隙，以使地面植物更容易生長，
因此從樹上下來獲取各種可用資
源，一般會比較有利。

△ **行動遲緩的哺乳動物**
樹懶是哺乳動物中動作最慢
的動物之一。牠們以樹葉為
主食，用又長又利的鉤爪倒
掛在樹上，只有在
排便時，或當樹上
食物已盡而須換一
棵樹時，才會來到地
面。在地面時，樹懶
多半只能任由掠食者
擺布，因為牠們實在
不擅長走路。

▷ **歇息**
蝙蝠是真正的飛行動物，白
天在樹枝或樹洞中休息，夜
晚才飛出來尋找食物。

△ **「五」肢**
蜘蛛猴的名字得自於其修長的四肢，牠們的
「第五」肢則是能夠支撐全身重量的捲尾。

極地與高山哺乳動物

鄰近極地的陸地和海洋，以及高山的山峰，可說是最嚴苛的棲息環境。這些冰冷的地區寒風刺骨，冰雪覆地，不僅食物稀少，且難以捕獲。但仍有一些哺乳動物適應了這樣的環境，並且生存下來。除了鳥類，牠們很少有競爭對象，因為對爬行類及兩生類動物來說，這裡的氣溫太低，無法生存。

保暖

對生活在寒冷氣候下的哺乳動物而言，保持體溫是最重要的工作。牠們用厚重的毛皮來保暖，其毛皮通常有一層具有長保護毛的外毛皮，以提供保護並隔絕雨雪，以及一層濃密的內層毛，用來防止體溫流失。皮膚下面還有一層同樣用來絕緣的厚層脂肪。除了容易流失熱量外，牠們還可能會凍傷，因此突出身體表面的器官，如鼻子和耳朵都非常小。氣候惡劣時，大多數哺乳動物會躲在有遮蔽的地方，蜷曲著身體，以減少體溫流失。

△ 濃厚的毛皮
麝牛軀幹上的外毛皮，覆有長達1公尺的長毛。中亞的犛牛也有類似的厚重外毛皮。

渾身是毛 △
北極熊除了眼睛和鼻頭之外，身上完全為毛皮所覆蓋，就連腳掌底部也都有毛，如此除了保溫，還可在滑溜的冰層上保有抓地力。

◁ 冰凍的海洋下
海豹對於冰層中呼吸洞的位置有非常好的記性，當呼吸洞的冰層達數公分厚時，牠們還會用牙齒將洞重新挖開。海豹和海獅會離開水中數小時，以便用牙齒和鰭肢上的爪整理毛皮，因為這層毛皮是牠們貨真價實的求生毯。

換毛

和許多極地動物一樣，北極狐一年換毛 2 次，每次長出完全不同的外毛，能配合當季環境提供保護色。北方的白鼬冬天長出白色毛，此時牠們正是名副其實，夏天則換成棕色毛。南下到雪期短暫許多的地區，同樣是白鼬，毛皮卻全年棕色。

◁ 夏毛

有些北極狐夏天的毛是淡灰色或棕灰色，有些則為更深更暗的棕色。這種毛色能與岩石、土壤及灌木叢融為一體。

▷ 冬毛

冬毛呈白色，且比夏毛厚兩倍，可提供雪地潛行時的保護色。

高地陡坡上

居住在高山上的哺乳動物具有強壯的四肢與足部，使牠們在濕滑的岩石或冰坡上仍保有良好的抓地力。北美山羊一如許多高山有蹄類動物般，具有又大又寬的蹄，以便在各種地面站穩腳步。牠們和歐洲山羚、山羊及其他高山動物一樣，在春天爬升到高山草原覓食夏季植物，秋天回到有灌木與樹木遮蔽的較低坡地。

適應高海拔

高山哺乳動物有個特別的問題要面對，即低含氧量的稀薄空氣，許多物種因此演化出高紅血球含量的血液，來解決這項困難。

▷ 高高在上

瘦駝出現在海拔將近 5,000 公尺的安地斯山凍原上。

△ 穩健的腳步

野生山羊的每個蹄都具有硬實而銳利的外緣，以及柔軟的內墊，因此擁有最佳的抓地力。掠食動物幾乎無法捕獲這類草食性動物，因為牠們能逃到難以接近的懸崖峭壁，躲在狹小的岩架上。

水生哺乳動物

哺乳動物最初是演化成在陸地上以4隻腳行進的動物，但水生哺乳動物為了適應水中生活諸多不同的需求，身體於是發生重大變化，而與原始的哺乳類顯得極為不同，成為哺乳動物中改變最多的類群。這種外型與行動上的改變，有些仍然清晰可見，有些則較不明顯。

運動

在水中移動需要更多的能量，因為水是比空氣更「濃厚」的介質。獵豹的速度可達時速100公里，而虎鯨是獵豹的400倍重，卻只能達到一半的速度。水生哺乳動物具有又寬又平的身體表面，方便在水中推進。海豚、鯨魚、儒艮和海牛都使用尾鰭推進，用鰭狀肢掌控方向。半水生物種如水獺，則是運用有蹼的腳。

◁ **推進力**
儘管虎鯨龐大的身軀可重達5公噸，卻擁有足以使身體完全躍出水面的加速推進力。這種跳躍後落回水中、隨即激起水花四濺的動作，稱為躍身擊浪（見29頁）。

△ **身體形態**
海豚等水生哺乳動物具有平滑的流線型身軀，以便在水中潛行。背鰭可防止身體以螺旋狀打轉，鰭狀肢則用來操控方向。

△ **行動靈活**
像海豹如此靈活的游泳健將，就能捕獲速度極快的水生獵物。海獅利用前鰭狀肢游動，海豹用的則是後鰭狀肢。

控制體溫

許多水生哺乳動物棲息在終年寒冷、冬季還會結冰的極地海洋，在這種環境中，維持體溫是攸關生命的工作。較小的肢鰭有助於此，因為肢端流失熱量的速度最快。有些哺乳動物如海豹和海獅等，更配備了覆有防水油脂的厚重毛皮。體型也是保暖的重要關鍵，因為熱量是從哺乳動物身體表面散失的，因此體型越大，熱量散失的速度越慢。這就是為什麼，真正的水生哺乳動物體積多半很大，其中最大的是鯨魚。

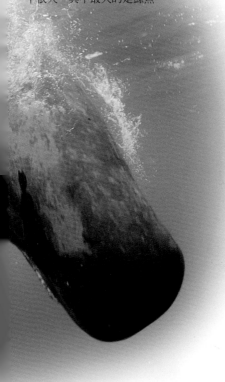

△ 潛水冠軍

抹香鯨可能是所有哺乳動物中，可潛水最深最久的動物，牠能潛水達 2 小時之久、300公尺深。稀有的喙鯨也能潛水達相近的時間與深度。

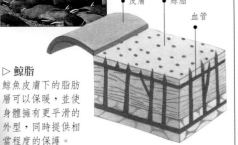

◁ 日光浴

海象離開水域，於豔陽下進行日光浴，在吸收溫暖的同時，還能節省用來產生體熱的能量。在烈日下，牠們還會使體色轉為粉紅，以防止過熱。

● 皮膚　● 鯨脂　血管

▷ 鯨脂

鯨魚皮膚下的脂肪層可以保暖，並使身體擁有更平滑的外型，同時提供相當程度的保護。

海洋生活

海獺是真正的海洋哺乳動物，擁有所有哺乳動物最厚的毛髮，提供在水中的保護，因此極少上岸。牠用背部漂浮海面以便進食，甚至在海草的保護下浮於水面睡覺。

▷ 海上用餐

海獺將蚌蛤放在腹部上，並用石塊把殼敲碎，取肉來吃。

水底的生存策略

水生哺乳動物必須定期浮出水面，以取得新鮮氧氣，因為所有哺乳動物都必須呼吸空氣。鰭腳亞目（海豹和海獅）及鯨目（鯨魚、鼠海豚和海豚）能將氧氣儲存於肌肉中特化的蛋白質——肌紅蛋白內，並在潛水時逐漸釋出；有些海豹肌肉中的肌紅蛋白數量比陸地哺乳動物多上10倍。

觀賞哺乳動物

在我們周遭就有許多哺乳動物，因此很容易觀察。視各人生活環境而定，大家常可看到家中的寵物貓狗、田野中的馬、農場中的牛羊、森林裡的松鼠和猴子。研究這些哺乳動物，就可發現許多行為上的細節；但若要在自然的棲息環境中觀察真正的野生哺乳動物，則需要更多事前的計畫與準備。

如何親近哺乳動物

野生哺乳動物對於潛在危險的警覺性很高。大多數人走動時相當吵雜，因此野生哺乳動物常在人類尚未到達前，就已匿身隱藏。許多哺乳動物於夜間活動，可在我們眼睛無法察覺的光線下，清楚看到人類。想觀察到哺乳動物，需要事前的計畫、準備和耐心。計畫時，要從詳細的田野手冊或類似資料中，了解目標動物的習性和行為（全日及不同季節）。準備工作包括仔細審視進行觀察的場地，尋找地穴、窩巢、泥沙中的腳印、荊棘上的毛髮、排泄物、空堅果殼等進食跡象、啃食過的動物殘骸、樹幹上的爪痕、踐踏過的草皮或折斷的樹枝等線索。

△ 居家附近
庭院及公園中，棲居著一群野生哺乳動物，其中許多在夜間活動。適當的食物可將牠們引出，方便觀察研究。紅外線的燈源或手電筒可在不驚擾動物的情況下，讓我們看得更清楚。

◁ 公園與動物園
野生動物園、動物園和自然保留區是觀察哺乳動物的好地方。不過，人工圈養的動物行為會與野生的同類有所不同。

觀察原則

許多有關如何安全觀賞哺乳動物的忠告，其實都屬於一般常識。例如避免單獨行動，以防意外或其他突發事故發生。除非白天已先行熟悉周邊環境，否則夜間不要四處走動。穿著適度保暖、防水的服裝，以防氣候驟變，或夜間氣溫劇降。盡量避開陡坡、濕滑的岩區、水邊河岸等地區。此外，攀爬時應用背包攜帶裝備，讓兩手淨空，以便保持平衡。切勿冒險進入有潛在危險的大型動物出沒處。

野地中

在野地中與大型哺乳動物近距離接觸，是既複雜刺激又有潛在危險的過程，但也可能「白費」了一天，洩氣地無功而返。這類觀賞活動最好由組織化的團體來舉辦，可提供多種選擇，從豪華之旅到求生健行的野外活動等都有。導遊和巡守員最清楚各種動物可能出現的時間與季節，也能針對路線怎麼走、怎樣藏身才能觀察到動物的自然行為，給予適當的建議。

△ 水中觀察
浮潛與水肺潛水能使人觀察到海底奇妙世界中，海豚、海豹、水獺及其他水生哺乳動物優雅靈活的姿態。

△ 探險旅行
哺乳動物已逐漸習慣人類用來當作行動基地的車輛。如此既可使觀賞者保有安全，動物也較不會受到干擾。

裝備

照片、錄影帶、影片和錄音帶等輕薄短小的現代化電子設備，使哺乳動物的觀察記錄容易許多。儘管如此，筆記本、鉛筆、田野手冊、望遠鏡等傳統配備仍屬必要。

◁ 照相機
長鏡頭能使人更貼近目標主體；高感光度底片則可捕捉瞬間動作，或於低光源下運作。

◁ 望遠鏡
練習以單手操作望遠鏡。將望遠鏡掛在脖子上，以便能夠即時操作使用。

◁ 筆記本
用筆記本記錄各種觀察到的物種。現場速描比事後努力回想細節更有用。

◁ 攝影機
隨時準備好攝影機。可事先將焦距調到可能的位置，並檢查光源設定。

瀕臨絕種的哺乳動物

哺乳動物在現今世界面臨了許多威脅。IUCN 紅皮書（見下框）條列出超過 1,000 種，即幾乎每 4 種就有 1 種哺乳動物面臨生存威脅，其中 180 種更列為「嚴重瀕臨絕種」動物。每種哺乳動物面臨的危機不盡相同，但幾乎都肇因於人類的活動。

存亡邊緣

許多嚴重瀕危的哺乳動物體積較大，如大型貓科動物、犀牛、鯨豚類和牛科動物；和小型動物如囓齒動物相較之下，這些物種的族群數量及繁殖率等資料較容易取得，對其瀕危程度的評估也較準確。物種的總數量是重要的資訊，但其亞種的族群數量，特別是分布狀況也非常重要。小型而孤立的族群容易遭受疾病入侵，或因近親交配而產生「基因庫」縮小的問題。

△ 嚴重瀕危
爪哇犀牛因為棲息的低地森林遭受砍伐，致使族群數量小於 100 隻，處於絕種邊緣。

△ 瀕臨絕種
努力保育的結果，使老虎數量維持在數千隻，情況仍然十分危急。

△ 特殊的威脅
亞馬遜江豚面臨河水遭受重金屬化學污染，及回聲定位功能受干擾等特殊威脅。

紅皮書

「瀕危物種紅皮書」（the Red Lists of Threatened Species）由世界自然與自然資源保育聯盟（IUCN）出版，透過世界各地上萬名科學家的協助收集，每隔幾年就更新資料，目前成為地球上各種動物、植物及其他生物現行狀態的全球指南。2000 年出版的紅皮書中，將條列的哺乳動物分為 8 個等級，如瀕危風險低、受威脅、嚴重瀕危等，而以「瀕危」作為統稱。

主要威脅

多數哺乳動物面臨的主要威脅是棲地的破壞。不斷擴張的人口占據了土地，用來種植作物、養殖牲畜、建屋造路及擷取自然資源。人類砍伐森林，以獲得短暫的林木資源，及數年的農耕收穫，導致森林土壤流失，物種也隨之消失，特別是樹棲動物如猴子和樹袋鼠，就此一去不回。

▷ 人為焚燒
世界上最豐富的生態體系——亞馬遜河流域、西非及東南亞的熱帶雨林，均遭人為焚燒。

污染

哺乳動物及其棲息地遭受各種污染，包括化學物質污染河川及漏油事件，也因氣候變化產生影響。水棲物種因攝食受污染的獵物，而遭受「生物放大作用」所導致的毒害（譯注：越高等的動物，因食物中的低濃度污染物不斷累積，而毒害越深）。

◁ 漏油事件
毛皮是哺乳動物的求生毯，但油污染會破壞毛皮的保護功能，且當牠們理毛時，還會吞食油污，造成更多傷害。

獵捕行為

自 1980 年代起，大多數國家都簽訂了禁止屠殺許多大型鯨魚的協定，但獵捕動物進行肉品市場交易的威脅仍然與日俱增。猴子、大猩猩和海豚等保育動物仍因其肉而遭捕殺，並在市場公開販售。

△ 盜獵
許多動物已受到保護，防止牠們因毛皮或身體部位而遭獵殺，但仍有人為了賺取生活所需，禁不住誘惑而展開盜獵。

◁ 捕鯨
有些並未列入禁止捕殺名單的鯨魚，如今也面臨危機。鯨豚類的繁殖速度緩慢，族群的復原可能需要幾十年時間。

保育工作

許多哺乳動物都面臨野生生物普遍遭受的威脅，例如棲息地的破壞與污染。幫助這些動物，是野生動物保育工作中的一環。有些哺乳動物面對的問題較特別，因此需要更特別的保育措施（參見 51 頁，外來物種）。

棲息地的保護

棲息地的破壞是野生動物所面臨的最大威脅（見 47 頁），所以保護棲息地就是保護牠們最有效的方法。這正是設立國家公園與自然保留區的基本理念，這些受保護的棲息地可提供物種族群蓬勃發展所需的各種資源。不過，這些地區的面積必須夠大，才能供養大型貓科動物和有蹄動物等哺乳動物，使牠們得以尋獲足量的食物、建立領域，並在無近親交配之虞中進行繁殖。

△ 森林再造
如果表土流失問題不嚴重，可在過去曾是森林的地區重新種植樹木，如圖中所示的瓜地馬拉森林再造計畫。

◁ 動物保護區
動物保護區的巡守員會在區界巡邏嚇阻盜獵者，同時防止區內動物侵襲附近的農作物或牲畜。

明星物種

有些動物如大貓熊、海豚和狨猴等，因外表討人喜愛，容易引起大眾注意和憐愛；有些動物如熊和大型貓科動物，則因具有強大的力量，使人敬畏有加。野生動物相關組織經常利用這些哺乳動物的「明星身分」，吸引媒體注意，爭取上鏡頭的機會。然而，所有瀕危的哺乳動物，包括會使一般人感到害怕的動物，例如不為人知的鼠類和蝙蝠，也應擁有在其自然棲息地中安全生活的權利。

▷ 保育的標誌
世界自然基金會（World Wide Fund for Nature，簡稱 WWF）是首屈一指的自然保育組織，以大貓熊做其全球識別象徵。

人工圈養繁殖

對某些生存面臨嚴重困境的哺乳動物而言，人工圈養繁殖是絕種前最後的復育手段。有些繁殖計畫的動物園與保育單位會互換動物個體，以維持基因多樣性，建立健康的族群；同時也為人工繁殖的動物進行回歸野地的準備。阿拉伯劍羚及金獅狨就是圈養復育的受惠者。

▷ 金獅狨
嚴重瀕危的金獅狨自 1960 年代起，就是復育的目標之一。牠在靈長類復育中心的繁殖狀況良好，因此 80 年代中期即已重新引入巴西東南部的野生環境中。

保育監測

我們如何評估哪些哺乳動物面臨重大危機，又該採取什麼方法來拯救牠們？大批的科學家、野生動物巡守員、保育志工不斷收集資料，並分析血液樣本、胃內含物，及由空照圖觀測的動物遷移路線等各種詳細資訊，以尋求最佳的解決之道。

△ 衛星追蹤
活動範圍廣闊的哺乳動物如白鯨，可將無線電發報器附著其上，由地區性接收器或衛星接收訊號，進行全球追蹤。

△ 去角
保育人士有時會將犀牛的角切除（沒有痛覺），以對抗盜獵的威脅。

▷ 重返家園
許多哺乳動物，特別是靈長類如小紅毛猩猩，常因寵物交易而遭捕捉。當牠們獲救後，重建中心專業人員必須訓練牠們重回森林的生活技能。

哺乳動物與人類

世界各地的人對哺乳動物的看法，即使是同一物種，也往往隨文化的不同而異。譬如一匹馬，可能是純種的冠軍賽馬、可負重的動物、一生的夥伴或美味大餐。爲了人類的需求，許多動物已爲人畜養或挑選繁殖了許多代。

馴化

馴化的主要特色之一是降低攻擊性，加強溫順特質或增加對訓練的反應。狗可能是人類第一個馴化的動物，由 1 萬年前的灰狼培育而來。因力氣大而爲人所利用的哺乳動物，包括馬、牛、水牛及大象。豬、綿羊和山羊也具有漫長的馴化歷史，近年來還有人開始畜養鹿及羚羊。「流行寵物」如兔子和天竺鼠，也有很大的繁殖市場，而老鼠則常作爲醫學研究之用。

△ 搖錢牛
為了適應世界各地不同的氣候，並生產肉品與牛奶，人類至少培育了 180 種牛的品種。牛皮可鞣製成皮革，身體則另有用途。

▽ 有用的貓
貓最初可能是在 5,000 年前由古埃及人馴養，用來捕鼠。牠們曾經受到膜拜，也曾被視為惡魔而遭火刑伺候。

馬的馴化

家馬的馴化可能起始於 4,000 年前的亞洲，其祖先可能與蒙古野馬相似。常用來馱負重物的騾，則是公驢與母馬雜交的後代。

蒙古野馬

騾

純種馬

恢復野性的哺乳動物

恢復野性的動物指曾經馴化，後來「逃離」人類控制，完全或在一定程度上重回野地棲息的動物，例如北美野馬、英國新林馬、各種狗、貓、豬，以及駱駝等。單峰駱駝在1840年代由探險家帶到澳洲，從此就在當地形成恢復野性的「野化」族群。

◁ **恢復野性的狗**
澳洲野犬可能曾經是澳洲及東南亞地區馴化了數千年的家犬，後來重新恢復野生。牠很容易和家犬雜交，在澳洲某些地區，半數的澳洲野狗都是野狗與家犬的雜交種。

外來物種

有些哺乳動物面臨的主要威脅，是來自人類由其他地區引進的哺乳動物。澳洲豐富的原生有袋動物，即因外來物種如兔子和褐鼠的引進，而備受威脅。外來物種或與原生種競爭食物，或獵殺原生動物，或是帶來原生動物缺乏自然抗體的疾病。

▽ **北美灰松鼠**
北美灰松鼠約於1870年代引入歐洲，體型比原生的紅松鼠大，且更具侵略性，在牠們快速繁衍的同時，原生種族群則逐漸衰微。

再引進

人工圈養繁殖（見49頁）可協助拯救哺乳動物物種，隨後再重新引進回到原生棲息地。然而物種一旦消失，原來的棲息地可能也會被其他物種占據，因此再引進的個體必須面對非常激烈的競爭，以便在該地區重建新的族群。

◁ **四不像**
四不像在原生的中國已經絕種，約1900年起，便只存在於英國動物園之中，直到1980年代才重新引進回中國。

分類

動物界的物種分類為不同類群,稱之為「門」,其中一個重要的門是脊索動物門(具有脊骨的動物),哺乳動物即屬於該門中的哺乳綱。哺乳綱又可分為 21 目(如下表),每一目由 1 個或數個科所組成,每科又由 1 個或數個屬組成,屬中包含一群親緣非常相近的物種。

卵生哺乳動物
| 單孔目 | 2 科 | 5 種 |

有袋動物
| 有袋目 | 22 科 | 292 種 |

食蟲類
| 食蟲目 | 6 科 | 365 種 |

蝙蝠
| 翼手目 | 18 科 | 977 種 |

象鼩鼱
| 象鼩目 | 1 科 | 15 種 |

鼯猴
| 皮翼目 | 1 科 | 2 種 |

樹鼩
| 樹鼩目 | 1 科 | 19 種 |

靈長類
| 靈長目 | 11 科 | 356 種 |

原猴類
| 濕鼻亞目 | 6 科 | 85 種 |

猴與猿
| 乾鼻亞目 | | |

猴
| 3 科 | 242 種 |

猿
| 2 科 | 21 種 |

食蟻類及其近親
| 異關節目 | 4 科 | 29 種 |

穿山甲
| 鱗甲目 | 1 科 | 7 種 |

兔、野兔、鼠兔
| 兔形目 | 2 科 | 80 種 |

囓齒類
| 囓齒目 | 30 科 | 1,702 種 |

鯨豚類

鯨目	13 科	83 種

鬚鯨

鬚鯨亞目	4 科	12 種

齒鯨、海豚

齒鯨亞目	9 科	71 種

食肉類

食肉目	7 科	249 種

狗及其近親

犬科	36 種

熊

熊科	8 種

浣熊及其近親

浣熊科	20 種

鼬、貂

貂科	67 種

靈貓及其近親

靈貓科	76 種

鬣狗與土狼

鬣狗科	4 種

貓科動物

貓科	38 種

海豹與海獅

鰭腳目	3 科	34 種

象

長鼻目	1 科	3 種

蹄兔

蹄兔目	1 科	8 種

土豚

管齒目	1 科	1 種

儒艮與海牛

海牛目	2 科	4 種

有蹄類哺乳動物

奇蹄類哺乳動物

奇蹄目	3 科	19 種

馬及其近親

馬科	10 種

犀牛

犀牛科	5 種

貘

貘科	4 種

偶蹄類哺乳動物

偶蹄目	10 科	225 種

豬與野豬

野豬科、猯豬科	17 種

河馬

河馬科	2 種

駱駝及其近親

駱駝科	7 種

鹿、麝鹿與鼷鹿

鹿科、麝鹿科、鼷鹿科	56 種

叉角羚

叉角羚科	1 種

長頸鹿與歐卡皮鹿

長頸鹿科	2 種

牛、羚羊及其近親

牛科	140 種

卵生哺乳動物

卵 生哺乳動物又稱爲「單孔獸」，共計有 5 種成員，是動物界中兩類相當獨特的珍稀異獸。

其中一種是單科單種的鴨嘴獸，棲息於澳洲東部的淡水棲地之中，奇特的身體形態混合了鴨子般的嘴巴、水獺般的身體、有蹼的腳，以及和河狸一樣扁平的尾巴。此外，鴨嘴獸也是少數具有毒性的哺乳動物之一，幼獸及雄性成獸的腳跟部位都具有毒距。

針鼴（刺食蟻獸）有 4 種，普遍攝食各種螞蟻、白蟻、蠕蟲和蛆蟲。其中有 3 種具長吻部的針鼴都出現在新幾內亞；另一種短吻針鼴除了新幾內亞，也分布於澳洲各地的各種棲息地。

卵生哺乳動物的 5 個品種全都名副其實，不僅會產卵，母獸也和其他哺乳動物一樣，會在幼獸孵化後進行哺乳。單孔獸的成獸沒有牙齒，牠們利用口中牙床或棘狀突起來研磨食物。

科：針鼴科	學名：*Tachyglossus aculeatus*	野生現況：瀕危風險低

短吻針鼴（Short-nosed Echidna）

又稱爲刺食蟻獸、澳洲針鼴，全身披滿又長又粗的刺，間雜著短毛。頭小，頸部不明顯，突出的吻部具有電波接收器，可用來偵查昆蟲獵物。舌頭長約 17 公分，舌上布滿尖細倒刺，以便捕捉昆蟲。短吻針鼴日夜都會活動，但在極度炎熱或寒冷的氣候中，體溫會降到 4ºC，呈現行動遲緩的蟄伏狀態。

體型：體長 30-45 公分，尾長 1 公分。

分布：澳洲、塔斯馬尼亞、新幾內亞。活動於熱帶及山區雨林之外的各種棲息環境。

附註：雖然屬於哺乳動物中最原始的目別，卻是澳洲分布最廣的哺乳動物。

新幾內亞、澳洲、塔斯馬尼亞

雜有短毛的刺

又長又粗

細而突出的吻部

四肢短

社群型態：獨居	妊娠期：23 日	每胎幼仔數：1	食物： 🐜 🐛

科：針鼴科	學名：*Zaglossus bartoni*	野生現況：瀕臨絕種

大長吻針鼴（LONG-NOSED ECHIDNA）

針刺不明顯

吻部長度可超過 20 公分，細長下彎，末端具有細小嘴巴，這就是大長吻針鼴的名稱由來。光滑的黑色毛皮上隱約可見末端白色的防衛性針刺，雖然行動緩慢，但遇到危險時，能將身體捲曲成球狀以求自衛。大長吻針鼴日夜都會活動，利用長喙探測土壤中的蠕蟲，長舌末端具有倒鉤，能夠刺穿獵物，再吞入腹中。母獸會挖穴孵卵，之後用育兒袋攜帶並哺育孵化的幼仔。

體型：體長 60-100 公分，無尾。

分布：新幾內亞。活動於山區森林及高山草原之中。

附註：為體型最大的單孔獸（卵生哺乳動物）。

新幾內亞

吻部下彎

社群型態：獨居	妊娠期：不詳	每胎幼仔數：1	食物：

科：鴨嘴獸科	學名：*Ornithorhynchus anatinus*	野生現況：受威脅 *

鴨嘴獸（DUCK-BILLED PLATYPUS）

澳洲東部、塔斯馬尼亞

嘴巴如鴨嘴，四肢有蹼，尾巴扁平有鱗，行進步伐卻像爬行動物，這個組合使得鴨嘴獸成為一種獨特的哺乳動物。紫紅色的防水毛皮如天鵝絨般光滑，嘴喙具探測功能，能感應昆蟲的幼蟲、鱒魚卵、淡水蝦、鐵線蟲等小型水生獵物從水中發出的電波。鴨嘴獸是夜行性動物，但冬天也會在白晝活動。會在河岸挖掘有分支的地道作為棲所，並且會用植物舖墊窩穴。

吻部如鴨嘴

體型：體長 40-60 公分，尾長 8.5-15 公分。

分布：澳洲東部及塔斯馬尼亞。活動於疏林或山區具有水道的棲息環境。

前肢具完整的蹼

後肢局部帶蹼

乳腺

社群型態：獨居	妊娠期：1 個月	每胎幼仔數：1	食物：

有袋動物

有袋動物因雌性成獸具有育兒袋而得名,這個類群總計有 292 種動物,因具有獨特的繁殖方式而自成一類。胎兒在子宮內短暫發育後,就在發育初期早早誕生,出生時四肢發育未全,眼睛尚未睜開,且全身赤裸無毛。這樣的幼仔毫無生存能力,只能爬到母親的育兒袋或腹部,緊緊附著在乳頭上吸吮乳汁,繼續進行為期數週或數月的發育過程。之後才會逐漸加長離開育兒袋的時間自行進食,並自我照顧。

有袋動物大多棲息於澳洲,在沒有其他哺乳動物競爭的環境中進行演化,發展出多種生活方式以適應各種棲息地。有袋動物的 22 個家族分別演化成大型的草食性袋鼠、較小型的岩袋鼠與沙袋鼠、會跳躍的小型鼯鼱、樹棲及能滑翔的鼯、形態似熊的袋熊、會挖掘地道的袋鼴、兇猛如鼩鼱及貓的肉食性動物,以及其他各種類型的成員。

某些有袋動物包括樹袋鼠,也出現在新幾內亞。南美洲約有 80 種有袋動物,主要為小型樹棲性種類;分布至北美洲的有袋動物則只有負鼠 1 種。

科:鼩科	學名:*Didelphis virginiana*	野生現況:瀕危風險低*

負鼠 (VIRGINIA OPOSSUM)

身為美洲最大型的有袋動物,負鼠已成功地將領域快速擴展到北美地區。人類的居住環境不僅使牠能在廢物堆或無人小屋中築巢棲身,也使牠的食物不虞匱乏,因為負鼠有撿食碎屑的習性。這種夜行性雜食動物的食物種類繁多,包括蛆蟲、卵、花、果實及腐肉,有時也會襲擊家禽或庭園植物;遭受威脅時會裝死或一動也不動達數小時之久。保護毛從灰色、紅色、棕到黑色都有,毛髮末端白色,內毛皮非常濃密。

體型:體長 33-50 公分,尾長 24-54 公分。

分布:美國西部、中部及東部、墨西哥及中美洲。分布於草原、熱帶林及溫帶林中。

外表蓬亂不整潔

北美洲、中美洲

臉部淡灰白色

四肢具五趾長爪

尾巴無毛,略具抓握力

社群型態:獨居	妊娠期:12-13 日	每胎幼仔數:5-13	食物:

科：鼩科	學名：*Chironectes minimus*	野生現況：瀕危風險低

水鼩（WATER OPOSSUM）

水鼩是唯一水生的有袋動物，具有細緻濃密的防水毛皮，後肢的腳趾長且帶蹼。雌雄都具有育兒袋，袋口肌肉發達，在水中可完全緊閉。水鼩又稱「蹼足鼩」，為夜行性動物，用敏捷無爪的前肢捕食魚類、蛙類及其他水生獵物。白天在水邊以葉子舖設的巢中休息。

北美洲、中美洲及南美洲

體型：體長 26-40 公分，尾長 31-43 公分。

分布：墨西哥南部到南美洲中部。活動於熱帶林及溫帶林中。

背部具黑色及灰色斑紋

臉部具黑色保護色

尾巴粗壯、末端白色

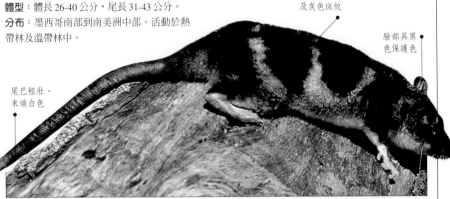

社群型態：獨居	妊娠期：2 週	每胎幼仔數：2-5	食物：

科：鼩科	學名：*Marmosa murina*	野生現況：瀕危風險低 *

鼱鼩（COMMON MOUSE OPOSSUM）

鼱鼩背部淡暗黃色到灰色，毛皮短但柔軟如天鵝絨，腹部乳白色。面部具黑色偽裝，雙眼突出，耳朵挺立；尾巴比頭和身體還要長，具有強勁的抓握力，母鼱鼩甚至可用尾巴來搬運葉叢。鼱鼩可見於森林溪流與人類棲所附近，於夜間覓食，以昆蟲、蜘蛛、蜥蜴、鳥蛋、雛鳥及果實為食。能輕盈快速地攀爬，並利用鳥類的舊巢、樹洞或樹枝間糾纏的小枝，作為白天休憩的窩巢。

南美洲

體型：體長 11-14.5 公分，尾長 13.5-21 公分。

分布：南美洲北部及中部。活動於熱帶林及雨林中。

尾巴具強勁抓握力

背部暗黃至灰色

大眼睛

毛皮細緻柔軟

社群型態：獨居	妊娠期：13 日	每胎幼仔數：5-10	食物：

科：袋鼬科	學名：*Ningaui ridei*	野生現況：瀕危風險低*

尖頭袋鼬（Inland Ningaui）

澳洲

又稱內陸袋鼬，是形似鼩鼱的有袋動物，頭部呈尖銳的圓錐形，耳朵小，眼睛小；毛皮呈均勻棕色，面頰及腹部略染有橘色。擅長於夜間利用敏銳的聽覺與嗅覺，在濱刺草間獵捕體型小於1公分的無脊椎動物，如甲蟲、蟋蟀及蜘蛛等。白天棲息於濃密的地面植物間，或蜥蜴與囓齒動物廢棄的巢穴中。

體型：體長5-7.5公分，尾長5-7公分。

分布：澳洲中部。活動於有濱刺草的沙漠。

附註：動物學家直到1975年才鑑定出這個物種。

尾巴與身體等長

棕色粗毛皮

吻部尖細

社群型態：獨居	妊娠期：13-21日	每胎幼仔數：5-7	食物：🐜

科：袋鼬科	學名：*Sminthopsis crassicaudata*	野生現況：瀕危風險低*

粗尾細腳袋鼬（Fat-tailed Dunnart）

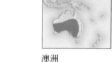

澳洲

這種小型哺乳動物背部淡黃褐色或棕色、腹部白色，眼睛大，雙耳挺立，鼻子尖細。尾巴可儲藏脂肪，並會隨著攝食量增加而轉為胡蘿蔔形。當儲藏的食物用盡時，牠會進入蟄伏狀態，有時可達12小時之久。夜間在裸露土壤或地面枯葉層中獵食，會跳到獵物身上，咬住獵物頸部，取其性命；若獵物體型較大，還會加以用力甩動，使其致命。夏天繁殖期間獨居，冬季則會聚集成小群體。

體型：體長6-9公分，尾長4-7公分。

分布：澳洲南部，但西南端及東部海岸除外。活動於草原、沙漠、農地及林地。

附註：由於牠偏好低矮開闊的植被，因而成為澳洲原生動物中，受惠於歐洲農業移民整地的哺乳動物。

耳朵大而挺立

膨脹的尾巴儲有脂肪

後肢狹窄

社群型態：獨居	妊娠期：13日	每胎幼仔數：8-10	食物：🐜 🐛 🦎 🐁

科：袋鼩科	學名：*Antechinomys laniger*	野生現況：受威脅

東澳跳袋鼩（KULTARR）

能快速敏捷地穿梭於林地及半沙漠的矮樹叢間，以修長的
後肢跳躍，但用前肢著地。這種小型有袋動物爲淡黃褐色
或棕色，腹部白色，眼睛及耳朵都很大，尾巴細長且具有
簇毛。爲夜行性動物，具有挖掘淺穴，或占據岩縫及其他
動物巢穴的習性。和粗尾細腳袋鼩（見對頁）一樣會縱身
跳躍到獵物身上，在頸部給予致命的一咬。

體型：體長 7-10 公分，尾長 10-15 公分。

分布：澳洲南部與中部。活動於林地、草原及沙漠等各種
棲息環境。

附註：這是一種難以捉摸的物種，其族群會在某處出現
後，又忽然「消失無蹤」。原因不詳，大雨淹沒其地穴是
可能的導因。

眼睛具黑眼圈

澳洲

尾巴具簇毛

社群現況：獨居	妊娠期：12 日	每胎幼仔數：6-8	食物：

科：袋鼩科	學名：*Parantechinus apicalis*	野生現況：瀕臨絕種

花斑袋鼩（DIBBLER）

在消失 80 年後，於 1967 年再度出現。因具有棕色帶灰白斑的毛髮，
而呈現獨特的灰白色調。眼睛四周有清晰的白色眼圈，腹部白色，尾
巴粗壯多毛，末端漸細。爲獨居且強勢的掠食者，以無脊椎動物爲主
要獵物，日夜攝食，銳利的犬齒使牠也能獵食小型脊椎動物；此外也
吸食斑庫樹的花蜜。雖以陸棲爲主，但能爬到 2-3 公尺高的樹上；會自
行挖掘地穴，或占據海鳥的窩巢。

體型：體長 10-16 公分，尾長 7.5-12 公分。

分布：澳洲的西南端、
懷拉克及鮑蘭傑島。活
動於濃密的海岸石南叢
和灌木叢，及山龍眼科
的斑庫樹林中。

附註：島嶼族群的雄性
每年在交配後，多半會
立即全數死亡。

澳洲

眼睛具白
色眼圈

吻部尖細

粗壯多毛的尾
巴由粗而細

社群型態：獨居	妊娠期：7 週	每胎幼仔數：8-10	食物：

科：袋鼬科	學名：*Pseudantechinus macdonnellensis*	野生現況：瀕危風險低 *

粗尾袋鼬（FAT-TAILED PSEUDANTECHINUS）

又稱「紅耳袋鼬」，尾巴呈胡蘿蔔形，食物充足時，尾巴會因儲藏食物的脂肪而腫脹。全身灰棕色，耳朵後方有紅色斑紋，腹部灰白色。爲陸棲性動物，喜好具濱刺草及灌木叢的岩地棲息環境，有時會出現在大型白蟻丘中。夜行性動物，偶爾會在早晨於岩地棲所附近作日光浴。能迅速追捕獵物，在獵物頸部咬下致命的一口，或用前爪抓住較大型的獵物，再用力咬死。

體型：體長 9.5-10.5 公分，尾長 7.5-8.5 公分。

分布：澳洲西部及中部。活動於岩石坡地、草原及沙漠。

外型強健結實

耳朵後方具紅色斑紋

澳洲

社群型態：獨居	妊娠期：45-55日	每胎幼仔數：6	食物：

科：袋鼬科	學名：*Dasycercus byrnei*	野生現況：受威脅

鬃尾小袋鼬（KOWARI）

爲棲息於地穴的夜行性食肉動物，形似松鼠，背部淡黃褐至灰色，腹部色澤更淡，尾巴黑色多毛。體格結實有力，頭部寬闊，具大眼睛及挺立的耳朵。當堅硬多石的土壤在雨後變得鬆軟時，牠便開始擴展地穴範圍，並以尿液、排遺及胸腔的腺體在活動領域作記號。

體型：體長 13.5-18 公分，尾長 11-14 公分。

分布：澳洲中部，尤其是昆士蘭地區的水道之鄉，及澳洲南部。活動於紅黏土的沙漠區。

寬闊的三角形頭部

毛皮淡黃褐色至灰色

尾巴毛髮濃密

澳洲

社群型態：獨居	妊娠期：30-35日	每胎幼仔數：6-7	食物：

科：袋鼬科	學名：*Neophascogale lorentzii*	野生現況：瀕危風險低*

長爪袋鼬（LONG-CLAWED MARSUPIAL MOUSE）

暗灰色毛皮上散布著白色長毛，因而又有斑點袋鼬之稱。四肢短而有力，每根趾頭都具有非常長的爪子，以便在鬆軟的土壤、落葉堆及腐木中挖掘獵物。

體型：體長 17-22 公分，尾長 17-22 公分。

分布：新幾內亞。活動於高海拔地區的山區混生林中。

附註：此物種只集中出現於小區域；造成這種分布不均的原因仍未可知。

新幾內亞

尾巴長，末端白色 •

毛皮具灰白斑點 •

社群型態：獨居	妊娠期：不詳	每胎幼仔數：4	食物： 🐜

科：袋鼬科	學名：*Dasyurus viverrinus*	野生現況：瀕危風險低

東澳袋鼬（EASTERN QUOLL）

這種外型似貓的有袋動物身體修長，行動敏捷，棕或黑色的毛皮上散布著明顯的白色斑點，因此有時也俗稱「斑點袋貓」。面部狹長，耳朵大而挺立。尾巴與身體同色，但不具斑點。棲息於具有林木、灌叢及多草的地區，常見於混植的農業用地中。於夜間獵捕地面上的大型昆蟲、小型哺乳動物、鳥類及蜥蜴等，也攝取禾草、果實及腐肉。雌性體長較長，體重比雄性重 50%，一胎可產下多達 20 隻幼仔，但因育兒袋中只有 6 個乳頭，所以只有 6 隻幼仔能夠存活。

體型：體長 28-45 公分，尾長 17-28 公分。

分布：塔斯馬尼亞。活動於森林、林地、灌叢、石南叢及農地。

附註：東澳袋鼬曾在澳洲東南部出現，最後一次出現於澳洲大陸，是在 1960 年代的雪梨近郊。

身體具各種形狀的白色斑點 •

塔斯馬尼亞

耳朵長而挺立

尾巴無斑點 •

社群型態：獨居	妊娠期：3 週	每胎幼仔數：6	食物： 🐜 🐀 🐦 🦎 🌿 🌾 🍎

| 科：袋鼬科 | 學名：*Sarcophilus harrisii* | 野生現況：瀕危風險低 |

袋獾（TASMANIAN DEVIL）

分布於塔斯馬尼亞各地，特別是東北部的森林中。具有小熊般結實的黑色身體，胸前有白色條紋，有時臀部也具白色條紋。袋獾為夜行性掠食者及食腐者，攝食多種體型的動物，具尖銳的牙齒及有力的顎用以粉碎獵物的骨頭。

體型：體長 52-80 公分，尾長 23-30 公分。

分布：塔斯馬尼亞。活動於各種主要的棲息環境，包括都市地區。

附註：袋獾為最大型的肉食性有袋動物。

塔斯馬尼亞

黑色似熊的身體

耳朵挺立而毛髮稀疏

| 社群型態：獨居 | 妊娠期：30-31 日 | 每胎幼仔數：4 | 食物： |

| 科：袋食蟻獸科 | 學名：*Myrmecobius fasciatus* | 野生現況：受威脅 |

袋食蟻獸（NUMBAT）

如今僅可見於澳洲西南端。又稱為條紋食蟻獸，具棕橘色毛皮，肩部到臀部間具有 6 或 7 條白色橫紋，橫紋間的毛皮色調較深。狹長的頭部有一深色條紋，通過兩側的大眼睛。牠幾乎只以白蟻為食，會先以有力的爪子挖掘蟻穴，再用長達 10 公分的舌頭舔食白蟻。

體型：體長 20-28 公分，尾長 16-21 公分。

分布：澳洲西部。活動於桉樹林及林地。

附註：袋食蟻獸具有 52 顆牙齒，為陸棲哺乳動物之冠。

澳洲

臀部毛皮色調較深

頭部狹窄

| 社群型態：獨居 | 妊娠期：14 日 | 每胎幼仔數：4 | 食物： |

科：袋狸科	學名：*Perameles gunnii*	野生現況：嚴重瀕危

橫斑袋狸（EASTERN BARRED BANDICOOT）

後腿及臀部具白色條紋

耳朵長而挺立

澳洲西部的族群實已絕種，如今主要分布於塔斯馬尼亞。耳朵似兔，臀部及後腿具白色寬橫紋。白天休息，夜間單獨覓食。

體型：體長 27-35 公分，尾長 7-11 公分。

分布：澳洲、塔斯馬尼亞。活動於開闊的草原及具林地的市區。

澳洲、塔斯馬尼亞

社群型態：獨居	妊娠期：12.5日	每胎幼仔數：1-5	食物： 🌾 🐛 🐌 ● 🐁 🍃

科：袋狸科	學名：*Macrotis lagotis*	野生現況：受威脅

兔耳袋狸（GREATER BILBY）

耳朵大且略有毛

毛皮藍灰色

又稱為大袋狸，具大型耳朵、修長的後腿，及灰、黑、白的三色尾巴。擅長挖洞，擁有敏銳的聽力與嗅覺，只在天黑後才獵食。

體型：體長 30-55 公分，尾長 20-29 公分。

分布：澳洲西北部。活動於草原及沙漠地區。

附註：雄性比雌性壯碩，體重可達 2 倍重。

澳洲

社群型態：獨居	妊娠期：13-16日	每胎幼仔數：2	食物： 🌾 🐛 🌱 ⁘

科：新幾內亞袋狸科	學名：*Echymipera kalubu*	野生現況：瀕危風險低

棘袋狸（NEW GUINEAN SPINY BANDICOOT）

背部毛髮硬挺

耳朵無毛

棘袋狸的顏色與體型多變，可為棕、銅、黃或黑色，腹部為淡黃色。吻部圓錐形，尾巴無毛，身上毛髮呈棘刺狀。為夜行性動物，多以昆蟲為食，但也攝食果實。

體型：體長 20-50 公分，尾長 5-12.5 公分。

分布：新幾內亞。活動於草原及森林。

修長的圓錐形吻部

新幾內亞

社群型態：獨居	妊娠期：14日	每胎幼仔數：1-3	食物： 🌾 🍐 🍃

| 科：袋鼴科 | 學名：*Notoryctes typhlops* | 野生現況：瀕臨絕種 |

袋鼴（Marsupial Mole）

這種難以捉摸的小型哺乳動物非常適應地穴生活。角狀的
鼻子具有偵測作用，鏟子般的前爪用來鏟沙，後腿則將沙
踢向後方。會在沙漠土壤下方 2.5 公尺深處挖掘地道，或
在鬆動的沙中「游動」，翻掘食物。絲質毛皮為灰白色至
淺紅褐色，在富含鐵質的地區，其毛皮會染成
暗紅色；眼睛只剩退化的水晶體。母
袋鼴的育兒袋開口向後，以防
袋中填滿沙子。

毛皮光亮，
略帶灰白色

澳洲

體型：體長 12-18 公分，
體重 40-70 公克。
分布：澳洲西南部及南
部。活動沙質沙漠。

尾巴僅存
革質殘端

2 根鏟形前爪

| 社群型態：獨居 | 妊娠期：不詳 | 每胎幼仔數：1-2 | 食物： |

| 科：袋熊科 | 學名：*Vombatus ursinus* | 野生現況：瀕危風險低* |

袋熊（Coarse-haired Wombat）

形似小熊，擅長掘土，可挖掘只有單一出口且長達 200
公尺的地道。夜間活動於溪流及河谷上方的坡地吃草，
冬天還會在清晨與黃昏進行日光浴。體格
強壯，頭部寬闊，四肢矮胖結實，爪
子扁平便於挖掘。

背部毛
色較淡

澳洲、塔斯馬尼亞

體型：體長 70-120 公分，體
重 25-40 公斤。
分布：澳洲東部、塔斯
馬尼亞。活動於森
林、海岸灌木及澳洲
的高山石南叢。

體格結實強健

| 社群現況：獨居 | 妊娠期：33 日 | 每胎幼仔數：1 | 食物： |

| 科：無尾熊科 | 學名：*Phascolarctos cinereus* | 野生現況：瀕危風險低 |

無尾熊（Koala）

無尾熊幾乎完全以桉樹爲棲所及食物，偶爾會從樹上下到地面，以便更換棲木，或攝食礫石幫助消化。牠的肝臟經過特別的演化，能夠分解其唯一的食物——含有有毒物質的桉樹葉。無尾熊身體結實，頭部大，毛茸茸的灰棕色毛皮在頸部及胸部略呈白色，臀部及後肢具雜色斑點。交配季節時會互相吼叫，優勢的公無尾熊交配的次數比劣勢者多。這種有袋「熊」的獨生幼仔必須先在育兒袋中哺乳6個月後，再爬到母親背部緊緊跟隨，直到1歲大。除猛禽之外，無尾熊幾乎沒有天敵，但卻面臨森林砍伐的人爲威脅。

體型：體長 65-82
公分，體重 4-15
公斤。

分布：澳洲東部。
活動於海拔 1,000 公尺
以下的桉樹森林及林地。

附註：無尾熊每夜進食4小時，
其餘時間並不活動。

澳洲

耳朵大而圓，
具白色簇毛

平滑的黑色鼻頭

柔軟的長毛

坐姿生活型態
無尾熊會將自己卡在樹枝分岔處，打盹很長一段時間。前肢的前2趾可與另3趾相對，因此像鉗子一樣握住小樹枝。

短而有力
的四肢

| 社群型態：獨居 | 妊娠期：35日 | 每胎幼仔數：1 | 食物： |

| 科：袋貂科 | 學名：*Phalanger orientalis* | 野生現況：瀕危風險低 |

灰袋貂（COMMON CUSCUS）

在其分布區的各個小島上，灰袋貂從白色到黑色都有，色澤多變，但背脊上通常都有一條深色縱紋，且母獸尾巴的後半段因赤裸無毛而呈白色。爲夜行性動物，形似樹懶與猴子的混合體，具可抓握的有力趾頭，因此是從容而敏捷的攀爬高手。尾巴下側粗糙，具抓握力。

體型：身長 38-48 公分，尾長 28-43 公分。

分布：新幾內亞、所羅門群島及鄰近小島。活動於森林地區。

附註：灰袋貂很容易馴服，因此在當地是廣受喜愛的寵物。

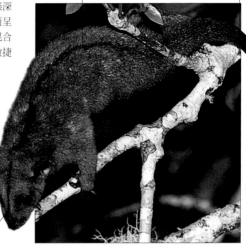

背脊上具深色條紋

母獸的尾端呈白色

尖銳的面部具大眼睛

新幾內亞、所羅門群島

| 社群型態：獨居 | 妊娠期：2-3 週 | 每胎幼仔數：1-2 | 食物： |

| 科：袋貂科 | 學形：*Trichosurus vulpecula* | 野生現況：瀕危風險低 |

叢尾袋貂（COMMON BRUSH-TAILED POSSUM）

在許多棲息地均屬常見，一般爲銀灰色，但北部族群的毛髮較短，略帶紅銅色，而南部族群毛髮較長，爲深灰到黑色。能輕鬆地跳躍與攀爬，夜間會在樹枝間覓食，並用前爪處理食物。會發出嘶嘶、喞啾、呼嚕或咆哮等各種聲音，受到驚嚇時，牙齒會卡答卡答作響。以樹洞、倒木、岩堆、溪岸洞穴或屋頂爲巢。兩性於巢穴四周各自有獨占空間，但雄性在交配季節會與雌性共同棲居一小段時間。

體型：體長 35-58 公分，尾長 25-40 公分。

分布：澳洲、塔斯馬尼亞。活動於各種具有樹叢的棲息地，及郊區公園與庭園中。

附註：曾廣布澳洲各地，如今分布範圍縮小許多。

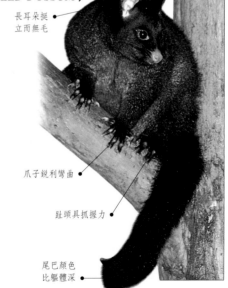

長耳朵挺立而無毛

爪子銳利彎曲

趾頭具抓握力

尾巴顏色比軀體深

澳洲、塔斯馬尼亞

| 社群型態：獨居 | 妊娠期：16-18 日 | 每胎幼仔數：1 | 食物： |

科：袋鼯科	學名：*Gymnobelideus leadbeateri*	野生現況：瀕臨絕種

袋松鼠（Leadbeater's Possum）

全身灰色，背部具一條深色縱紋。袋松鼠是行動快速而難以捉摸的夜行性動物，在樹叢間覓食小型昆蟲、樹脂、樹液及花蜜。由一對配偶及其後代組成最多 8 隻的小族群，雌性還會為族群領域作防衛。

體型：體長 15-17 公分，尾長 14.5-20 公分。

分布：澳洲（維多利亞）。活動於山區白蠟樹森林中。

附註：消失 52 年後，於 1961 年再度出現。

尾巴呈棒狀

背部具深色條紋

耳朵大而圓

澳洲

社群型態：群居	妊娠期：20 日	每胎幼仔數：1-2	食物：🌾 ❁

科：袋鼯科	學名：*Dactylopsila trivirgata*	野生現況：瀕危風險低

條紋袋貂（Striped Possum）

身上的條紋和臭鼬一樣明顯；尾巴末端具白色毛叢，是這種夜行性動物的主要特徵。牠和臭鼬（見 256 頁）一樣，會從肛門的腺體釋放惡臭。體型修長靈活，具修長指爪及有力爪子以便抓握，第四趾特別長，可在枝條中刺探昆蟲、螞蟻與白蟻。

體型：體長 24-28 公分，尾長 31-39 公分。

分布：新幾內亞、澳洲東北部。活動於雨林中。

身體修長

明顯的黑白條紋

尾巴末端具白色毛叢

澳洲、新幾內亞

社群型態：多變	妊娠期：不詳	每胎幼仔數：1-2	食物：🌾 🍃 🍂 🐁 🐛

科：袋鼯科	學名：*Petaurus norfolcensis*	野生現況：瀕危風險低

小袋鼯（Squirrel Glider）

毛茸茸的翼膜自前肢第五趾延伸到後肢，多毛的尾巴可當方向舵，因此能如降落傘般滑行超過 50 公尺遠。背部藍灰至棕灰色，腹部乳白色，頭部具深色條紋，耳朵挺立無毛。活動力強，動作靈活快速；帶有利爪的有力趾頭使牠善於攀爬。這種夜行性動物棲息於樹洞中，會用樹葉舖巢，以花蜜、花粉為食，還會用門牙撕裂樹皮，食取樹液與幼蟲。

體型：體長 18-23 公分，尾長 22-30 公分。

分布：澳洲（昆士蘭東北部至維多利亞中部）。活動於桉樹林及海岸森林中。

頭部具黑色條紋

腹部白色

面部修長尖細

尾巴多毛，具抓握力

澳洲

社群型態：群居	妊娠期：20 日	每胎幼仔數：1-2	食物：🌾 ❁

| 科：捲尾貙科 | 學名：*Pseudocheirus peregrinus* | 野生現況：瀕危風險低 |

昆士蘭捲尾貙（COMMON RINGTAIL）

為適應樹叢生活，牠具有可咀嚼樹葉的銳利臼齒，大型的消化道能有效分解植物纖維；尾巴抓握能力強，末端1/3處無毛且下側粗糙，前肢的前2趾可與其他趾頭相對，因此能緊握枝條。毛皮赤褐色、灰色或深棕灰色，小耳朵後方有白色斑紋。於夜間採食嫩葉，喜好桉樹、栲樹、茶樹及白千層等樹種。在分布地區的北方族群以樹洞為巢，南方族群則會築形似松鼠窩的巢，或以小樹枝、樹皮及草築成圓巢。

體型：體長 30-35 公分，尾長 30-35 公分。
分布：澳洲東部、塔斯馬尼亞。活動於森林、雜木林、海岸灌木叢、郊區公園與庭園中。
附註：雄性會幫忙照顧幼仔、將幼仔負載於背部，還會看護且餵食巢中幼兒，這種情形在有袋動物中極為罕見。

澳洲、塔斯馬尼亞

耳後有白色斑紋

尾巴前半段深色

尾巴末端白色

| 社群型態：群居 | 妊娠期：可達30日 | 每胎幼仔數：1-3 | 食物： |

| 科：捲尾貙科 | 學名：*Petauroides volans* | 野生現況：瀕危風險低 |

大袋貙（GREATER GLIDER）

這是以樹棲為主的有袋動物，當牠展開肘部與後肢之間毛茸茸的翼膜時，可滑翔超過100公尺遠。牠用來作為降落台的樹木，大都留有牠的利爪痕跡，以便能抓緊樹皮。這種夜行性動物的大耳朵和眼睛都面向前方，使牠能透過立體聽覺與視覺效果，在黑暗中精確判斷出距離。大袋貙的毛色有2種，一種是碳黑至灰色，雜有棕色（如圖），另一種為淡灰色或具乳白色斑紋。雌雄配偶共同分享樹洞中的窩。幼仔在母親的育兒袋中生活5個月後，會繼續在窩巢中或母親背上生活2個月；到10個月大時，雄性幼仔就會被父親趕離巢穴，雌性幼仔則可在母親身邊再待1年。

體型：體長 35-48 公分，尾長 45-60 公分。
分布：澳洲東部。活動於以桉樹為主的森林。
附註：為最大型的滑翔有袋動物。

澳洲

碳灰色毛皮

滑翔翼膜

巨大尾巴可在滑翔時控制方向

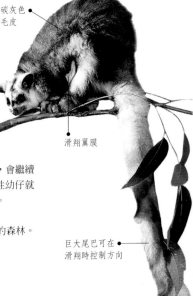

| 社群型態：成對 | 妊娠期：不詳 | 每胎幼仔數：1 | 食物： |

科：蜜鼩科	學名： *Tarsipes rostratus*	野生現況：瀕危風險低

蜜鼩 (Honey Possum)

蜜鼩完全以花蜜及花粉爲食，是一種小型的夜行性動物，舌頭末端具硬毛，吻部尖形，尾巴長且具抓握力。趾頭有肉墊及利爪，可用來抓握樹皮及光滑的樹葉。

體型：體長 6.5-9 公分，尾長 7-10.5 公分。

分布：澳洲西南部。活動於沙質的石南叢及熱帶林地中。

附註：爲最小型的鼩類之一。

澳洲

吻部細長

背部具深色條紋

社群型態：群居	妊娠期：21-28 日	每胎幼仔數：1-4	食物：✢

科：侏儒袋鼯科	學名： *Distoechurus pennatus*	野生現況：瀕危風險低

羽尾袋貂 (Feather-tailed Possum)

特徵爲白色的臉部具 4 條黑色條紋，及形似翮羽且具抓握力的尾巴。能在夜間奔竄於樹枝之間，用銳利的爪子握住樹枝，捕蟬爲食。後腳具有第六個肉墊，這個特徵除羽尾袋貂之外，僅見於侏儒袋鼯（見下方）。

體型：體長 10.5-13.5 公分，尾長 12.5-15.5 公分。

分布：新幾內亞。活動於雨林、低海拔苔林及村落附近的次生林中。

新幾內亞

毛皮淡棕色至灰色

尾巴修長，形似翮羽

黑色眼線

社群型態：群居	妊娠期：不詳	每胎幼仔數：1-2	食物：✷ ⬿ ✢

科：侏儒袋鼯科	學名： *Acrobates pygmaeus*	野生現況：瀕危風險低

侏儒袋鼯 (Pygmy Glider)

又稱爲羽尾袋鼯，爲小型夜行性有袋動物，尾巴披有硬毛，可作方向舵。翼膜自前肢延展到後肢；趾頭具有可深入樹皮的利爪，及可握住光滑表面的肉墊。

體型：體長 6.5-8 公分，尾長 7-8 公分。

分布：澳洲東部。活動於海平面到海拔 1,400 公尺的森林中。

附註：爲最小型的滑翔有袋動物。

澳洲

長尾巴有硬毛

眼睛面向正前方

社群型態：群居	妊娠期：不詳	每胎幼仔數：1-4	食物：✷ ✢

科：森袋鼠科	學名： *Cercartetus lepidus*	野生現況：瀕危風險低 *

南澳睡袋鼠（LITTLE PYGMY-POSSUM）

耳朵突出，大而挺立

臉部短而鈍

這是唯一具灰色腹部的睡袋鼠，背部為淡黃褐或棕色。臉部短而鈍，耳朵大而挺立，尾巴具抓握力且能吊掛身體，多餘的食物可轉成脂肪儲存於尾巴基部。夜間在低矮植物叢或地面尋覓食物。

體型：體長5-6.5公分，尾長6-7.5公分。

分布：澳洲東南部、塔斯馬尼亞。活動於各種具林木的棲地，雨林除外。

澳洲、塔斯馬尼亞 **附註**：為最小型的鼠。

社群型態：獨居	妊娠期：30-51日	每胎幼仔數：3-4	食物：🐜🦎🌼

科：鼠科	學名： *Hypsiprymnodon moschatus*	野生現況：瀕危風險低

麝鼠（MUSKY RAT-KANGAROO）

頭部修長，眼睛大

尾巴修長，具鱗片

這種鼠類有袋動物（見下方）以四肢跳躍，背部為巧克力色至棕色，腹部色調較淡，後腿具5趾。雌雄麝鼠在繁殖季節都會散發麝香般的氣味。

體型：體長16-28公分，尾長12-17公分。

分布：昆士蘭東北部。活動於濃密雨林中。

附註：會儲藏大量食物，為有袋動物罕見的行為。

澳洲

社群型態：獨居	妊娠期：不詳	每胎幼仔數：2	食物：🍎🌰🍄🐜

科：鼠科	學名： *Potorous longipes*	野生現況：瀕臨絕種

長腳長鼻鼠（LONG-FOOTED POTOROO）

外型似老鼠與袋鼠的混合體，以後肢跳躍，利用具強健爪子的短前肢扒尋食物。這種夜行性動物以蕈類為食，會挖掘圓錐形坑洞尋找食物，可幫助蕈類散播孢子。

體型：體長38-42公分，尾長31-33公分。

分布：澳洲東南部。活動於溫帶雨林中。

背部毛皮棕灰色

尾巴長而粗壯

澳洲

社群型態：獨居	妊娠期：38日	每胎幼仔數：1	食物：🍄🌿

| 科：鼷科 | 學名：*Bettongia penicillata* | 野生現況：瀕危風險低 |

西南澳短鼻鼷（BRUSH-TAILED BETTONG）

這種鼷也和長腳長鼻鼷（見對頁）一樣以蕈類為食，背部淺灰色至橘灰色，腹部淡灰色。長尾巴可搬運築巢用的材料，尾巴上側具黑色鬃毛。受到侵擾時，會低垂頭部，挺直尾巴，豎起鬃毛，然後迅速跳離。夜間在林地土壤中挖掘蕈類，白天則在以樹皮、樹葉及草築成的圓拱形巢穴中休憩。

體型：體長 30-38 公分，尾長 29-36 公分。
分布：澳洲西南部。活動於開闊的森林及林地之中。

毛皮淡灰色至橘灰色

眼睛大而黑

尾巴與身體一樣長

澳洲

| 社群型態：獨居 | 妊娠期：21 日 | 每胎幼仔數：1 | 食物： |

| 科：袋鼠科 | 學名：*Petrogale penicillata* | 野生現況：受威脅 |

叢尾岩袋鼠（BRUSH-TAILED ROCK WALLABY）

為了在岩石表面跳躍攀爬，這種岩袋鼠能跳躍達 4 公尺高，且後腳腳底粗厚具有肉墊，因此抓地力極佳。背部毛皮為棕色至深棕色，肩部色澤較灰，胸側及臀部偏紅色，四肢及末端多毛的尾巴則為黑色或深棕色。於夜間覓食，白天會在陰涼的岩縫中休憩。

體型：體長 50-60 公分，尾長 50-70 公分。
分布：澳洲東南部，在紐西蘭與夏威夷為外來種。活動於多岩的森林中。
附註：原本數量豐富，但 20 世紀初期時，因為有害農業及其身上的毛皮，遭到人類大量捕殺而數量驟減。如今許多族群都只有 10-12 隻個體，顯示數量將會持續減少。

臉頰具淺色條紋

毛皮棕色至深棕色

四肢黑色或深棕色

澳洲

| 社群型態：群居 | 妊娠期：30-32 日 | 每胎幼仔數：1 | 食物： |

| 科：袋鼠科 | 學名：*Lagorchestes conspicillatus* | 野生現況：瀕危風險低 |

眼鏡兔袋鼠（SPECTACLED HARE WALLABY）

毛皮為斑白的灰棕色，因眼睛周圍的橘色斑塊而得名。為適應乾燥的棲息環境而具多種演化特徵，是同體型哺乳動物中水分需求量最少的動物。牠幾乎不喝水，而且除非氣溫高達30ºC以上，否則也不會流汗或喘氣，此外其尿液濃度也非常高。於夜間覓食草或葉片，藏身於大型的濱刺草叢下。

體型：體長40-48公分，尾長37-50公分。

分布：澳洲北部。活動於熱帶草原、開闊的森林及林地中。

白色保護毛

橘色眼斑

毛皮灰棕色

澳洲

| 社群型態：獨居 | 妊娠期：29-31日 | 每胎幼仔數：1 | 食物： |

| 科：袋鼠科 | 學名：*Thylogale stigmatica* | 野生現況：瀕危風險低 |

紅腿沼林袋鼠（RED-LEGGED PADEMELON）

體格結實、頭部修長、耳朵長而挺立。這是一種小型的岩袋鼠，在雨林地帶毛皮偏棕灰色，但在開闊的林地則偏淡黃褐色。日夜都會活動，大多獨居，但也會群聚在一起覓食。常棲息於森林邊緣地區，藉葉叢的遮蔽以躲避澳洲野犬、袋鼬和大型蟒蛇等掠食動物。遭受威脅時，會用後腳震地以製造巨大警告聲，然後迅速躲入濃密的植被中藏身。

體型：體長38-58公分，尾長30-47公分。

分布：澳洲北部及東部、新幾內亞。活動於雨林、混生草原、林地及開闊的森林中。

耳朵基部
紅棕色

身體結實

尾巴粗壯

澳洲、新幾內亞

| 社群型態：獨居 | 妊娠期：20-30日 | 每胎幼仔數：1 | 食物： |

科：袋鼠科	學名：*Setonix brachyurus*	野生現況：受威脅

短尾袋鼠（Quokka）

身體渾圓結實，粗糙的棕色毛皮在臉頰及頸部染有紅色。在澳洲大陸上非常罕見，主要棲息於西南海岸外的羅德內島（Rottnest Island）和博德島（Bald Island）上，因為這些地區沒有狐狸等外來的掠食動物。短尾袋鼠常因觀光客的不當餵食而遭受傷害。

體型：體長 40-54 公分，尾長 25-35 公分。

分布：澳洲西南部。活動於溫帶森林中。

澳洲

臉部毛皮偏紅色

濃密的棕色毛皮

社群型態：群居	妊娠期：27 日	每胎幼仔數：1	食物：

科：袋鼠科	學名：*Wallabia bicolor*	野生現況：瀕危風險低

黑尾袋鼠（Swamp Wallaby）

也稱為「沼澤袋鼠」、「臭袋鼠」，毛皮棕黑色，臉部、吻部及四肢的顏色更深，黑色尾巴的末端常呈白色。大步跳躍時，頭部低垂，尾巴挺直於後，步態非常特別。在夜間攝取多種植物性食物，包括毒人參等有毒植物。澳洲野犬及紅狐狸為其天敵。

體型：體長 66-85 公分，尾長 65-86 公分。

分布：澳洲東部。活動於熱帶及溫帶森林中。

澳洲

臉部黑色

毛皮棕色至黑色

尾巴深色

社群型態：獨居	妊娠期：33-38 日	每胎幼仔數：1	食物：

科：袋鼠科	學名：*Macropus robustus*	野生現況：瀕危風險低

毛袋鼠（Wallaroo）

毛皮為深灰色至紅棕色，活動於多種棲息環境中，但偏好岩塊出露處、懸崖峭壁及巨石堆疊處。日間於這些地區休憩，黃昏時分開始出來攝食草和各種葉叢。也稱為紅灰大袋鼠、丘陵袋鼠，雖然和其他岩袋鼠很相似，但其肩膀、背部及肘部的整體姿態，以及腕部舉起的模樣都非常獨特。

體型：體長 0.8-1.4 公尺，尾長 60-90 公分。

分布：幾乎全澳洲皆可見。活動於草原、沙漠、熱帶與溫帶森林中。

耳朵毛髮稀疏

毛皮比其他袋鼠粗糙雜亂

鼻子黑色無毛

澳洲

社群型態：獨居	妊娠期：32-34 日	每胎幼仔數：1	食物：

| 科：袋鼠科 | 學名：*Macropus fuliginosus* | 野生現況：瀕危風險低 |

坎島灰袋鼠（Western Grey Kangaroo）

為最大型且數量最多的袋鼠之一，毛皮粗厚，具淺灰棕色至巧克力棕色等多種色澤，口鼻部為深棕色至黑色，胸部及腹部顏色較淺。體格強壯，末端漸細的尾巴強而有力。坎島灰袋鼠會以 2-15 隻個體組成固定群體，成員間以氣味互相辨認。雄性具有獨特的體味，體型比雌性大一倍。繁殖季時攻擊性強，雄性為了爭奪雌性而互相戰鬥，也會為了食物與休憩地而展開打鬥。對手之間以前肢互相扭打，企圖將對方推倒；或將身體向後傾以尾巴支撐，再以後腿踢擊。在夜間覓食，通常以草為食，也會啃食灌木或矮樹叢的葉片。

體型：體長 0.9-1.4 公尺，尾長 75-100 公分。

分布：澳洲南部。活動於開闊的森林、林地、灌木叢、潮濕或乾燥的石南叢及多草的疏林草原地區。

附註：人類視之為有害農業的動物，並為了獲取其肉和毛皮而加以捕殺。

澳洲

身體淺灰棕色至
巧克力棕色

● 大耳朵

● 口鼻部深棕色至
黑色，覆有細毛

| 社群型態：群居 | 妊娠期：30-31 日 | 每胎幼仔數：1 | 食物：🌱🍃 |

有力的
尾巴

有力的行動者
坎島灰袋鼠緩慢移動
時，跳躍的步態與兔
子相似，以四肢行動，並用尾巴
作支撐。不過牠也能用後腿迅速跳
躍很長的距離，雄性一次就能跳躍
10公尺遠。

前肢較短

毛皮粗厚

攜帶幼仔
坎島灰袋鼠的幼仔會待在育兒
袋中，連續吸吮母親的乳頭達
130-150天，直到約250天大
時，才會離開安全的育兒
袋，但若遭到澳洲野犬或
楔尾鵰之類的大型猛禽等
掠食動物威脅時，便會迅
速返回育兒袋中。

體格強壯

袋鼠幼仔
在母親的
育兒袋中

尾巴長，末端漸細

科：袋鼠科	學名：*Macropus parma*	野生現況：瀕危風險低

白喉袋鼠（Parma Wallaby）

毛皮為紅棕色或灰棕色，為同屬之中體型最小的成員，特徵是背部中央的黑色條紋與兩頰上的白色條紋。耳朵圓而挺立，且比大多數的小型袋鼠還短；喉部與腹部都是白色。雄性體重比雌性略重，胸部較寬，前肢也較強壯。白喉袋鼠喜歡獨居且隱蔽的生活，白天利用保護色躲在濃密的林下植物中；夜間進行攝食時，會利用植被作為保護或將頭低垂靠近地面，食草或啃食多種植物。森林的砍伐及焚燒對其生存造成負面影響。

體型：體長 45-53 公分，尾長 41-54 公分。

分布：澳洲新南威爾斯東部；在紐西蘭卡旺（Kawan）島上為外來物種。活動於具有濃密林下植物的桉樹林及雨林中。

附註：白喉袋鼠曾經被認為絕種達 1 世紀，1965 年於紐西蘭的卡旺島上及 1967 年於澳洲大陸再度出現。

澳洲

耳朵圓而挺立 ●

臉頰具
白色條紋

背部毛皮紅棕
色或灰棕色

用後腿蹲坐休息
白喉袋鼠很少躺下，通常以坐姿休息，並將尾巴收在兩腿之間。跳躍時，身體保持水平接近地面，前爪緊收在胸前。

尾巴長而健壯 ●

社群型態：獨居	妊娠期：34-35 日	每胎幼仔數：1	食物： ✿ ⬭

科：袋鼠科	學名：*Macropus rufus*	野生現況：常見

紅袋鼠（Red Kangaroo）

爲現存最大型的有袋動物，澳洲大多數地區皆可見到，但每年族群數量變化很大。降雨量豐沛時，數量可達 1 千 2 百萬隻，但旱災時數量可銳減一半以上。當雨量不足而導致食物缺乏時，不僅雌性無法受孕，雄性在長年乾旱的時期也無法製造精子。紅袋鼠以 2-10 隻組成的小群體生活，其中只有 1 隻優勢的雄袋鼠；不過乾旱時，1 個水洞就可能匯聚到 1,500 隻個體。發現危險時，紅袋鼠會利用踩腳或以尾巴重擊地面來警告夥伴，然後成群逃離，衝刺的速度可達時速 50 公里。爲夜行性動物，但有時也會在黎明或黃昏覓食。

體型：體長 1-1.6 公尺，尾長 75-120 公分。

分布：澳洲。活動於大草原、沙漠及溫帶森林。

附註：紅袋鼠在澳洲被視爲有害動物，並因其肉和毛皮而遭到嚴重獵殺。

雄性的身體為橘紅色

尾巴長而有力

後肢極大

澳洲

社群型態：群居	妊娠期：33 日	每胎幼仔數：1	食物：🌿

科：袋鼠科	學名：*Dendrolagus dorianus*	野生現況：瀕危風險低

南方樹袋鼠（Doria's Tree-kangaroo）

以新幾內亞及澳洲東北部爲主要棲地的 10 種樹袋鼠中，南方樹袋鼠的體型最大。棕色毛皮長而濃密，背部中央具有漩渦狀斑紋，尾巴淡棕色或乳白色。短而粗壯的腿及長爪有利於攀爬，長尾巴具平衡作用。和一般袋鼠不同的是，牠的兩隻後腿能分別行動，以便攀爬樹枝，這點和所有樹袋鼠都相同。牠大部分時間在樹上度過，但也能在地面行走或快速跳躍。和其他樹袋鼠一樣遭受伐木與狩獵的威脅。

體型：體長 51-78 公分，尾長 44-66 公分。

分布：新幾內亞。活動範圍僅限於熱帶森林的高地。

吻部圓形

後腳底具肉墊

尾長為體長的 75-80%

尾巴無抓握力，但具平衡功能

新幾內亞

社群型態：獨居	妊娠期：30 日	每胎幼仔數：1	食物：🌿🍑

食蟲動物

儘管這個類群名為「食蟲」動物,但其實攝取的食物種類並不只限於昆蟲,也包括了蠕蟲、蜘蛛和蛞蝓等其他小型獵物。此外,牠們並非唯一捕食昆蟲的動物,其他還有許多哺乳動物也會以昆蟲為食。

食蟲動物總計有365種,分為6科,具有許多共同的特徵。通常體型很小、屬夜行性動物,且保有古老祖先,也就是早期哺乳動物的生理特徵,例如:牙齒型式簡單、最多48顆;與體型相較之下,腦部比例較小、且表面褶皺較少;雄性的睪丸收藏在腹腔內。另外,食蟲動物的眼睛與耳朵都很小,但吻部較長、具有彈性,而且非常敏感;四肢的5趾帶爪,尾巴多為中等長度。

食蟲動物有3種主要的生活型態。鼩鼱(尖鼠)、刺猬、月鼠、鼷猬、長吻猬等為陸棲動物,在夜間忙著搜尋小生物為食,白天或許也會活動。鼴鼠和金鼴鼠是地穴動物,大部分時間都在挖掘地道,尋找土壤中的昆蟲、蠕蟲及幼蟲為食。蹼足鼷猬、水尖鼠、獺鼩和蘇俄鼷鼠等則為半水生動物,捕食各種水生生物,包括魚類及蛙類。

許多種刺猬、月鼠、鼩鼱及鼩鼱都廣泛分布於世界各地,尤以鼩鼱為最。但食蟲動物中仍有3科族群僅分布於特定區域,分別為分布於加勒比海的古巴和海地兩島的長吻猬、分布於馬達加斯加及赤道非洲的鼷猬,以及分布於非洲撒哈拉沙漠南側的金鼴。

科:刺猬科	學名:*Erinaceus europaeus*	野生況:常見

歐洲刺猬(WEST EUROPEAN HEDGEHOG)

夜間會在都會公園、庭園、灌木樹籬、田野及林地中漫遊,像豬一樣抽鼻嗅聞,尋找蠕蟲、昆蟲、鳥蛋及腐肉為食。白天則在矮樹叢、倒木、戶外小屋或舊地穴中,以草葉鋪墊的窩內休憩。除了頭部、腹部及四肢之外,圓胖的身體上布滿尖銳的短刺。全身為均勻的灰棕色,耳朵小,尾巴短。自我防禦時,頭和四肢會縮入腹部,將身體捲成一個刺球。跑步與攀爬時,動作靈巧非凡。

體型:體長22-27公分,尾巴短。
分布:西歐至斯堪的那維亞半島中部、俄羅斯北部及西伯利亞。
附註:幼仔在出生後數小時內就長出刺來。

毛皮為均勻的灰棕色

背部具短刺

歐洲

社群型態:獨居	妊娠期:31-35日	每胎幼仔數:4-6	食物:

| 科：刺蝟科 | 學名：*Hemiechinus auritus* | 野生現況：地區性常見 |

長耳刺蝟（Long-eared Desert Hedgehog）

生活於沙漠中，刺毛具有黑、棕、黃或白色條紋，偏白色的臉、四肢及腹部被覆粗毛。長耳朵可幫助散熱；缺乏食物或水時，仍能在乾燥環境中長時間存活。

體型：體長 15-27 公分，尾長 1-5 公分。

分布：烏克蘭至蒙古、利比亞至巴基斯坦。活動於乾草原及乾旱的棲地。

附註：夏天食物不足時會進入多眠狀態。

非洲、亞洲

刺毛具各種色紋

耳朵長

| 社群型態：獨居 | 妊娠期：35-42 日 | 每胎幼仔數：1-6 | 食物： |

| 科：刺蝟科 | 學名：*Echinosorex gymnura* | 野生現況：瀕危風險低 * |

月鼠（Moonrat）

形似刺蝟與小型豬的混合體，毛髮尖銳粗糙，尾巴長且有鱗。為夜行性掠食動物，會在陸地搜尋獵物，或潛入水中追捕魚類及甲殼動物。以腐爛洋蔥般的氣味來標示領域範圍。

體型：體長 26-46 公分，尾長 16-30 公分。

分布：東南亞。活動於熱帶林低地，通常鄰近水域。

亞洲

毛皮具黑、灰及白色斑紋

外毛皮粗糙

| 社群型態：獨居 | 妊娠期：35-40 日 | 每胎幼仔數：2 | 食物： |

| 科：長吻蝟科 | 學名：*Solenodon paradoxus* | 野生現況：瀕臨絕種 |

海地長吻蝟（Hispaniolan Solenodon）

快速敏捷，會在森林地面一面扒找，一面利用靈活的長吻部嗅聞覓食，能一口咬住獵物將之毒昏，這也是牠自衛的方式。形似尖鼠，為夜行性食蟲動物，毛皮黑色至紅棕色，四肢、長尾巴及耳尖幾乎無毛。

體型：體長 28-32 公分，尾長 17-26 公分。

分布：多明尼加、海地。活動於森林及矮樹叢。

附註：長吻蝟有海地長吻蝟及古巴長吻蝟2種，均瀕臨絕種。

加勒比海

毛皮紅棕色

長尾巴幾乎無毛

| 社群型態：獨居 | 妊娠期：不詳 | 每胎幼仔數：1-3 | 食物： |

| 科：龜猬科 | 學名：*Tenrec ecaudatus* | 野生現況：常見 |

大龜猬（Common Tenrec）

最大型的食蟲動物之一，和其他 25 種分布於中非及馬
達加斯加的龜猬一樣，外型近似尖鼠和刺猬。具有尖
銳的刺、粗糙的灰色至紅灰色毛皮，
於夜間利用尖吻部在落葉及殘屑中翻
拱，以尋找獵物。遭受威脅時會發
出長聲尖叫，並豎起頸部的刺，
猛然弓背躍起，迅速啃咬開攻。

體型：體長 26-39 公分，尾
長 1-1.5 公分。

分布：馬達加斯加。
活動於熱帶森林及疏
林草原。

毛髮粗糙帶刺

毛皮灰色
至紅灰色

馬達加斯加

吻部長
而靈活

| 社群型態：獨居 | 妊娠期：50-60 日 | 每胎幼仔數：10-12 | 食物： |

| 科：金鼴科 | 學名：*Eremitalpa granti* | 野生現況：受威脅 |

沙漠金鼴（Grant's Golden Mole）

身體小而結實，覆滿柔軟如絲的毛髮，毛皮為鐵灰色至淡
黃或近白色。具有數種適應地穴環境的特徵，眼睛細小到
幾乎看不見，鼻墊無毛，四肢具 3 根又寬又長的爪。極少
出現在地面上，能如游泳般將鬆軟的沙堆推開前進，在較
深處的土壤或接近地面的緊實沙
層中，則會挖掘地道。日夜都會
活動，能在挖掘土壤時，偵測到
獵物的行動。

體型：體長 7-8 公分，無尾。

分布：非洲西南部。活動於海岸
沙丘中。

附註：相當特化的物種，極易遭
受因採礦與其他工業活動所造成
的棲息地破壞、或領域分隔的孤
立威脅。

毛皮灰色
或淡黃色

非洲

鈍形頭部適合
地穴生活

| 社群型態：獨居 | 妊娠期：不詳 | 每胎幼仔數：不詳 | 食物： |

科：尖鼠科	學名：*Scutisorex somereni*	野生現況：不詳

東非裝甲鼩鼱（ARMOURED SHREW）

俗稱爲勇士鼩鼱，是該屬唯一的物種。毛皮灰色，強壯非凡的背部有明顯拱起，這是因爲牠的脊椎骨不僅和其他哺乳動物一樣，在側面有棘刺相連結，且脊椎骨的背面和腹面也有此種連結。傳聞曾有人站在這種動物身上，而牠卻能毫髮無傷地逃走。日夜都會活動。

體型：體長 10-15 公分，尾長 6.5-9.5 公分。

分布：中非到東非。活動於熱帶森林中。

附註：當地民眾相信牠具有神奇的力量。

毛皮濃密厚實

非洲

頭部尖細，眼睛小

社群型態：獨居	妊娠期：不詳	每胎幼仔數：不詳	食物：🕷

科：尖鼠科	學名：*Neomys fodiens*	野生現況：常見

歐洲水尖鼠（EURASIAN WATER SHREW）

黑亮的腰背部及灰白的腹部間具有明顯對比，是這種動物的特徵。爲半水生動物，外毛皮具防水功能，而濃密柔軟的內毛皮則可留住空氣，使牠在水中仍能保持溫暖。後腳具有可增加推進力的穗毛，游泳時，便用力踢踏後腳前進。尾巴有一排形似龍骨的毛髮，可控制游動方向。唾液具毒素，可在水中或陸地上麻痺獵物，進行獵食。主要爲夜行性動物，以黎明前的活動力最強。會在水邊挖掘一連串的通道及地道，但以乾草和葉子築成的簡單窩巢爲棲所。

體型：體長 6.5-9.5 公分，尾長 4.5-8 公分。

分布：歐洲到北亞。活動於溪流、運河、池塘、水田芥菜池底、沼澤以及林地之中。

腰部與背部黑色

歐亞大陸

腹部灰白色

社群型態：獨居	妊娠期：14-21 日	每胎幼仔數：6	食物：🕷〰🐟🐸

| 科：尖鼠科 | 學名：*Blarina brevicauda* | 野生現況：常見 |

短尾尖鼠（NORTH AMERICAN SHORT-TAILED SHREW）

毛皮灰黑色

體型粗壯，毛皮短而灰黑，眼睛細小，耳朵收束，尾巴多毛。大都於夜間活動，利用嗅覺與觸覺在土壤中搜尋獵物，咬傷後使之中毒而亡。與一般尖鼠不同的是，牠以田鼠、老鼠和植物為食。

體型：體長 12-14 公分，尾長 3 公分。

分布：加拿大南部至美國北部與東部。活動於闊葉林、針葉林、沼地與草原中。

吻部較粗短

北美洲

| 社群型態：多變 | 妊娠期：17-22 日 | 每胎幼仔數：3-7 | 食物： |

| 科：尖鼠科 | 學名：*Suncus etruscus* | 野生現況：不詳 |

非洲小香鼠（PYGMY WHITE-TOOTHED SHREW）

吻部尖形

以小型昆蟲為食，白天努力獵食幾小時後，其餘時間都在休息。會以出其不意的速度，突襲體型比牠大但動作較慢的獵物，也會撿食剛死亡的昆蟲屍體。體型迷你，具有尖鼠的典型尖吻；耳朵大，毛皮以灰棕色為主。

體型：體長 4-5 公分，尾長 2-3 公分。

分布：南歐、南亞及東南亞、北非、東非及西非。

毛皮灰棕色

歐洲、亞洲、非洲

| 社群型態：獨居 | 妊娠期：27-28 日 | 每胎幼仔數：2-5 | 食物： |

| 科：鼴鼠科 | 學名：*Condylura cristata* | 野生現況：地區性常見 |

星鼻鼴鼠（STAR-NOSED MOLE）

黑色毛皮濃密而柔軟

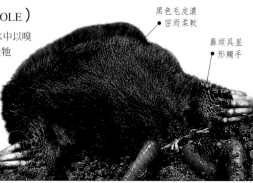

具 22 個放射狀觸手的星形鼻頭，可在水中以嗅覺尋找獵物，這個無法錯認的特徵就是牠的名稱由來。日夜都會獵食，是游泳好手。

鼻頭具星形觸手

體型：體長 18-19 公分，尾長 6-8 公分。

分布：加拿大東部到美國東北部。活動於沼澤、溪流與湖泊沿岸。

北美洲

| 社群型態：多變 | 妊娠期：不詳 | 每胎幼仔數：2-7 | 食物： |

科：鼴鼠科	學名：*Talpa euoropaea*	野生現況：常見

歐亞鼴鼠（EUROPEAN MOLE）

生活在具有中央穴室及輻射狀地道的地穴中，眼睛完全不
具視力。在地道中無論前進或後退，濃密的黑色短毛均可
順向任何方向。肩膀肌肉強韌，加上面向外側的前腳掌具
有鏟子般的爪子，因此可把土壤推出地穴，在地表形成鼴
鼠丘。日夜都會活動，以觸覺、嗅覺及聽覺偵測獵物。
當發現為數豐富的蠕蟲時，會咬昏獵物，留待未
來食用；但若來不及吃完，蠕蟲甦醒後就會
逃脫。擅長游泳；在水患期間，會撤離位
於低地的地穴。
體型：體長 11-16 公分，尾長 2 公分。
分布：歐洲至北亞。活動於林地、
草原及農田。

歐亞大陸

軀體圓柱形，
幾乎全身覆滿
毛髮

前腳掌心向外

鼻子鮮粉紅色

社群型態：獨居	妊娠期：4 週	每胎幼仔數：3-4	食物：

科：鼴鼠科	學名：*Desmana moschata*	野生現況：受威脅

蘇俄鼴鼠（RUSSIAN DESMAN）

雖然屬於鼴鼠家族，但和水尖鼠一樣具有濃密而光亮的毛皮。扁平
的尾巴可作槳和舵，後腳具完整的蹼，前腳的蹼則不完整。夜間利
用敏銳的長鼻子，在河床的泥沼與石礫中探測食物。和一般食蟲目
動物不同的是，牠們成群棲居，數隻個體共享一個河岸地穴。
體型：體長 18-21 公分，尾長 17-21 公分。
分布：東歐至中亞。活動於流速緩慢的河流、湖泊、池塘、運河及
沼澤之中。
附註：人類為取其毛皮，獵殺這種動物達數百年之久，
如今雖受法律保護，但因完全以水生生物為
食，而淡水棲息環境逐漸減少，故生存仍
受威脅。

歐亞大陸

保護毛長
而粗糙

吻部可靈
活活動

扁尾巴與身
體等長

社群型態：群居	妊娠期：不詳	每胎幼仔數：3-5	食物：

蝙蝠

蝠 蝠共有將近 1,000 種,占所有哺乳動物種類的 1/5。牠們是唯一能夠持續飛行的哺乳動物。蝙蝠的前肢由一層具有彈性的革質薄皮膜,即翼膜所組成,並由修長的趾骨和臂骨來支撐。

蝙蝠主要分布於世界各地的熱帶與溫帶森林,有些種類也生活在較開闊的棲地;近代以來,有些蝙蝠也適應了在人類的居住環境中生活。

大多數蝙蝠都屬於小翼手亞目,在夜間飛行,運用聲納系統捕捉空中的小型昆蟲為食。有些種類特化成只攝取某些特殊食物,如魚類、蝸牛或血液。此外,溫帶地區的蝙蝠會以冬眠方式,度過缺乏食物的冬天。

大翼手亞目的蝙蝠包括了大型的狐蝠及果蝠,正如名字所示,牠們是以果實和其他植物為食。

科:假吸血蝠科	學名:*Macroderma gigas*	野生現況:受威脅

澳洲巨假吸血蝠 (AUSTRALIAN FALSE VAMPIRE BAT)

又稱鬼蝠,從前誤認牠吸血為食,所以命名為吸血蝠。耳朵大,具叉形耳珠(耳廓的突出物),鼻葉明顯,極易辨認。毛皮灰色或淡棕色,飛翼淡乳白至棕色。會大量成群棲息在岩石縫隙中,因此棲地受到日漸增加的採礦活動所影響。

體型:體長 10-12 公分,前臂長 9.5-11 公分。

分布:澳洲西部與北部。活動於熱帶雨林、草原以及岩石坡地上。

澳洲

毛皮淡灰色至淺棕色

飛翼乳白色至棕色

耳朵突出

社群型態:群居	妊娠期:11-12 週	每胎幼仔數:1	食物:

科:鞘尾蝠科	學名:*Taphozous mauritianus*	野生現況:常見

摩里西斯墓蝠 (MAURITIAN TOMB BAT)

為中型的「鞘尾」蝙蝠,以其雜有灰斑的棕黑色毛皮、白色的飛翼與腹部,而有別於同屬其他蝙蝠。白天棲息在牆壁及樹幹上時,仍保持警戒。運用回聲定位偵測飛行中的獵物,可發出人類耳朵能聽到的各種聲波。

體型:體長 7.5-9.5 公分,前臂長 6 公分。

分布:西非、中非、東非及南非、馬達加斯加及模里西斯(Mauritius)。活動於森林、乾燥環境及都市地區。

非洲

毛皮具灰斑

棲息於開闊的樹幹上

社群型態:群居	妊娠期:90 日	每胎幼仔數:1	食物:

| 科：鞘尾蝠科 | 學名：*Rhynchonycteris naso* | 野生現況：常見 |

長鼻蝠（PROBOSCIS BAT）

具有延伸到嘴巴前方的尖形長鼻，因此也稱「尖鼻蝠」。
毛皮雜有灰斑，呈灰棕色至黃色，從肩膀到臀部有兩道不
明顯的乳白色波狀條紋，使這種流線造型的蝙蝠相當明顯
易辨。長鼻蝠雖然是典型的小型食蟲蝙蝠，但卻具有獨特
的棲息行為。白天時，5-10隻（很少超過40隻）成群棲
息在樹枝或屋樑上，頭尾相接地排成一直線，每排有一隻
優勢雄性，負責防衛鄰近水域的覓食範圍。一排長鼻蝠掛
在船屋橫樑或水上枝條的景象，雖然常見仍屬壯觀。

體型：體長3.5-5公分，前臂長3.5-4公分。

分布：墨西哥、秘魯、玻利維亞、巴西、法屬幾內亞、蘇
利南、蓋亞納、千里達。活動於低海拔水道沿岸的熱帶森
林之中。

獨特的外表

長鼻蝠最明顯的特徵是突出的長
鼻。毛皮雜有灰白斑，前臂具有
突出的簇毛；與身體相比之下，
頭部比例較小。

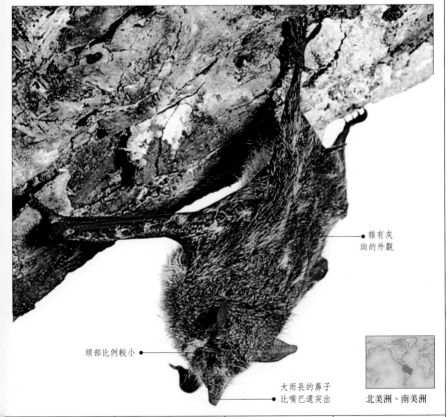

雜有灰
斑的外觀

頭部比例較小

大而長的鼻子
比嘴巴還突出

北美洲、南美洲

| 社群型態：群居 | 妊娠期：不詳 | 每胎幼仔數：1 | 食物： |

科：大蝙蝠科	學名：*Epomops franqueti*	野生現況：不詳

無尾肩章果蝠（FRANQUET'S EPAULETTED BAT）

屬於中型果蝠，雄性體重比雌性略重，雙肩有白色長毛團，猶如軍服上的肩章，毛團可收到毛皮中隱藏起來。夜間，雄性從棲息的樹枝上發出尖銳哨聲，吸引交配對象，牠們集體成群的喧鬧聲，常迴盪在非洲的夜晚。雄性會防禦牠們呼叫雌性時所占據的棲木，但覓食或休憩時並未展現防衛領域的行為。無尾肩章果蝠隨時都能進行繁殖，在無花果、芭樂、香蕉等果實及幼嫩新葉豐富的地區，雌性一年可以生產 2 次。白天經常群聚棲息，偏好樹木和藤蔓的葉叢。個體之間少有肢體接觸，母蝠會單獨哺育幼仔直到斷奶為止。口腔頂部用來吸食果肉和果汁的腭脊，是辨認本屬物種的依據。

體型：體長 11-15 公分，前臂長 8-9 公分。

分布：西非與中非。活動於雨林中。

非洲

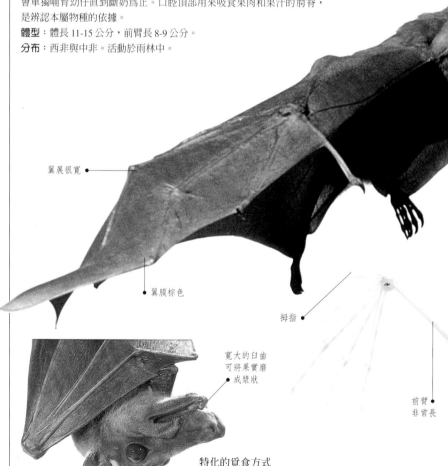

耳朵基部
具淡色簇毛

翼展很寬

翼膜棕色

拇指

前臂
非常長

寬大的臼齒
可將果實磨
成漿狀

耳朵寬圓

特化的覓食方式

和其他果蝠一樣，以寬大的臼齒咬碎果實，然後用舌頭頂在口中的腭脊上，吸食果汁與果肉後，再吐出果實纖維。

社群型態：群居	妊娠期：不詳	每胎幼仔數：1	食物：

手指向外
伸展

毛皮為淡黃、
棕或灰色

具抓握力
的腳掌有助
於吊掛身體

飛翼皮
膚具彈性

棲息

白天常見無尾肩章果蝠成群棲息在葉叢中，
藉由葉叢的掩護，防備蛇類、小型食肉動
物等掠食者，及貓頭鷹等猛禽的攻擊。牠
們在夜間覓食或尋找配偶，貓頭鷹有時
就可獵捕到發出求愛呼喚的雄蝠。

頸骨尖形

大型鎖骨

收翼時翼膜
也會收縮起來

肘關節

長「手指」用
來支撐皮膚形成
的飛翼

骨骼輕盈

這種蝙蝠具有非常輕盈的骨骼，
及很長的前臂和「手指」，用來
支撐飛翼的薄皮。大型的肩胛骨
和鎖骨可固定揮翅的強韌肌肉。

| 科：大蝙蝠科 | 學名：*Rousettus egyptiacus* | 野生現況：常見 |

埃及果蝠（EGYPTIAN FRUIT BAT）

背部毛皮有深棕色到暗藍灰色多種變化，腹部淡灰或煙灰色。毛皮延伸到前臂中間，這在蝙蝠中很少見。牠利用高頻率的喀嚓聲進行回聲定位，協助尋找方向，並棲息在陰涼漆黑的洞穴中，這些行為都有異於一般果蝠。

體型：體長 14-16 公分，前臂長 8.5-10 公分。

分布：北非、西非、東非及南非、西亞。活動於沙漠、熱帶森林及都市區。

非洲、亞洲

身體暗棕色至灰色

頸部黃色或淡黃色

| 社群型態：群居 | 妊娠期：4 個月 | 每胎幼仔數：1 | 食物： |

| 科：鼠尾蝠科 | 學名：*Rhinopoma hardwickei* | 野生現況：常見 |

小鼠尾蝠（LESSER MOUSE-TAILED BAT）

鼠尾蝠（或稱長尾蝠）屬 4 種成員之一，這個家族全都具有拖曳在後、細長如鼠尾的尾巴，大致與頭加身體等長。棲息於乾燥開闊的地區，比其他蝙蝠更能禁受乾旱的環境。食物充足時，會將能量儲藏成脂肪，以備在活動量極低的漫長旱季所需。

尾巴特別長

體型：體長 5.5-7 公分，前臂長 4.5-6 公分。

分布：北非及東非、西亞到南亞。活動於沙漠及熱帶森林，有植被覆蓋或開闊的地區。

非洲、亞洲

鼻頭具葉形構造

| 社群型態：群居 | 妊娠期：123 日 | 每胎幼仔數：1 | 食物： |

| 科：牛頭犬蝠科 | 學名：*Noctilio leporinus* | 野生現況：瀕危風險低 * |

牛頭犬蝠（GREATER BULLDOG BAT）

特徵為光滑柔軟的橘色、棕色或灰色毛皮，以及背部明顯的淡色條紋。在夜間，運用大而強壯且帶有利爪的後腳，捕捉地面上的節肢動物，或河流及河口處鄰近水面的魚類和招潮蟹等獵物。

大型鼻墊

體型：體長 9-10 公分，前臂長 8-9 公分。

分布：中美洲、南美洲北部、東部及中部。活動於森林和鄰近河流的地區。

中美洲、南美洲

上唇低垂

後腳巨大

| 社群型態：群居 | 妊娠期：60-70 日 | 每胎幼仔數：1 | 食物： |

| 科：蹄鼻蝠科 | 學名：*Phinolophus hipposideros* | 野生現況：受威脅 |

小蹄鼻蝠（LESSER HORSESHOE BAT）

這種蝙蝠的頭部與身體相加的長度，比人的拇指還小。廣泛分布於林地及矮樹叢中，但面臨棲地遭破壞的威脅，無論是牠賴以冬眠的深凹洞穴，或夏季白天休憩的樹洞、山洞、煙囪及礦井，都遭到破壞與干擾。

體型：體長 4 公分，前臂長 3.5-4.5 公分。

分布：歐洲、北非至西亞。活動於沙漠及溫帶森林中具遮蔽之處。

歐洲、非洲、亞洲

蹄形的鼻葉

飛翼寬闊，故能進行低速的盤旋飛行

| 社群型態：群居 | 妊娠期：2 個月 | 每胎幼仔數：1 | 食物：🐜 |

| 科：漏斗耳蝠科 | 學名：*Natalus stramineus* | 野生現況：不詳 |

漏斗耳蝠（MEXICAN FUNNEL-EARED BAT）

體型嬌小，耳朵圓，具有濃密柔軟的毛皮，尾巴以翼膜與腿部相連。美洲漏斗耳蝠共有 5 種，全出現在熱帶地區，這是其中一種，牠的特徵是飛行快速，姿態有如蝴蝶。白天常可在山洞中發現數百隻漏斗耳蝠——倒掛在洞頂，夜間則會獵食飛行的小型昆蟲。

體型：體長 4-4.5 公分，前臂長 3.5-4 公分。

分布：美國西部到南美洲北部。活動於熱帶森林及乾燥的半落葉性森林中，多出現在山洞深處。

北美洲、中美洲及南美洲

尾巴比頭部加身體長

毛皮橘色到黃棕色

| 社群型態：群居 | 妊娠期：不詳 | 每胎幼仔數：1 | 食物：🐜 |

| 科：葉頤蝠科 | 學名：*Pteronotus davyi* | 野生現況：常見 |

裸背蝠（DAVY'S NAKED-BACKED BAT）

夜裡常出現於都市中，吃食街燈吸引而來的飛蛾、蠅及其他飛行昆蟲，白天則大群聚集在山洞及礦坑中棲息，通常距離主要覓食區很遠。為髭蝠類中體型最小的成員，飛翼在背部中央相連，遮蓋了下方的背毛，以致看來很像「裸背」。

體型：體長 4-5.5 公分，前臂長 4-5 公分。

分布：墨西哥到南美洲北部及東部。活動於熱帶森林。

北美洲、南美洲

裸背　　大眼睛

毛皮棕色或橘色

| 社群型態：群居 | 妊娠期：不詳 | 每胎幼仔數：1 | 食物：🐜 |

科：美洲葉鼻蝠科	學名：*Anoura geoffroyi*	野生現況：常見

喬氏無尾長舌蝠（Geoffroy's Tail-less Bat）

尾巴退化成具有毛的皮膜，因而又名「喬氏毛腿蝠」；具有挺立的三角形鼻頭，而有第三個名字「喬氏長鼻蝠」。牠會盤旋在夜間開花的花叢前，用末端呈毛刷狀的長舌吸食花蜜與花粉，因此成為數種植物的重要傳粉者。會大量群集在山洞與隧道中棲息。

體型：體長 6-7.5 公分，前臂長 4-4.5 公分。

分布：墨西哥、加勒比海、南美洲北部。活動於熱帶森林及常綠森林中。

北美洲、中美洲及南美洲

毛皮灰棕色

下顎突出

社群型態：群居	妊娠期：不詳	每胎幼仔數：1	食物：✳ 🐜

科：美洲葉鼻蝠科	學名：*Uroderma bilobatum*	野生現況：常見

建棚蝠（Tent-building Bat）

毛皮灰棕色，臉部及背部具白色條紋。葉鼻蝠類中，約有 15 種會棲息在「帳棚」中，這是其中一種。「帳棚」是牠們啃咬棕櫚葉或香蕉葉後，加以摺疊而成的遮蔽空間，可棲息 2-50 隻蝙蝠，以躲避陽光、雨水和掠食者。會嚼食果實，並吸食果汁。

體型：體常 6-6.5 公分，前臂長 4-4.4 公分。

分布：墨西哥到南美洲中部。活動於落葉林及常綠森林中。

北美洲、中美洲及南美洲

身體灰棕色

臉部具白色條紋

鼻葉邊緣顏色較淺

社群型態：群居	妊娠期：4-5 個月	每胎幼仔數：1	食物：🍊 🍃

科：美洲葉鼻蝠科	學名：*Vampyrum spectrum*	野生現況：瀕危風險低

熱帶偽魑蝠（False Vampire Bat）

翼展長達 1 公尺，是美洲最大型的蝙蝠，又名「林奈假吸血蝠」。雖不吸血，但是個極具威力的掠食者，會獵食其他蝙蝠、鼠類等囓齒動物，及鷦鷯、黃鸝和小鸚鵡等鳥類，狩獵時直接用嘴擄獲獵物，然後一口咬死。白天棲息於空心樹幹中，最多可 5 隻共棲。因棲地銳減而面臨生存危機。

體型：體長 13.5-15 公分，前臂長 10-11 公分。

分布：墨西哥到南美洲北部、千里達。活動於常綠森林中。

北美洲、中美洲及南美洲

背部暗棕色或橘色

耳朵突出

社群型態：多變	妊娠期：不詳	每胎幼仔數：1	食物：🐁 🐦

| 科：美洲葉鼻蝠科 | 學名：*Desmodus rotundus* | 野生現況：常見 |

吸血蝠（Vampire Bat）

特徵爲尖銳如刀的犬齒和上門牙。這種強壯的飛行者從黃昏開始搜尋溫血的獵物，如鳥類、家畜，甚至人類，能在獵物毫無所覺的情況下，咬除獵物的毛髮或羽毛，然後吸取多達 25 毫升的血液，時間可超過 30 分鐘之久。

體型：體長 7-9.5 公分，前臂長 5.3 公分。

分布：墨西哥、中美洲及南美洲。活動於森林、林地、草原及城市中。

附註：爲社群性最高的哺乳動物之一，會成群棲息，並常以反芻方式共享血液。

北美洲、中美洲及南美洲

毛皮暗灰棕色

腹部色澤較淡

前臂強壯

拇指長

| 社群型態：群居 | 妊娠期：7 個月 | 每胎幼仔數：1 | 食物：血液 |

| 科：美洲葉鼻蝠科 | 學名：*Pipistrellus pipistrellus* | 野生現況：常見 |

歐亞家蝠（Common Pipistrelle）

家蝠屬約有 70 餘種，可由體型、顏色及牙齒特徵互相區別，歐亞家蝠是其中分布最廣的一員。黃昏時離開棲所狩獵，以家蠅、石蠶蛾、蜉蝣及飛蛾等小型昆蟲爲食；白天則棲息於岩縫、石隙、建築物和蝙蝠箱中。和其他溫帶地區的蝙蝠一樣會冬眠。能透過一系列的發聲訊號進行溝通，繁殖期間雄性會以呼叫聲吸引雌性。育嬰的棲所可能有多達 1,000 隻母家蝠匯集，每個母親都能辨認並撫養自己的子女。

體型：體長 3.5-4.5 公分，前臂長 2.8-3.5 公分。

分布：歐洲到北非、西亞及中亞。活動於溫帶森林及針葉林、公園地、河岸、郊區庭院及都市地區。

附註：家蝠通常會一大群一起從棲所出來，以防掠食者的突襲。

深色的革質飛翼

歐洲、非洲及亞洲

| 社群型態：群居 | 妊娠期：44 日 | 每胎幼仔數：1 | 食物： |

科：蝙蝠科	學名：*Nyctalus noctula*	野生現況：瀕危風險低 *

歐亞夜蝠（Common Noctule Bat）

這是夜蝠家族6個成員中，體型最大、分布最廣的一員。具有光滑的金黃色、薑黃或紅色毛皮，耳朵短而寬。雌性體型比雄性略大。是很有力的飛行者，能夠利用回聲定位追蹤到蟋蟀、金龜子等較大型的飛行昆蟲，再陡然向下潛飛，捕捉獵物；也會捕捉被燈光吸引或在垃圾桶附近徘徊的昆蟲。夏末秋初的繁殖

歐洲、亞洲

季節裡，雄性開始具有領域性，並會從樹洞中呼叫雌性。春天時，母蝙蝠最多可產下3隻幼仔，不像大部分蝙蝠每胎只能生產1隻。夏天來臨時，會有超過100隻母蝙蝠在樹洞或建築物中組成育嬰族群，但過些時日，則又成群聚集在平日獨居的雄性四周。

體型：體長7-8公分，前臂長4.7-5.5公分。

分布：歐洲到西亞、東亞及南亞。活動於溫帶森林及都市地區。

附註：歐亞夜蝠在冬天會有部分時間進行冬眠，然後遷移達2,000公里遠，尋找新的夏季覓食區。

毛皮短而光滑

休息時飛翼
摺疊起來

◁ **棲息**
歐亞夜蝠白天棲息於空心的樹木中，經常和椋鳥競爭樹洞，也會棲息在建築物或岩縫中。黃昏時分離開棲所，在高空中或樹冠層獵食。

飛翼相當
有力

耳朵短而寬

雙眼間距寬

翼膜灰棕色

口鼻部寬闊

毛皮紅黃
色或金黃色

體型大

社群型態：群居	妊娠期：70-73日	每胎幼仔數：1-3	食物：🐞

科：蝙蝠科	學名：*Plecotus auritus*	野生現況：瀕危風險低 *

歐亞兔蝠（BROWN LONG-EARED BAT）

最明顯的特徵是有一對大耳朵，長度約爲頭部與身體總長的 3/4，可幫助牠偵測停留在植被上的飛蛾、搖蚊、蚊子和飛蠅等，然後俯衝而下捕捉獵物。歐亞兔蝠棲息於建築物及樹木上，母蝠與幼仔會聚集成育嬰群。冬天在山洞、礦坑及地窖中冬眠。

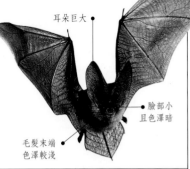

耳朵巨大

臉部小且色澤暗

毛髮末端色澤較淺

體型：體長約 4-5 公分，前臂長約 23-28 公分。

分布：歐洲至中亞。活動於具有遮蔽的稀疏林區。

歐亞大陸

社群型態：群居	妊娠期：不詳	每胎幼仔數：1	食物： 🕷

科：蝙蝠科	學名：*Myotis daubentonii*	野生現況：常見

水鼠耳蝠（DAUBENTON'S BAT）

分布廣泛的鼠耳蝠屬家族約有 87 個成員，這是其中一種。具有棕色的鼠形小耳朵；牠會在水面上飛行，用嘴巴、捲曲的翼窩、後腿或尾巴翼膜來捕捉飛行中的昆蟲，因而得名。

灰色翼膜

翼展小

體型：體長 4-6 公分，前臂長 4 公分。

分布：歐洲至北亞及東亞。活動於鄰近河湖的溫帶森林。

腹部色澤較淺

後腿巨大，趾頭可張開

歐亞大陸

社群型態：群居	妊娠期：53-55 日	每胎幼仔數：1	食物： 🕷 🍑

科：蝙蝠科	學名：*Mops condylurus*	野生現況：常見

安哥拉游離尾蝠（ANGOLAN FREE-TAILED BAT）

這種重量級的蝙蝠常見於各種棲地，具有形似鼠尾、且不爲翼膜包覆的「游離」長尾巴。夜晚會成群嘈雜地從白天的棲息處出來，以免遭受貓頭鷹、老鷹或蛇類的攻擊。用飛翼捕捉昆蟲，並會吐出獵物腿部等較硬部位。

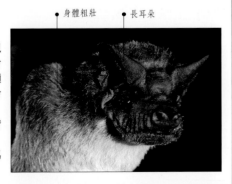

身體粗壯

長耳朵

體型：體長 7-8.5 公分，前臂長 4.5-5 公分。

分布：西非、中非及東非、馬達加斯加的沙漠及熱帶森林。

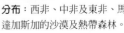

非洲

社群型態：群居	妊娠期：80-90 日	每胎幼仔數：1	食物： 🕷

象鼩鼱

象 鼩鼱目計有 15 種，僅出現於非洲地區，分布在岩石坡地、草原和森林底層等各種棲息環境。這個家族的名稱源於牠們長如象鼻、且對觸覺與嗅覺相當敏銳的鼻子。此外，牠們的聽力和視力也非常好。

白天時，象鼩鼱會利用強而有力的後腿和長尾巴，像小袋鼠一樣在領域範圍中四處跳躍。

牠們會驅逐同類的入侵者，並順著地穴中養護良好的小徑，尋找昆蟲等小型獵物；有些種類的象鼩鼱也以芽苞、漿果和其他植物爲食。

象鼩鼱無論在外型與生活習性上，都與真正的鼩鼱非常相似，因此分類上也屬於食蟲動物；然而，若就生理結構而言，牠們的某些特徵又與兔子（兔形目）的血緣更爲相近。

科：象鼩鼱科	學名：*Rhynchocyon chrysopygus*	野生現況：瀕臨絕種

黃臀象鼩鼱（GOLDEN-RUMPED ELEPHANT-SHREW）

外型獨特，色彩豔麗，頭部和軀體毛皮爲黃褐色，前額及臀部具金黃色斑紋，腿、腳與耳朵無毛，且均爲黑色。處於警覺狀態時，會以白色的尾巴末端拍擊落葉，作爲警告，然後跳離現場。

體型：體長 27-29 公分，體重 525-550 公克。

分布：肯亞的海岸至索馬利亞邊界。活動於海岸、乾燥森林、矮樹叢，以及珊瑚礁石灰岩上的矮樹叢。

非洲

臀部具明顯的金黃色斑

象鼻般的長吻部

社群型態：獨居／成對	妊娠期：42 日	每胎幼仔數：1	食物：🐜

科：象鼩鼱科	學名：*Elephantulus rufescens*	野生現況：瀕危風險低

紅象鼩鼱（RUFOUS ELEPHANT-SHREW）

毛皮灰色或棕色，腹部略白，奔跑的速度很快。會利用長鼻子在落葉中探測，並以非常黏的舌頭來舐食小型無脊椎動物，特別是白蟻；也攝食果實和多種植物。不會築巢或挖地穴，但會建造覓食小徑，並藉小徑躲避掠食者。

體型：體長 12-12.5 公分，體重 50-60 公克。

分布：東非。活動於乾燥的林地及草原中。

附註：一夫一妻制，兩性會各自驅逐自己的競爭對手。

非洲

吻部長而尖

白色眼圈

腿與腳白色

社群型態：獨居／成對	妊娠期：60 日	每胎幼仔數：1-2	食物：🐜 🍃 🫐

鼯猴

又 稱為「貓猴」，共有 2 種成員，組成皮翼目家族。2 種鼯猴都生活在東南亞的森林之中，體型與外型也很相似，下排牙齒都具有獨特的脊線，不僅可過濾樹液，還可用來吸取果實及其他植物的汁液。

鼯猴不是狐猴，但臉部很像狐猴，也具有面向前方的大眼睛，因此能準確判斷距離。鼯猴並非真正的飛行動物，但卻是滑翔能力最好的哺乳動物，能在高度落差極小的情況下，水平滑翔超過 100 公尺遠，還能在中途轉向，展現優秀的飛行控制能力。牠身上那層延展開來的滑翔皮膜堅韌似皮，稱為翼膜。

科：鼯猴科	學名：*Cynocephalus variegatus*	野生現況：常見

馬來鼯猴（Malayan Flying Lemur）

這種樹棲動物的頭部及耳朵都很小，吻部鈍，眼睛大。棕灰色的毛皮短而細緻，背部帶有紅色或灰色光澤；有時具有顏色較淡的斑點，以模仿覆滿地衣的樹枝。在黎明及夜晚活動，以植物柔軟的部位為食，並會利用梳子狀的門牙刮食樹液和花蜜。

體型：體長 33-42 公分，前側「翼展」65-75 公分。
分布：東南亞。活動於海岸低地森林到海拔 1,000 公尺的山區森林中。

高竿的「飛行家」
馬來鼯猴從頸部到指尖、趾尖及尾巴末端，全由一片名為翼膜的箏形強韌皮膜連結在一起，只要伸展皮膜，就能從一棵樹滑翔到另一棵樹上。

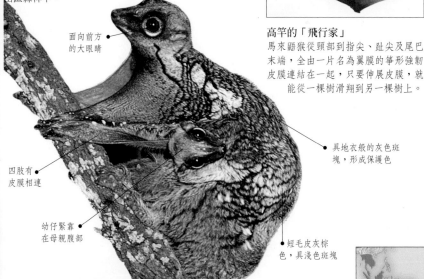

面向前方的大眼睛

四肢有皮膜相連

幼仔緊靠在母親腹部

具地衣般的灰色斑塊，形成保護色

短毛皮灰棕色，具淺色斑塊

亞洲

社群型態：群居	妊娠期：60 日	每胎幼仔數：1	食物：🍃🌰❀

樹鼩

儘管名為樹鼩，但不全是樹棲動物，也不是鼩鼱，而是一群形似松鼠的樹鼩目動物，生活於南亞與東南亞熱帶森林中。樹鼩共有 19 種成員，大多是爬樹高手，但仍有些種類從未涉足森林。

樹鼩多半是身體長、動作敏捷且性喜獨居的日行性動物，具有良好的視覺、聽覺和嗅覺，以昆蟲、蠕蟲和其他小型生物為食，偶爾也攝食果實和漿果。真正的鼩鼱有觸鬚，樹鼩則沒有。毛茸茸的長尾巴可幫助樹鼩保持平衡，帶有爪子的手指和腳趾則使牠們抓握良好。

過去的分類將樹鼩歸於食蟲目動物，因為牠們以無脊椎動物為食；也曾歸類為靈長類，因為具有靈長類常見的生理特徵，例如和身體相較之下，腦的比例偏大；又如雄性的睪丸也像靈長類一樣，會滑降到陰囊中。

科：樹鼩科	學名：*Tupaia minor*	野生現況：瀕危風險低 *

小樹鼩（LESSER TREE SHREW）

外型和小松鼠很像，體型修長，毛皮紅棕色，具有尖形的吻部、明顯的耳朵和眼睛。長尾巴在爬樹時有助於保持身體平衡，可張開的腳趾和利爪則提供良好的抓握力。遭受蛇類、獴或猛禽等掠食者攻擊時，會爬到樹上，或躲在低矮的灌木叢或岩石下方，以躲避獵捕。棲息地的喪失是小樹鼩面臨的主要威脅。

體型：體長 11.5-13.5 公分，尾長 13-17 公分。

分布：東南亞。活動於熱帶森林中。

亞洲

尾巴長而多毛

背部毛皮紅棕色

吻部尖

社群型態：獨居	妊娠期：46-50 日	每胎幼仔數：1-4	食物：

科：樹鼩科	學名：*Anathana ellioti*	野生現況：瀕危風險低

印度樹鼩（INDIAN TREE SHREW）

又稱「馬德拉斯樹鼩」，是該屬唯一的物種。外型很像修長的灰色松鼠，毛皮上有黃色和棕色斑紋，肩膀有明顯的乳白色條紋。在樹上與地面都很活躍，白天覓食，晚間則在岩石或樹洞中棲息。

體型：體長 17-20 公分，尾長 16-19 公分。

分布：印度。活動於熱帶森林之中。

耳朵突出

毛皮具斑紋

亞洲

尾巴長而多毛

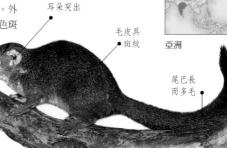

社群型態：獨居	妊娠期：不詳	每胎幼仔數：1-3	食物：

靈長類：原猴

非洲的狐和波特懶猴、馬達加斯加的狐猴和亞洲的懶猴共同組成濕鼻亞目，牠們在演化層級上屬於原猴類，比猴子和猿類（即眞猴類）低一階。

這些原猴多半是活動於森林的夜行性樹棲動物，一雙大眼睛面向正前方，四肢修長，具抓握力的趾頭上長有指甲，而非爪子。許多種類擁有可平衡身體的長尾巴，能以呼叫聲、氣味與視覺展示彼此溝通、吸引交配對象或族群成員，或用來嚇阻入侵者。其中以狐猴最具社會行爲，許多狐猴會組成狐猴群，且爲日行性動物。

原猴類共計有 77 種，一般認爲其形態的特化程度不如眞猴類。至於分布於東南亞的眼鏡猴，似介於原猴與眞猴類之間，本書歸入原猴類介紹。

科：眼鏡猴科	學名：*Tarsius bancanus*	野生現況：不詳

西部眼鏡猴（Western Tarsier）

爲夜行性原猴，具有攀爬和抓握樹枝的能力。身體小而結實，手指修長，腳趾具肉墊和利爪，有利於緊握枝幹。這是一個機會主義掠食者，以昆蟲爲主食，頭部可作 360 度轉動，利用大眼睛和敏銳的耳朵偵測獵物或掠食者。牠會潛行到獵物身旁，以突襲方式跳到獵物身上，用前掌捕捉獵物。其掠食者包括夜行性的猛禽，如貓頭鷹等。通常在樹枝上睡覺，很少築巢作爲遮蔽。幼仔剛出生時由母親攜抱，但很快就能學會自己抓住母親的毛皮。

體型：體長 12-15 公分，尾長 18-23 公分。

分布：東南亞。活動於原生與次生熱帶林，以及紅樹林。

附註：目前對西部眼鏡猴所知有限，但棲息地的破壞已嚴重影響其族群數量。

頭部圓 •

大眼睛可 • 尋找獵物

毛皮淡橄欖 • 色至紅棕色

亞洲

社群型態：獨居	妊娠期：180 日	每胎幼仔數：1	食物：🕷

科：懶猴科	學名：*Loris tardigradus*	野生現況：受威脅

細長懶猴（SLENDER LORIS）

和同科其他成員一樣，這種修長的小型原猴也是夜行性動物，大而圓的眼睛具有雙眼立體視覺與夜視的能力。臉部深色，中央有一條淺色條紋；毛皮柔軟濃密，背部黃灰色至深棕色，腹部為銀灰色。以昆蟲為主食，也攝食鮮嫩的枝芽、芽苞、鳥蛋和小型脊椎動物。牠會小心翼翼地在樹枝之間移動，當看見或聞到獵物蹤跡時，便迅速用前掌捉住獵物。白天會蜷曲在安全處睡覺，如樹洞或以濃密樹葉築成的巢；直接睡在樹枝上時，則用大拇趾與其他四趾相對，緊握住棲木。

體型：體長 17-26 公分，無尾。

分布：印度南部、斯里蘭卡。活動於濃密的落葉林，以及沼澤與海岸地區的森林中。

附註：細長懶猴因動作緩慢，且為夜行性動物，故能逃離掠食者的注意；然而棲地的嚴重破壞，已使牠的生存面臨威脅。

老虎鉗般的抓握力
細長懶猴睡覺時，能用拇指和趾頭牢牢握住樹枝。

前臂修長

圓形眼睛
四周無毛

具有抓握
力的長腳趾

面向前方
的大眼睛

腹部銀灰色

亞洲

社群型態：獨居／成對	妊娠期：165-170 日	每胎幼仔數：1-2	食物：

| 科：懶猴科 | 學名：*Nycticebus coucang* | 野生現況：不詳 |

懶猴（SLOW LORIS）

因緩慢慎重的行動方式而得名，也因這個特徵而與其他靈長類動物有別，因為靈長類大都活蹦亂跳。毛皮淡灰棕色到紅棕色，有一條棕色條紋從頭頂延伸到背部中央或尾巴的基部，眼睛和耳朵周圍有深色環紋。和細長懶猴（見對頁）具有共同特徵，如強勁的抓握力、雙眼立體視覺，以及樹棲和夜行等生活習性。

體型：體長 26-38 公分，尾長 1-2 公分。

分布：南亞、東南亞。活動於熱帶森林、庭園、人工林和竹林。

附註：因身體某些部位可作為傳統藥材，所以在某些地區不斷遭到獵捕。

濃密柔軟的棕色毛皮

眼睛周圍具深色環紋

亞洲

| 社群型態：多變 | 妊娠期：190 日 | 每胎幼仔數：1-2 | 食物： |

| 科：懶猴科 | 學名：*Perodicticus potto* | 野生現況：地區性常見 |

波特懶猴（POTTO）

獨居而神祕的夜行性掠食者，四肢非常靈活，雖然無法跳躍，卻能以各種角度抓握樹枝，穿梭自如。四肢幾乎等常，手腳的抓握力很強。牠還能在樹上靜止不動數小時，以躲避注意力；遭受攻擊時，還會低下頭，用頸部尖刺狀的骨質突出撞擊敵人。波特懶猴有灰、棕或紅色等各種顏色。和狓（見 100 頁）相較之下，牠的眼睛和耳朵比例較小。以果實、樹葉、樹液、蕈類及小型動物為食。

體型：體長 30-40 公分，尾長 3.5-15 公分。

分布：西非及中非。活動於熱帶森林（特別是森林邊緣地帶）、低地及沼澤區。

耳朵小

非洲

眼睛突出

有力的手

| 社群型態：多變 | 妊娠期：194-205 日 | 每胎幼仔數：1-2 | 食物： |

| 科：懶猴科 | 學名：*Arctocebus calabarensis* | 野生現況：瀕危風險低 |

卡拉巴金懶猴（ANGWANTIBO）

這種靈長類是金懶猴屬的兩個成員之一（另一種是分布在更南邊的金懶猴），背部金黃棕色，腹部淡黃色。四肢等長，可用來慢慢爬上樹枝。細小的前 2 趾與其他 3 根趾頭分得很開，以便如鉗子般抓握。為夜行性動物，偏好在枯倒木、伐木區及路邊的新生次生林中活動。利用視覺、嗅覺獵食昆蟲，尤以毛蟲為主，會將毛蟲的刺毛摩擦去除。遭受威脅時，則將自己蜷曲成球形。

體型：體長 22-26 公分，尾長 1 公分。

分布：西非。活動於林地中。

趾頭具抓握力

背部橘色至黃色

非洲

鼻子敏銳潮濕

| 社群型態：群居 | 妊娠期：133 日 | 每胎幼仔數：1 | 食物： |

| 科：狒科 | 學名：*Galago crassicaudatus* | 野生現況：地區性常見 |

粗尾狒（THICK-TAILED GALAGO）

為體型最大的狒，擁有大眼睛和大耳朵，以便在夜間搜尋昆蟲；能以有力的手掌迅速捕捉獵物。具梳子般的牙齒，可用來刮取樹上的樹脂。也稱為「粗尾大嬰猴」，體型約為大型松鼠到家貓的大小，毛皮為銀色至灰、棕或黑色。習慣以四肢活動，無法像其他一些經過特化而能跳躍的狒那樣用後肢著地。

體型：體長 25-40 公分，尾長 34-49 公分。

分布：中非、東非及南非。活動於熱帶林、林地及人工林。

附註：牠會發出如孩子般的哭嚎聲，因而有「叢林寶寶」的俗稱。

大耳朵

淡色臉龐

非洲

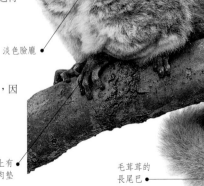

具抓握力的腳上有增加摩擦力的肉墊

毛茸茸的長尾巴

| 社群型態：群居 | 妊娠期：126-135 日 | 每胎幼仔數：1-3 | 食物： |

科：狐科	學名：*Galago moholi*	野生現況：常見

南非狐（SOUTH AFRICAN GALAGO）

也稱為「小嬰猴」，能像袋鼠一樣手腳並用地垂直跳到5公尺高的樹枝上，並經常用尿液濕潤手腳，以便維持抓握力。能用手在半空中捕捉昆蟲，或用梳子般的下排門齒刮取樹幹上的樹脂。覓食時單獨行動，但白天睡覺時則會數隻擠成一團，晚間也可能再聚在一起互相理毛及進行社交活動。生性害羞，從樹上下來到地面時特別小心，不僅眼觀四方，還會先試跑幾次，發現掠食者時則大聲呼叫。非常輕盈靈活，因此常能輕鬆跳離危險。

體型：體長15-17公分，尾長12-27公分。

非洲

分布：東非、中非、南非。活動於刺槐生長的疏林草原及林地。

耳朵突出

黑色菱形眼圈

後肢巨大

毛茸茸的尾巴

社群型態：多變	妊娠期：121-124日	每胎幼仔數：1-2	食物：🐜

科：侏儒狐猴科	學名：*Cheirogaleus medius*	野生現況：瀕危風險低

粗尾侏儒狐猴（FAT-TAILED DWARF LEMUR）

具柔軟濃密的毛皮，背部淡黃或灰紅色，腹部黃白色，眼睛突出，具深色眼圈，耳朵大而無毛。雨季時，能將多餘的食物轉換成脂肪，儲存在身體及尾巴中，以便度過長達6-8個月的旱季。旱季時會和同類聚集成團，並進入蟄伏狀態，以對抗食物短缺的困境。恢復活動力時，便恢復獨居生活，於夜間攀爬樹木及灌木叢，用前掌抓取並握住食物進食。年初之際大都以果實及其他植物為食，隨季節轉換，昆蟲逐漸成為重要的食物種類。白天會在樹洞或樹頂上，以樹葉及小枝築巢休息。

體型：體長17-26公分，尾長19-30公分。

分布：馬達加斯加西部及南部。活動於乾燥的原生林及次生林中。

附註：和多數狐猴一樣，也因為森林棲地遭受破壞，導致生存受到威脅。

馬達加斯加

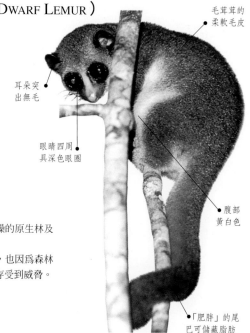

毛茸茸的柔軟毛皮

耳朵突出無毛

眼睛四周具深色眼圈

腹部黃白色

「肥胖」的尾巴可儲藏脂肪

社群型態：多變	妊娠期：61-64日	每胎幼仔數：1-4	食物：🍒🍂🐜

科：狐猴科	學名：*Lemur catta*	野生現況：受威脅

節尾狐猴（RING-TAILED LEMUR）

具有獨特如貓一般的優雅外型與行動方式，背部棕灰色到粉棕色，腹部爲灰白色。眼睛具深色三角形斑紋，鼻子黑色，具有明顯黑白環紋的尾巴可用來傳達視覺訊號。這個爬樹專家和其他狐猴最大的不同，在於牠經常出現在地面上，但遭受威脅時，會立刻逃到森林的樹冠層上。以森林中各種高度層的果實、植物、樹皮、樹液爲食，會用手掌把食物送入嘴巴。天生喜歡群聚，經常以成年雌狐猴爲中心，聚集成5-25隻的階級社會，雌狐猴不僅比雄性優勢，還會以大聲吼叫的方式防禦領域。年輕的雌狐猴會留在母親與姊妹身邊，年輕雄狐猴則加入其他群體。幼仔初生時會緊抱著母親的腹部，稍大後則改騎在母親背部。

體型：體長 39-46 公分，尾長 56-62 公分。

分布：馬達加斯加南部及西南部。活動於乾燥的森林、林冠層封閉的落葉林灌木層及其毗鄰的岩石山崖，以及河邊帶狀林。

附註：面臨的主要威脅是伐林及森林大火，造成棲地喪失；也遭人類獵食或捕捉作爲寵物。

馬達加斯加

氣味腺體
節尾狐猴利用體內腺體分泌的氣味來溝通。上圖右臂內側可見到其中一個腺體。

尾巴可用來傳達視覺訊號 ●

尾巴具黑白相間的環紋 ●

面部白色 ●

眼睛具深色三角形斑紋 ●

背部棕灰色至粉棕色 ●

動作姿態似貓 ●

社群型態：群居	妊娠期：134-138 日	每胎幼仔數：1	食物： 🍎 🌿 ⋰⋰

科：狐猴科	學名：*Lemur fulvus*	野生現況：瀕危風險低 *

褐狐猴（BROWN LEMUR）

雖然名爲褐狐猴，其實顏色變化很多，隨亞種不同而有棕色到黃色或灰色等顏色；不過臉部通常爲黑色，眼睛上方具較淡色塊，且尾毛濃密。在地面或樹枝間活動時，背部常呈拱形。群內成員不固定，對於森林棲地有高度的適應力，能在樹叢間與地面上搜尋食物，以果實、植物和樹液爲食。每隻褐狐猴都會將自己的尿液塗抹在身上，作爲氣味的辨認。群間的活動範圍重疊，但會避免彼此接觸。

體型：體長 38-50 公分，尾長 46-60 公分。

分布：馬達加斯加北部及西部。活動於熱帶森林中。

馬達加斯加

身體毛髮濃密

眼睛上方具淺色斑塊

毛皮棕色至黃色或灰色

社群型態：群居	妊娠期：120 日	每胎幼仔數：1-2	食物：

科：狐猴科	學名：*Lemur macaco*	野生現況：瀕危風險低 *

黑狐猴（BLACK LEMUR）

所有黑狐猴都有柔軟的長毛，但只有雄性的毛皮是黑色，因而得名；雌性的毛色則有紅棕色到灰色等多種變化。頭小、吻尖、眼睛大，頸部和肩部有明顯簇毛。群內成員由 5-15 隻組成，並由 1 隻母狐猴領導。在樹叢中覓食，用前肢抓取並撕裂食物。與多數狐猴不同的是，黑狐猴也會在夜間某些時段活動，這種行爲可能是受到人類干擾所致。此物種的研究資料極少，專家將之分爲 2 個亞種：*Lemur macaco macaco* 及 *Lemur macaco flavifrons*。

體型：體長 30-45 公分，尾長 40-60 公分。

分布：馬達加斯加北部。活動於熱帶森林及常綠森林之中。

附註：黑狐猴的生存遭受各種人爲活動的威脅，包括爲了發展農業而進行的焚林、伐木淨地，並遭到人類獵殺。

雄性具黑色毛皮

頸部和耳朵四周具簇毛

適合爬樹的四肢

毛茸茸的長尾巴

馬達加斯加

社群型態：群居	妊娠期：125 日	每胎幼仔數：1-2	食物：

科：狐猴科	學名：*Varecia variegata*	野生現況：瀕臨絕種

白頸狐猴（RUFFED LEMUR）

為體型最大的狐猴，毛皮白色或紅白色，毛髮長而柔軟，臉部黑色。毛色變化很大，不過肩部、胸部、腹側、腳與尾巴通常為黑色。白頸狐猴會為幼仔在樹洞或樹枝分岔處，以樹葉構築簡單的窩巢，這種行為在狐猴中很少見。母親在幼仔出生後幾天，會咬著幼仔頸背部，帶在身邊隨行；幼仔數週大後，即學會緊附在母親身上。族群由 2-20 隻個體組成，由數隻優勢雌性捍衛共有的領域。在黎明和黃昏時分覓食，攝取果實的食量居狐猴之冠。

體型：體長 55 公分，尾長 1.1-1.2 公尺。

分布：馬達加斯加東部，也被引進到諾茲曼加比島（Nosy Mangabe Island）。活動於雨林中。

附註：主要的生存威脅是棲地的縮減，及持續遭人類獵食。

馬達加斯加

黑色臉龐

耳朵具有白色簇毛

毛皮柔軟濃密

尾巴黑色，為身體的 2 倍長

社群型態：群居	妊娠期：90-102 日	每胎幼仔數：2-3	食物： 🍒 🔅 ∥ ❀

科：狐猴科	學名：*Hapalemur griseus*	野生現況：不詳

灰柔狐猴（GREY GENTLE LEMUR）

全身灰色，吻部明顯較短而鈍，是靈長類中唯一能適應長滿蘆葦與燈心草的湖畔棲息環境。能在蘆葦叢間跳躍，爬到蘆葦上嚼食其外皮和髓部，摘取葉片、嫩枝和嫩芽塞進口中；在清晨和黃昏時分進食。和其他狐猴不同的是，牠可能會游泳，但這個行為有待證實，因為牠的習性仍須進行完整的研究。灰柔狐猴通常以 3-5 隻個體為一群，並由 1 隻優勢雄性領導，但最大的群體可多達 40 隻。獨生的幼仔於 1 或 2 月左右誕生，由母親負於背上。

體型：體長 40 公分，尾長 40 公分。

分布：馬達加斯加島北部及東部，阿勞楚湖（Alaotra Lake）四周。活動於蘆葦與莎草叢中。

附註：這種狐猴的分布地區極為有限，因此棲地的縮減與破壞會造成嚴重影響，目前在某些分布區可能已經絕跡。為了農業所需而沿湖岸焚燒蘆葦叢，是影響最大的問題。

馬達加斯加

口鼻部短

尾巴和身體等長

社群型態：群居	妊娠期：不詳	每胎幼仔數：1	食物： ∥

| 科：狐猴科 | 學名：*Lepilemur mustelinus* | 野生現況：瀕危風險低 |

鼬狐猴（WEASEL LEMUR）

這種夜行性原猴具有長而柔軟的棕色毛皮，頭部灰色，尾巴末端深色。耳朵突出無毛，大眼睛具有良好的夜視力。和其他善於跳躍的靈長類一樣，鼬狐猴雙眼面向前方，可提供立體視力，準確判斷距離。非常適應樹上的生活，能在樹枝間跳躍，以果實和樹葉為食，很少到地面活動。四肢可抓握樹幹，但尾巴沒有抓握力。

體型：體長 30-35 公分，尾長 25-35 公分。

分布：馬達加斯加東北部。活動於雨林。

附註：鼬狐猴的習性鮮為人知，與其他狐猴一樣，牠的生存也因棲地縮減而遭受威脅，特別是焚墾的農業行為。

眼睛面向前方

馬達加斯加

四肢具抓握力

毛皮灰棕色

| 社群型態：群居 | 妊娠期：不詳 | 每胎幼仔數：不詳 | 食物： |

| 科：光面狐猴科 | 學名：*Propithecus verreauxi* | 野生現況：嚴重瀕危 * |

白背跳狐猴（VERREAUX'S SIFAKA）

身體大致為白色，但在臉部、頭頂及四肢內側為棕色；後肢和尾巴非常長，手掌與腳底都是黑色。在地面行進時，會將雙臂高舉空中，兩腿以奇怪的姿勢側身跳走。在沙漠地區活動時，能以高彈跳方式穿梭於仙人掌類植物間，而完全不會受傷。休息時一隻趴在另一隻身上，排列成行。社群組成多變，群與群之間會以叫聲來爭執搶奪地盤，英文俗名中的「西發卡」（Sifaka）就是從牠的叫聲衍生而來。

體型：體長 43-45 公分，尾長 56-60 公分。

分布：馬達加斯加南部與西部。活動於常綠林、帶狀林及乾燥落葉林，以及多刺的沙漠植物中。

附註：因棲息地急速消失而嚴重瀕臨絕種。

棕色或黑色頭冠

黑色手掌

馬達加斯加

| 社群型態：群居 | 妊娠期： 150-162 日 | 每胎幼仔數：1 | 食物： |

| 科：光面狐猴科 | 學名：*Indri indri* | 野生現況：瀕臨絕種 |

光面狐猴（INDRI）

為體型最大的狐猴之一，毛皮主要為黑色，頭部背面、頸部及四肢具形狀不一的白色斑塊，耳朵有明顯的黑色簇毛。後肢非常長，因此能跳得很遠；幾乎沒有尾巴。擅長垂直攀爬與跳躍，雖為日行性動物，白天卻有很長一段時間並不活動。雌雄成對，並與子女共同生活，雄性負責防衛領域，雌性有優先進食權。原本在馬達加斯加很常見，如今喪失雨林棲地，生存遭受威脅。當地民眾稱之為「巴巴以多」（Babakoto），意為「小爸爸」；英文名稱「因準因準」（indri indri）則為當地人首次將牠指給探險家看的時候所說的話，意思是「在那裡」。

體型：體長 60 公分，尾長 5 公分。

分布：馬達加斯加東部。活動於山區雨林各種層次中。

附註：為光面狐猴屬的唯一物種。

黑色耳朵
具簇毛

垂直攀附

後肢非常長

馬達加斯加

| 社群型態：成對 | 妊娠期：172 日 | 每胎幼仔數：1 | 食物： |

| 科：指猴科 | 學名：*Daubentonia madagascariensis* | 野生現況：瀕臨絕種 |

指猴（AYE-AYE）

綽號「靈長類啄木鳥」（primate woodpecker），會專心傾聽躲藏在樹木中鑽洞的蠕蟲，再以巨大的門齒把樹皮啃開，然後用修長的中指把蠕蟲挖出來吃。粗糙的黑色毛皮之間有白色的長保護毛。生性羞怯喜歡隱匿，白天躲在用樹枝築成的巢中，天黑後才出來覓食。

體型：體長 40 公分，尾長 40 公分。

分布：馬達加斯加西北部與東部。活動於森林、具多刺植物的沙漠及人工林中。

附註：曾被認為已經絕種，但 1957 年又再度發現。

毛皮粗糙蓬亂

大耳朵聽覺敏銳

中指特別長

馬達加斯加

| 社群型態：多變 | 妊娠期：120-150 日 | 每胎幼仔數：1 | 食物： |

靈長類：猴類

猴 類共有 242 種，與猿類共同組成靈長類的乾鼻亞目。

猴類中有兩個家族生活在南美洲與中美洲，一是狨科家族，包括體型小且毛髮柔軟的狨猴、金獅狨及獠狨；另一則為俗稱「新大陸猴」的捲尾猴類家族，包括狐尾猴、禿猴、伶猴，以及蜘蛛猴、絨毛猴和吼猴。

第三個猴族是分布於非洲及亞洲的獼猴科家族，或稱「舊大陸猴」，包括鬚猴、疣猴、白眉猴、獼猴、狒狒和葉猴。

典型的猴子棲息在森林中，靈活的四肢具有 5 根可抓握的趾頭，尾巴長；相對於身體而言，腦的比例大，因此具有相當程度的智慧。猴類多半生活在龐大的社群之中，攝取多種植物和小型生物等為食。

科：捲尾猴科	學名：*Lagothrix cana*	野生現況：受威脅

灰絨毛猴（GREY WOOLLY MONKEY）

絨毛猴的特徵是具有濃密卷曲的毛髮，頭部、手腳及尾端色澤較深。灰絨毛猴的毛皮為灰色，夾雜黑色斑點，體格粗壯，大腹便便，強壯的肩膀、臀部及尾巴有助於在樹枝間盪掛。前額及腦殼相當大，智商很高。牠們生活在混群中，覓食時會分組成較小的隊伍，具有以年齡為基準的社會階級。

體型：體長 50-65 公分，尾長 55-77 公分。

分布：巴西、秘魯及玻利維亞。活動於原生林，特別是水淹森林。

附註：灰絨毛猴需要大片連續的森林以供生存繁殖，因此森林的片段化對牠們有嚴重的影響。

尾端下側無毛

肩膀粗壯

前額寬大

腹部黑灰色

手指具抓握力

生性溫和
灰絨毛猴鮮少展現攻擊行為，且會允許其他群體的成員進入領域。

南美洲

社群型態：群居	妊娠期：233 日	每胎幼仔數：1	食物：

科：捲尾猴科	學名：*Ateles geoffroyi*	野生現況：受威脅

中美蜘蛛猴（BLACK-HANDED SPIDER MONKEY）

又稱爲「喬氏蜘蛛猴」，特徵爲頭部及手、腳是黑色，臉部周圍有「斗篷」狀簇毛。和其他蜘蛛猴一樣，會用沒有拇指的手掌勾住樹枝，以便在樹枝間輕鬆盪行，或把樹枝拉近嘴邊，以便取食果實、樹葉及花朵。尾巴具抓握力，彷彿牠的第5肢。

體型：體長50-63公分，尾長63-84公分。

分布：墨西哥南部及中美洲。活動於熱帶森林及紅樹林沼地之中。

北美洲、中美洲

尾巴具抓握力

手部黑色

社群型態：群居	妊娠期：226-232日	每胎幼仔數：1	食物： 🍎 ⁙ ∥

科：捲尾猴科	學名：*Ateles chamek*	野生現況：瀕危風險低

黑臉黑蜘蛛猴（BLACK SPIDER MONKEY）

具有黑色長毛，和黑色的臉部皮膚。爲社群性動物，會成群活動，每群都有150-230公頃的龐大領域；覓食時會分裂成不同的小群，用高呼及嚎嘯聲與其他小群聯繫。雌性使用猴群1/4至1/3的活動範圍，並在成熟後離開，加入其他群體。優勢雌性的子女順利成年的機會也較大。

臉部黑色

黑色長毛

體型：體長40-52公分，尾長80-88公分。

分布：秘魯、巴西及玻利維亞，亞馬遜河上游支流地區。活動於熱帶森林。

南美洲

社群型態：群居	妊娠期：225日	每胎幼仔數：1	食物： 🍊 ⁙ ∥ ⌇ 米 ❀

科：捲尾猴科	學名：*Brachyteles arachnoides*	野生現況：嚴重瀕危

毛蜘蛛猴（MURIQUI）

爲美洲最大型的猴子之一，具有濃密的淡黃褐色毛皮，以及黑色臉部。覓食動作緩慢，會用手將樹枝拉下，摘取果實、種子及樹葉爲食。

體型：體長55-61公分，尾長67-84公分。

分布：巴西東南部。活動於大西洋岸的熱帶森林中。

附註：如今只剩下幾百隻南方毛蜘蛛猴（*B. arachnoides*）及北方毛蜘蛛猴（*B. hypoxanthus*）。

南美洲

手掌沒有拇指

身體淡黃褐色

社群型態：多變	妊娠期：210-255日	每胎幼仔數：1	食物： ∥ 🍎 ⁙

科：捲尾猴科	學名：*Alouatta pigra*	野生現況：受威脅

墨西哥吼猴（MEXICAN HOWLER MONKEY）

又稱「瓜地馬拉黑吼猴」，除了雄性的白色陰囊之外，全身都是黑色。領域有時可達 25 公頃，猴群約由 7 個成員組成，包括母猴、亞成猴和一隻成年公猴，公猴的體重可達母猴的 2 倍重。墨西哥吼猴會在黃昏與黎明時分高聲吼叫，宣示領域。以果實、花及樹葉爲食，在糧食短缺的季節可靠單一植物種類維生。會用雙手將樹枝拉下，嗅聞檢查果實是否成熟後，再咬下食用。

體型：體長 52-64 公分，尾長 59-69 公分。
分布：墨西哥及中美洲。活動於熱帶森林。
附註：從前認爲墨西哥吼猴是中美洲的鬃毛吼猴的亞種。兩種吼猴的活動範圍在墨西哥塔巴斯哥州（Tabasco）重疊，但沒有雜交現象。

毛皮全身黑色

北美洲、中美洲

社群型態：群居	妊娠期：190 日	每胎幼仔數：1	食物：🌿🍑🐚

科：捲尾猴科	學名：*Alouatta seniculus*	野生現況：瀕危風險低

紅吼猴（RED HOWLER MONKEY）

9 種吼猴之一，吼聲可傳至 2.5 公里遠，用來向領域內的其他成員宣示牠的存在。通常由 1 隻成年公猴、母猴及其子女組成小型猴群。新猴王取代舊猴王時，會將舊猴王的後代全數殺害，促使母猴與牠交配，繁殖牠自己的後代。因食物養分很低，故生活習性懶散。

體型：體長 51-63 公分，尾長 55-68 公分。
分布：哥倫比亞、委內瑞拉、巴西和秘魯。活動於雨林、紅樹林沼地及疏林草原的林地中。

隆起的腰背部呈金紅色

南美洲

深垂的臉頰

毛皮紅色

社群型態：群居	妊娠期：191 日	每胎幼仔數：1	食物：🐚🌿

| 科：狐尾猴科 | 學名：*Pithecia pithecia* | 野生現況：瀕危風險低 |

白面狐尾猴（WHITE-FACED SAKI）

在所有新大陸猴中，以白面狐尾猴的雌雄外觀差別最大。公猴全身黑色，臉部白色或淡金黃色，鼻子黑色；母猴則是灰棕色，毛髮末梢有很長一段為白色，臉部黑色，鼻子兩側各有一道白色條紋。雌雄的毛髮均平直不卷曲，且從頸背中央向兩側倒伏，在頭頂形成豎立的冠毛；兩性的尾巴均濃密多毛。

體型：體長 34-35 公分，尾長 34-44 公分。

分布：亞馬遜河流域北方。活動於熱帶森林中的帶狀林、棕櫚林和疏林草原中。

附註：為狐尾猴家族 5 個成員之一，和鬚狐尾猴及禿猴（見下文）的血緣相近。

頭冠有如斗篷

雄性臉部淺色

南美洲

雌性鼻側有白色條紋

| 社群型態：群居 | 妊娠期：170 日 | 每胎幼仔數：1 | 食物： |

| 科：狐尾猴科 | 學名：*Cacajao calvus* | 野生現況：瀕臨絕種 |

禿猴（BALD UAKARI）

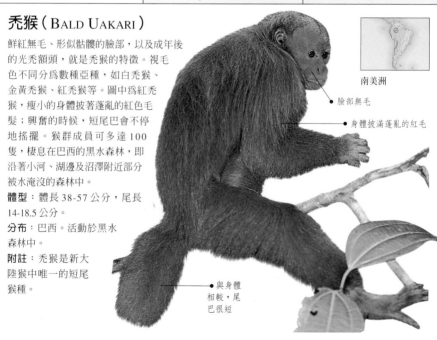

鮮紅無毛、形似骷髏的臉部，以及成年後的光禿額頭，就是禿猴的特徵。視毛色不同分為數種亞種，如白禿猴、金黃禿猴、紅禿猴等。圖中為紅禿猴，瘦小的身體披著蓬亂的紅色毛髮；興奮的時候，短尾巴會不停地搖擺。猴群成員可多達 100 隻，棲息在巴西的黑水森林，即沿著小河、湖邊及沼澤附近部分被水淹沒的森林中。

體型：體長 38-57 公分，尾長 14-18.5 公分。

分布：巴西。活動於黑水森林中。

附註：禿猴是新大陸猴中唯一的短尾猴種。

南美洲

臉部無毛

身體披滿蓬亂的紅毛

與身體相較，尾巴很短

| 社群型態：群居 | 妊娠期：不詳 | 每胎幼仔數：1 | 食物： |

科：狐尾猴科	學名：*Callicebus moloch*	野生現況：瀕危風險低

毛腮伶猴（DUSKY TITI MONKEY）

伶猴約有 20 餘種，典型的特徵是毛髮濃密柔軟，體格結實，四肢短，耳朵幾乎隱藏在毛髮之中。毛腮伶猴的背部棕色、具斑點，腹部橘色。黃褐的色澤及緩慢的行動，是牠們生活在森林下層最有效的保護色。雌雄爲一夫一妻配對，經常互相理毛，並共同防禦超過 6-12 公頃的活動範圍。黎明前夕，夫妻將尾巴交纏，展開「二重唱」，以維護家庭及夫妻之間的感情，同時宣示領域主權。幼仔會留在父母身邊到 3 歲大，公猴會背著幼仔行動，並與小猴分享食物達 1 年左右。

體型：體長 27-43 公分，尾長 35-55 公分。

分布：巴西。活動於沼澤、水淹的熱帶森林，特別是森林的邊緣地帶。

附註：有 6-8 種伶猴棲息於亞馬遜河流域南部森林中，毛腮伶猴爲其中之一。

南美洲

臉部深色

鬢毛橘色

腹部橘色

長而多毛的尾巴

社群型態：成對	妊娠期：155 日	每胎幼仔數：1	食物：

科：夜猴科	學名：*Aotus lemurinus*	野生現況：受威脅

夜猴（NIGHT MONKEY）

基因研究顯示夜猴可能有 10 種，而非過去認爲的只有 1 種。也稱爲「鴞猴」，因爲牠的叫聲很像貓頭鷹，夜裡會在樹枝間小心爬行，尋找食物。灰腹夜猴（如圖示）的腹部爲黃色或灰色，較南方的夜猴腹部則爲紅色。所有夜猴的背部皆爲灰色、具斑點，雙頰及下巴白色，眼睛上方有白色大斑點，額頭至臉部有 3 條深色條紋。

背部毛皮具斑點

中美洲、南美洲

尾巴末端深色多毛

具抓握力的腳

黑色條紋延伸到鼻子

體型：體長 30-42 公分，尾長 29-44 公分。

分布：厄瓜多爾及哥倫比亞（安地斯山脈西側）至巴拿馬。活動於熱帶森林。

附註：夜猴是唯一的夜行性猴類，且具有夜視力。

社群型態：群居	妊娠期：120 日	每胎幼仔數：1	食物：

科：捲尾猴科	學名：*Cebus apella*	野生現況：瀕危風險低

褐捲尾猴（BROWN CAPUCHIN）

這種新大陸猴會與不同猴類一起覓食，以便利用其他猴類覓食及防衛掠食者的本領。牠會運用樹枝或石頭等工具，來敲開核果的硬殼，或將獵物趕出樹幹。因為耳朵上方具有短而挺立、形狀如「角」的冠毛，因此又稱為「冠毛捲尾猴」；以罕見的反向跨騎方式交配。為美洲猴中分布範圍最廣的猴種。

體型：體長 33-42 公分，尾長 41-49 公分。

臉部四周
有淺色環紋

毛皮棕色

尾巴覆滿毛髮

分布：南美洲北部、中部和東部。活動於熱帶森林中。

附註：其近親黃腹捲尾猴（*Cebus Xanthosternos*）處於嚴重瀕危狀態。

南美洲

社群型態：群居	妊娠期：5 個月	每胎幼仔數：1	食物：

科：捲尾猴科	學名：*Saimiri boliviensis*	野生現況：瀕危風險低 *

黑冠松鼠猴（BOLIVIAN SQUIRREL MONKEY）

橘色與黑色毛皮上具有斑點，四肢與腹部轉為橘色，臉部白色，口鼻部黑色。在求偶階段，雄性的肩膀會「變胖」，數隻公猴相互競爭以贏得與最多母猴交配的機會。松鼠猴共有 5 種，常以 40 到 200 隻個體組成的猴群活動，是南美洲最龐大也最活躍的猴群。非常吵雜，會以騷動昆蟲的方式來獵食，或跟隨在其他猴群之後，捕捉受驚擾的昆蟲。

體型：體長 27-32 公分，尾長 38-42 公分。

分布：南美洲中部。活動於原生與次生熱帶林，及沼澤森林。

附註：松鼠猴根據其白色彎眉的形狀，又可分為「哥德型」或「羅馬型」兩類。黑冠松鼠猴屬於「羅馬型」。

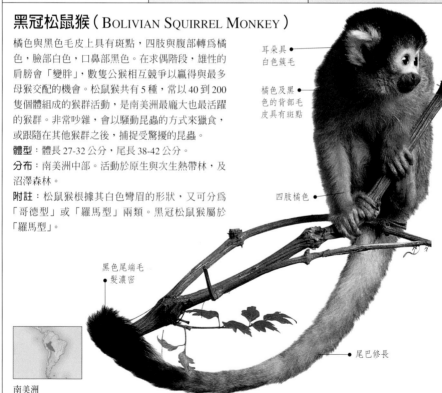

耳朵具
白色簇毛

橘色及黑
色的背部毛
皮具有斑點

四肢橘色

黑色尾端毛
髮濃密

尾巴修長

南美洲

社群型態：群居	妊娠期：170 日	每胎幼仔數：1	食物：

科：狨科	學名：*Callimico goeldii*	野生現況：受威脅

猴狨（GOELDI'S MARMOSET）

體型比多數狨猴、獅狨或獠狨大，具有黑色長毛，頭、頸四周的毛更長，有如帽子一般。會利用門齒割裂樹幹，吸取樹液與樹脂，也以果實、昆蟲和其他小型脊椎動物為食。穩定而親密的群體成員可達 10 隻，通常出現在植被濃密的地區。

體型：體長 22-23 公分，尾長 26-32 公分。

南美洲

分布：南美洲西北部。活動於熱帶森林和竹林中。

附註：猴狨具備其他狨類所沒有的智齒。

（圖標）黑色「冠毛」
（圖標）體毛黑而長

社群型態：群居	妊娠期：154 日	每胎幼仔數：1	食物： 🍎 🐛 🌿

科：狨科	學名：*Leontopithecus rosalia*	野生現況：嚴重瀕危

金獅狨（GOLDEN LION TAMARIN）

體重是大多數狨、獅狨與獠狨的 2 倍，具有如絲般的金紅色長鬃毛，及灰色的臉龐。進食時，會用修長帶爪的手握住果實，或深入樹洞及樹皮中抓取蠕蟲。通常以 4-11 隻個體聚集成群，群中的優勢配對不會壓制低位階個體的性行為，這和其他狨科家族成員不同；但是只有優勢配對會生產幼仔，群中的亞成個體常會協助撫育新生兒。

體型：體長 20-25 公分，尾長 32-37 公分。

分布：南美洲東部。活動於大西洋岸的熱帶森林中。

附註：嚴重受到森林伐木的影響，自 1960 年代起即為重點保育物種。由於在圈養環境下的繁殖狀況良好，已重新野放回巴西東南部的野地，但族群狀況仍不穩定。

金紅色的鬃毛
手指狹長
臉部灰色
尾巴比身體長

南美洲

社群型態：群居／成對	妊娠期：129 日	每胎幼仔數：2	食物： 🍎 ❋

| 科：狨科 | 學名：*Saguinus imperator* | 野生現況：受威脅 |

長鬚獠狨（EMPEROR TAMARIN）

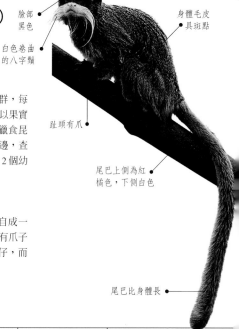

臉部黑色

身體毛皮具斑點

白色卷曲的八字鬚

趾頭有爪

尾巴上側為紅橘色，下側白色

尾巴比身體長

素以誇張的白色八字型鬍鬚而聞名，灰棕色或紅棕色的毛皮上具有斑點，頭部毛髮黑色；尾巴上側是火焰般的紅橘色，下側則為白色。為小型猴類，常和黑褐獠狨（*S. fuscicollis*）等近親組成混合猴群，每一種都會回應其他種類發出的警戒聲。雨季時以果實為食，旱季則以花蜜及樹液為食；全年都會獵食昆蟲，特別是蟋蟀。長鬚獠狨會先將植物拉到嘴邊，查看是否有昆蟲，然後再襲擊獵物。每胎新生的2個幼仔由父親背負，只有在哺乳時才由母親照顧。

體型：體長23-26公分，尾長39-42公分。

分布：南美洲西部。活動於熱帶森林及山區。

附註：狨、獅狨、獠狨等在美洲約有35種，自成一族，生理結構與其他新大陸猴不同，趾頭上具有爪子而非指甲，每胎生產2隻幼仔，而非1隻。

南美洲

| 社群型態：群居 | 妊娠期：140-145日 | 每胎幼仔數：2 | 食物：🍎 ✹ 🐛 |

| 科：狨科 | 學名：*Callithrix pygmaea* | 野生現況：瀕危風險低 * |

侏儒狨（PYGMY MARMOSET）

頭上具有「冠毛」

毛皮具斑點

臉部皮膚無毛

手指與腳趾有爪

尾巴有不明顯的環紋

只出現在亞馬遜河上游流域的濕地與熱帶林中，體型小到只有人的手掌大。毛皮為有斑點的黃褐色，頭部的長毛有如斗篷般垂過耳朵，臉部有一片呈3裂狀明顯無毛的區域。侏儒狨特化成以樹脂為食，進食方式與其他狨類不同：每天在樹皮上鑿10餘個洞，並以氣味標示後，隔一段時間就回到這些洞及之前的舊洞前，用下排的長門齒刮食泌流出來的黏液。由5-10隻成員組成猴群，包含一對繁殖對偶，以及幫忙照顧小狨的「助手」。但在幼仔出生後的前幾週，是由父親負責照顧。

體型：體長12-15公分，尾長17-23公分。

分布：亞馬遜河上游流域。活動於熱帶森林及濕地之中。

附註：侏儒狨是全世界最小型的猴子。

南美洲

| 社群型態：群居／成對 | 妊娠期：137-140日 | 每胎幼仔數：2 | 食物：樹脂 |

科：狨科	學名：*Callithrix argentata*	野生現況：瀕危風險低 *

黑尾銀狨（ SILVERY MARMOSET ）

是棲息在亞馬遜河流域的10-15種銀狨之一，背部毛皮爲淡銀灰色，腹部乳白色，尾巴黑色。臉部和耳朵無毛，因此露出粉紅色的皮膚，大耳朵具有內凹的外緣。和其他狨猴一樣，每個猴群都有一對繁殖對偶，以及幫忙照顧小狨的助手（通常是兄弟姊妹）。

體型：體長 20-23 公分，尾長 30-34 公分。

分布：亞馬遜河流域南部。活動於熱帶森林，特別是水淹森林。

附註：分布於亞馬遜河的各種狨猴中，有許多不同類別，且分布區爲亞馬遜河的大小支流所分隔。

南美洲

臉部皮膚粉紅色 •

大耳朵外緣內凹

腹部乳白色 •

社群型態：群居	妊娠期：140 日	每胎幼仔數：2	食物： 🍃 🍎 🐛

科：獼猴科	學名：*Papio papio*	野生現況：瀕危風險低

幾內亞狒狒（ GUINEA BABOON ）

雄性體型比雌性大，臉部黑色，鬃毛幾乎延續到暗紅色的臀部。通常約 40 隻成群覓食，但群內個體數往往可達 200 隻。有些雄狒狒在猴群中擁有成群的「妻妾」，並會以咬脖子的方式將妻妾聚集在一起，雌性有時也會暗中和別群的雄性交配。新生兒初生時會緊抱著母親腹部，幾週後再爬到母親背部。幾內亞狒狒的食物種類繁多，從粗硬的植物根部到多汁的蠕蟲及卵，甚至農作物，樣樣都吃。牠會用手摘取果實，用牙齒猛挖植物根部，還會用手及牙齒撕扯食物。

體型：體長 69 公分，尾長 56 公分。

分布：西非。活動於疏林草原、帶狀林及矮樹叢中。

附註：爲世界上體型最小、活動範圍最小而且人類所知最少的狒狒。

非洲

栗紅色的長鬃毛 •

吻部近似狗 •

暗紅色臀部 •

鏟形的手掌可用來挖掘 •

社群型態：群居	妊娠期：184 日	每胎幼仔數：1	食物： 🍎 ⚬⚬⚬ 🌱 🐛 🐁

| 科：獼猴科 | 學名：*Papio anubis* | 野生現況：瀕危風險低 |

棕狒狒（OLIVE BABOON）

體格強壯，外型像狗，毛皮橄欖綠具斑點，臉部及臀部黑色。雌雄的臉頰上都有灰色簇毛，但雄性體型可達雌性的 2 倍大。精力旺盛，一雙長腿使牠能快速奔跑。以植物、昆蟲、蜥蜴，乃至大如小瞪羚或小羊等獵物為食。當小狒狒還披裹著深色的「嬰兒」毛皮時，狒狒群會容忍牠們；一旦毛色轉為成體的顏色時，雌性就淪為社會階級的底層，而雄性則會被驅離，並須經過一番戰鬥，才能加入新的狒狒群。

體型：體長 60-86 公分，尾長 41-58 公分。

分布：西非及東非。活動於疏林草原及刺灌木叢至森林邊緣帶。

附註：棕狒狒是非洲最大型的狒狒之一。

臉部四周具濃密的灰色簇毛

小狒狒毛色較深

有力的四肢

非洲

| 社群型態：群居 | 妊娠期：180 日 | 每胎幼仔數：1 | 食物： |

| 科：獼猴科 | 學名：*Mandrillus sphinx* | 野生現況：受威脅 |

山魈（MANDRILL）

鮮紅的鼻子、鮮藍的鼻側凸起、黃鬍子、淡紫藍色的臀部，這些特色使雄山魈成為極出色的靈長類動物。雌性的顏色較為柔和，體型也只有雄性的 1/3。山魈棲息在森林底層，白天會成群活動，尋找果實、種子、卵、昆蟲和小動物為食。族群數量可達 250 隻，但可分裂為更小的隊伍，每隊由 1 隻雄山魈及其20 隻妻妾組成。

體型：體長 63-81 公分，尾長7-9 公分。

分布：非洲中西部。活動於原生及次生雨林中。

附註：為體型最大的舊大陸猴類，但遭受人類獵食。

毛皮橄欖灰色，具斑點

尾巴粗短

雄性具黃色鬍鬚

雄性臀部為淡紫色及藍色

四肢等長

非洲

| 社群型態：群居 | 妊娠期：152-182 日 | 每胎幼仔數：1 | 食物： |

科：獼猴科	學名：*Theropithecus gelada*	野生現況：瀕危風險低

獅尾狒（GELADA）

獅尾狒是狒狒的近親，最大的特色在於胸前有一塊無毛的粉紅色斑。毛皮為棕色，成年雄性的頭部及肩膀具有濃密鬃毛。屁股有肉墊，休息時就蹲坐在肉墊上；拖著腳步在草原上行走，能用靈巧的手快速摘下草葉及種子，然後塞到嘴巴裡。獅尾狒群龐大而鬆散，由數個小隊組成，每個小隊包括 1 隻優勢雄性，及一群有親屬關係的雌性所組成的妻妾群。當優勢雄性被年輕的競爭者驅離後，新王會殺害舊王的子女。

體型：體長 70-74 公分，尾長 46-50 公分。
分布：衣索比亞。活動於山區高原及草原上。
附註：為其棲息範圍中唯一非人類的靈長類。因農業等人類活動的快速擴張，而遭受生存威脅。

非洲

長臉扁鼻

粉紅色胸膛

靈巧的手

中型尾巴

社群型態：群居	妊娠期：150-180 日	每胎幼仔數：1	食物：🌿

科：獼猴科	學名：*Erythrocebus patas*	野生現況：瀕危風險低 *

赤猴（PATAS MONKEY）

白色的八字鬚和鬍子，與深色的臉和身體形成強烈的對比。眉毛與臉頰上有明顯黑邊，小耳朵覆有稀疏簇毛。身材纖細，四肢修長，手指與腳趾都很短，是一流的跑者。赤猴群的成員最多 10 隻，每群只有 1 隻公猴，牠會逗留在猴群邊緣，於掠食者出現時負責誘敵，讓母猴與小猴能趁機躲避。在旱季高峰期會因為缺乏食物與水分，導致行動遲緩。

體型：體長 60-88 公分，尾長 43-72 公分。
分布：西非到東非。活動於乾燥草原。
附註：赤猴是奔跑速度最快的猴類。

非洲

臉部具黑框

背部紅棕色

尾巴修長

身材苗條

手指與腳趾短

社群型態：群居	妊娠期：167 日	每胎幼仔數：1	食物：🍎 ✿ 🌿 🌾 🐛 ⬤

科：獼猴科	學名：*Cercocebus torquatus*	野生現況：嚴重瀕危

白鬚白眉猴（WHITE-COLLARED MANGABEY）

身體毛皮爲炭黑色，臉部粉灰色，口鼻部修長，臉頰下方有深陷的小窩，稱爲「頰窩」，眼瞼淡色或白色。會把頰囊塞滿核果，之後再用手拿出來，以強而有力的牙齒和顎咬碎食用。白鬚白眉猴主要爲陸棲性動物，龐大的猴群最多可達 90 隻成員，包括公猴、母猴和小猴。公猴之間有階級制度，但位階低的公猴也可以交配，有時交配次數還比優勢個體更多。猴群之間的活動範圍可互相重疊，通常會沿著河邊覓食。

體型：體長 50-60 公分，尾長 60-75 公分。

分布：西非。活動於雨林中。

附註：非洲中部共有 6 種白眉猴。

臉部粉灰色 ● ● 頰囊

非洲

毛皮炭黑色 ●

社群型態：群居	妊娠期：167 日	每胎幼仔數：1	食物： 🍄 ❄️ 🍎 🌿

科：獼猴科	學名：*Cercopithecus neglectus*	野生現況：瀕危風險低 *

紅額鬚猴（DE BRAZZA'S MONKEY）

鬚猴家族約有 20 個成員，其中陸棲性最強的就屬紅額鬚猴。灰色毛皮上具有斑點，額頭上具黑色冠毛和鑲有白邊的橘色條紋。上唇和下巴覆滿了藍白色的毛髮，大腿有一條白色細橫紋，尾巴及四肢色澤較深。公猴體型比母猴大很多，且具有鮮藍色的陰囊。以種子、果實爲主食，能用一隻手摘取食物並加以握住。分布範圍廣闊，但不引人注目；會以唾液和體味標記領域，並用深沉的隆隆吼聲傳達訊息。雖然具有領域性，但寧願盡量避開入侵者，而不願直接相對。

灰色毛皮
具斑點

非洲

體型：體長 50-59 公分，尾長 59-78 公分。

分布：中非到東非。活動於雨林、沼澤及山麓森林中。

附註：是鬚猴家族中唯一一夫一妻制的成員。

尾巴修長多毛

腳部黑色

社群型態：成對	妊娠期：168 日	每胎幼仔數：1	食物： 🍎 ❄️

科：獼猴科	學名：*Macaca nigra*	野生現況：瀕臨絕種

黑冠猴（CELEBES MACAQUE）

又稱為「西里伯斯黑猿」，全身黑色，尾巴非常短。有一叢冠毛從前額延伸到頭頂後方，當牠受到刺激時，就會將冠毛豎起；鼻子兩側有高聳的脊狀骨。棲息在森林中，不易讓人發現；雌雄混雜的龐大猴群可能超過100個成員。生性溫和，公猴之間也很少惡行相向。

頭頂具冠毛

鼻子兩側具高聳的脊狀骨

全身黑色

體型：體長 52-57 公分，尾長 2.5 公分。
分布：東南亞蘇拉威西島（Sulawesi），舊名西里伯斯島（Celebas）。活動於低地雨林，包括某些次生林中。

附註：棲息於此的獼猴有 6 或 7 種，各自有其特定的活動範圍；黑冠猴為其中一種。

亞洲

社群型態：群居	妊娠期：174-196 日	每胎幼仔數：1	食物：

科：獼猴科	學名：*Macaca fascicularis*	野生現況：瀕危風險低

食蟹獼猴（CRAB-EATING MACAQUE）

特徵是粉紅色臉部有一道灰白色八字鬍，頭頂通常有小而挺立的冠毛，可能是東南亞地區除了人類之外，最常見的靈長類動物。擅長爬樹與游泳，也會出現在地面，且常出沒於人類棲所四周，特別是巴里島的廟宇，因為牠們在當地頗受崇敬。喜歡群聚，猴群嘈雜且多爭執，群內數量可多達 100 隻，但社會階級不如其他獼猴嚴謹。遭受威脅時，會逃向樹林，或跳入水中游泳逃離。

背部灰棕色或紅棕色

亞洲

體型：體長 37-63 公分，尾長 36-72 公分。
分布：東南亞。活動於河流、海岸及島嶼沿岸的森林及紅樹林沼澤區。
附註：有時會遭人類捕捉，作為生物醫藥研究之用。

腹部淺灰色或白色

社群型態：群居	妊娠期：160-170 日	每胎幼仔數：1	食物：

科：獼猴科	學名： *Colobus guereza*	野生現況：瀕危風險低 *

東方黑白疣猴
(EASTERN BLACK-AND-WHITE COLOBUS)

又稱「鬃毛鬚猴」，臉部有白框，腹側到臀部有披肩般的白色長毛，超長尾巴的末端也是白色。新生幼仔全身白色，日後才逐漸披上黑與白的毛皮。由 1 隻公猴帶領 4 或 5 隻母猴及小猴，並負責以咆哮和壯觀的跳躍威嚇姿態來保衛領域。雖然為日行性動物，但也會在夜間醒來，並發出吼叫聲。手掌沒有拇指，會將樹枝拉到嘴邊啃食樹葉與果實。食物種類單調而缺乏變化，超過 70% 的食物可能來自同一樹種。和其他葉猴一樣，複雜的胃有 3 個部分，胃內的微生物可協助分解纖維素，以便能從葉片中獲得最多養分。

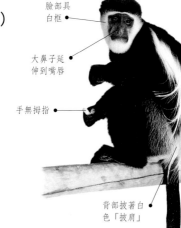

臉部具白框

大鼻子延伸到嘴唇

手無拇指

背部披著白色「披肩」

末端白色的黑色長尾

非洲

體型：體長 52-57 公分，尾長 53-83 公分。
分布：喀麥隆南部向東至衣索比亞、肯亞及坦尚尼亞北部。活動於光線明亮的森林中。

社群型態：群居	妊娠期：170 日	每胎幼仔數：1	食物：🍃🍎

科：獼猴科	學名： *Semnopithecus entellus*	野生現況：瀕危風險低

印度葉猴 (HANUMAN LANGUR)

也稱為「長尾葉猴」。具有印度人崇拜的長尾猴神特徵：頭部毛髮濃密、醒目的黑色臉龐和黑色肢端，及灰至棕色或淡金黃色的身體。四肢修長，長尾巴經常卷曲起來。社會組織具有彈性，從和平猴群中的數隻公猴，到只有 1 隻猴王、但會遭受單身漢侵略的社群都有。猴群的成員之間利用高呼聲進行溝通。適應力很強，會棲息在村莊附近，以殘羹剩菜或村民的祭品為食。

臉部黑色無毛

四肢末端黑色

四肢修長

體型：體長 51-78 公分，尾長 69-102 公分。
分布：巴基斯坦、印度、不丹、尼泊爾及斯里蘭卡。活動於雨林之外的各種環境。
附註：印度半島上葉猴種類很多，如棕色白頭的喜馬拉亞葉猴，和棲息在斯里蘭卡、體型僅為印度葉猴一半的小型淡黃色的南方品種。

亞洲

社群型態：群居	妊娠期：200 日	每胎幼仔數：1	食物：🍃🍎

| 科：獼猴科 | 學名：*Nasalis larvatus* | 野生現況：瀕臨絕種 |

長鼻猴（Proboscis Monkey）

棲息在特定的水邊棲地，為樹棲性大型猴類，以其下垂的長鼻而聞名，公猴尤其明顯。背部磚紅色，腹側、喉部和臉頰為淡橘色，腹部帶有白色。長鼻猴具有複雜的胃部構造，可分解纖維素（見對頁「東方黑白疣猴」）。游泳技術高超，能橫越溪流河川，在樹叢中覓食。猴群約有 6-10 隻成員，由 1 隻優勢公猴領導，牠會用齜牙咧嘴、發出巨大鼻鳴聲及勃起陰莖等方式，來嚇阻入侵者。

體型：體長 73-76 公分，尾長 66 公分。
分布：婆羅洲。活動於低地雨林、紅樹林沼澤及河岸與海岸地區。
附註：稀有且分布局限，而且很難圈養成功。

下垂的鼻子

腹部略白

腳略帶蹼

亞洲

| 社群型態：群居 | 妊娠期：166 日 | 每胎幼仔數：1 | 食物： |

| 科：獼猴科 | 學名：*Rhinopithecus roxellana* | 野生現況：受威脅 |

獅鼻猴（Golden Snub-nosed Monkey）

又稱「金絲猴」，能忍受零下 5ºC 的寒冷氣溫；當牠以強壯粗短的四肢在樹叢或地面活動時，身上的長毛和濃密多毛的尾巴可提供良好的保溫效果。體格粗壯，具有淡藍色的三角臉，鼻孔朝天，下顎突出。由數百隻個體組成龐大的猴群，覓食與繁殖時，則分裂為只有 1 隻公猴和數隻母猴的小隊伍。是老鷹乃至豹的掠食目標，如今更因森林砍伐和人類獵取毛皮等因素，而面臨生存威脅。

體型：體長 54-71 公分，尾長 52-76 公分。
分布：中國西部。活動於山區森林。
附註：為 4 種山區猴類之一；山區猴類中，有 3 種棲息於中國，1 種在越南，目前只有獅鼻猴不在嚴重瀕危名單上。

毛皮火紅色至金黃色

淡藍色三角臉

四肢粗短有力，趾頭短

亞洲

| 社群型態：群居 | 妊娠期：195 日 | 每胎幼仔數：1 | 食物： |

靈長類：猿類

猿 類共計有 21 種成員，分屬於長臂猿科和人科 2 科，和猴類共同組成乾鼻亞目。

猿類和舊大陸猴有許多相似處，同樣棲息在森林之中，而且臉部平坦，眼睛面向前方，四肢靈活，手腳具有抓握力。不過猿類的體型比猴子大，姿勢更為挺立，而且沒有尾巴。

長臂猿棲息於東南亞森林中，喜歡在樹枝間盪掛。猩猩則是與人類血緣最近的親戚，也是智商最高的動物，包括非洲的大猩猩、黑猩猩和侏儒黑猩猩，以及東南亞的紅毛猩猩。

長臂猿為一夫一妻制，成年的紅毛猩猩卻傾向獨居，非洲的猩猩則過著社群性相當高的群居生活。

科：長臂猿科	學名：*Hylobates lar*	野生現況：瀕臨絕種

白手長臂猿（LAR GIBBON）

具有黑色皮膚，臉部四周及手腳都有白色毛邊，身體其餘部位有乳白色到紅色、棕色或近乎黑色等顏色。腳底和手掌一樣，具有無毛的皮質掌心，因此能有效抓握。由於牠的腳拇指能與其他趾頭相對，因此可在樹枝上挺立行走。長臂猿會利用身體作擺錘，一手接一手地從一棵樹「盪」到另一棵樹，維持向前的動力，非常節省能量。黎明後隨即活躍起來，雌雄間展開維繫夫妻情感的「二重唱」，雌性首先大聲發出一長串的呼呼聲，音量逐漸增強，雄性再回以簡單顫動的呼呼聲。

體型：體長 42-59 公分，體重 4.5-7.5 公斤。

分布：中國南方、緬甸、寮國、泰國、馬來西亞以及蘇門答臘北部。活動於從低地到山區的乾燥落葉林及潮濕的常綠雨林中。

附註：在中國遭受獵殺威脅。

手臂比腿長
約 40%

幼仔攀附在
母親胸前

亞洲

社群型態：成對	妊娠期：7-8 個月	每胎幼仔數：1	食物：

科：長臂猿科	學名：*Hylobates syndactylus*	野生現況：瀕危風險低

大長臂猿
(SIAMANG)

為體型最大的長臂猿，強健有力，站立時可達 1.5 公尺高。雄雌全身都披滿蓬亂的黑色毛皮；雄性體型比雌性略大，生殖器上有一搓毛，乍看之下會誤認成尾巴。生活在關係緊密的家庭群集中，成員包括母猴（優勢者）、公猴以及 1-2 隻小猴，彼此很少分離超過 30 公尺遠，通常都維持在 10 公尺範圍內。家族的活動範圍約 47 公頃，但只能用強大的吼叫聲防衛約 60% 的領域。喉部有具彈性的深灰色皮膚，能夠膨脹到如葡萄柚般的大小，用來擴大聲音，使牠成為叫聲最大的長臂猿。

體型：體長 90 公分，體重 10-15 公斤。

分布：馬來半島中部及婆羅洲。活動於原生及次生雨林中。

附註：因為具有保持體溫的能力，所以大長臂猿棲息的山區森林海拔高度為長臂猿之冠。

東南亞

伸長手臂可達 1.5 公尺高

手指抓握力佳

拇指與其他手指相對

手指非常長

手臂骨長

胸腔大

大腿骨較短

深灰色的喉部皮膚具彈性

全身毛皮黑色

第 2 及第 3 根腳趾間有蹼

長手臂
大長臂猿的手臂特別長，使牠能用手在樹枝間擺盪。有時還會將雙手高舉，用雙腳走路。

社群型態：群居／成對	妊娠期：6 1/2-7 1/2 個月	每胎幼仔數：1	食物：

科：人科	學名：*Pongo pygmaeus*	野生現況：瀕臨絕種

婆羅洲紅毛猩猩（BORNEAN ORANGUTAN）

是體型最大的樹棲動物，手臂比身體長一倍，腳能像手一樣握住樹枝。四肢相當靈活，腕關節、髖關節和肩關節可活動的角度範圍比所有其他猩猩都大。一生都在森林的樹冠層中度過，雄性較有可能來到地面，但也很罕見。雄性體型比雌性大，鬍子長、喉囊大、頸部和手臂上長著似披風般的長毛。母猩猩每隔 7 或 8 年會在樹頂的巢中產下 1 隻很小的幼仔，是繁殖期間隔最久的動物；父母在小猩猩 8 歲以前不會分離。雄性會發出很長的吼叫聲，以保衛牠的領域，必要時也會展開搏鬥。根據基因研究，紅毛猩猩又可分為 2 種：婆羅洲紅毛猩猩與蘇門答臘紅毛猩猩（*Pongo abelii*）。

體型：體長 1.1-1.4 公尺，體重 40-80 公斤。

分布：婆羅洲。活動於原生雨林中。

附註：雖有法律保護，但仍有人非法捕捉小猩猩，當作寵物販售。復育計畫成果良好，但有些猩猩無法重新適應自然棲息環境，且其生存環境如今也面臨威脅。

亞洲

和身體相較，手
臂比例相當大

雄性的
臂長毛
如披風

毛皮橘紅色
至灰棕色

在地面活動時，
行動緩慢而謹慎

腳趾能像拇
指和手指一
樣抓握

以拳頭行進

紅毛猩猩偶爾離開樹林下到地面時，會用腳底和緊握的拳頭（而不是只有指關節）來行走。手臂非常長，即使站直身體，手仍能接觸到地面。

社群型態：多變	妊娠期：8 1/2 個月	每胎幼仔數：1	食物：

將食物掌握
在手指和拇
指間處理

用手吃東西

紅毛猩猩會用手和牙齒處理食
物,將植物撕裂成條狀,或剝掉
果實的果皮,吃食多汁的果肉。
此外也吃蜂蜜、鶵鳥和蛋,及蜥
蜴、白蟻等小動物。

額頭高,腦
容量大

記憶與經驗

紅毛猩猩似乎能在腦海中將牠活
動的森林構築出一張四度空間地
圖,不但清楚果樹的位置,還知
道哪棵樹在何時會有果子成熟。

科：人科	學名：*Pan troglodytes*	野生現況：嚴重瀕危

黑猩猩（CHIMPANZEE）

和人類最相像的猩猩之一，表情非常豐富，經常用能夠伸展突出的嘴唇做出有如扮鬼臉般的「微笑」表情，其實卻是害怕的表現。手臂比腿長很多，以指關節和扁平的腳掌行走，腳掌拇指可與其他趾頭相對，使牠在爬樹時具有良好的抓握力。群體成員有 15-120 隻，成年猩猩會成群結隊地攻擊甚至殺害入侵的公猩猩。主要為草食性動物，但有時仍會合作捕食猴子、小羚羊和鳥類等獵物。黑猩猩不僅會使用工具，還懂得製作工具，會運用折斷的樹枝把白蟻從蟻窩中挖出來舐食。

體型：體長 63-90 公分，體重 30-60 公斤。

分布：西非到中非。活動於山區的原生與次生雨林到疏林草原中。

附註：世上面臨最嚴重絕種危機的動物之一，其智商、情感和學習能力與人類最接近。

非洲

築窩
母猩猩幾乎每天晚上都會替小猩猩築新的窩，牠會將許多樹枝彎折糾結，做成穩固的葉叢平台，以便遠離掠食者。

臉部膚色隨年紀增長而加深

肩膀轉動靈活

身上大部分覆有稀疏的黑色毛髮

運用指關節行走

手臂比腿部長

腳掌大拇趾和其他趾頭相對

社群型態：群居	妊娠期：8 個月	每胎幼仔數：1	食物：

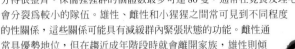

| 科：人科 | 學名：*Pan paniscus* | 野生現況：瀕臨絕種 |

侏儒黑猩猩（PYGMY CHIMPANZEE）

非洲

或稱爲「波諾波」（Bonobo），只比黑猩猩（見對頁）略小，但身材更爲纖細、四肢更修長，1929 年始歸爲不同於黑猩猩的獨立種而予以命名。皮膚幾乎完全黑色，連小猩猩的臉部也一樣；最明顯的特徵是頭頂上的毛髮中分得很整齊。侏儒猩猩群的個體數最多可達 80 隻，通常在覓食及理毛時，會分裂爲較小的隊伍。雄性、雌性和小猩猩之間常可見到不同程度的性關係，這些關係可能具有減緩群內緊張狀態的功能。雌性通常具優勢地位，但在趨近成年階段時就會離開家族，雄性則傾向留下。

體型：體長 70-83 公分，體重最多可達 39 公斤。

分布：中非。活動於熱帶森林，及其分布範圍南限的疏林草原中。

附註：嚴重遭到人類獵殺，可能會成爲最早在野地絕種的大型猿類。

長期關係
母猩猩哺乳小猩猩的時間長達 3 年，之後還會繼續保護、梳理小猩猩，並與之分享窩巢約 1 到 2 年。

頭頂毛髮中分

皮膚黑色

身材苗條

四肢修長

| 土群型態：群居 | 妊娠期：8 個月 | 每胎幼仔數：1 | 食物： |

| 科：人科 | 學名：*Gorilla beringei* | 野生現況：嚴重瀕危 |

東部大猩猩（Eastern Gorilla）

大猩猩為現存體型最大的靈長類，可分為西部大猩猩（*Gorilla gorilla*）和東部大猩猩兩類，後者包括東部平地大猩猩（*G. beringei graueri*）及其亞種山地大猩猩（*G. beringei beringei*）。東部大猩猩的特徵包括蓬亂的深色毛皮、特別長的手臂和棕栗色眼睛；其中山地大猩猩的毛較長，以便在高海拔地區維持體溫。成年的雄性東部大猩猩背部有一塊馬鞍形白色毛皮，因此又稱「銀背猩猩」。大猩猩會群聚在一起，每一群的活動範圍達400-800公頃，但除了核心地區外，相鄰群體的活動領域可以重疊。優勢的銀背猩猩是群體中絕大部分甚至所有幼仔的父親，牠們會利用假裝進食、踐踏植物、大聲吼叫、搥胸頓足等各種方式，吸引發情的雌性注意。遭受入侵者威脅時，雄猩猩會發出吼聲，並站立起來，雙手呈杯狀開始搥胸，然後丟擲植物。若所有威嚇動作均告無效，就會大吼一聲同時展開攻擊，以手臂用力將侵略者擊倒。

體型：體長1.3-1.9公尺，體重68-210公斤。

分布：中非及東非。活動於山區雨林、竹林、沼澤濕地及高山地區之中。

附註：在動物園中較常見的，通常是分布於非洲中部的西部大猩猩。牠們同樣瀕臨絕種，面臨盜獵和森林伐淨的危機。

非洲

吹毛求疵的饕家
大猩猩選擇食物很仔細，每一口食物都要仔細處理。食物包括樹葉、嫩枝、莖部，特別是竹莖，以及野芹菜、蕁麻、薊、果實、根部、軟樹皮和蕈類。

眉毛上方
額頭多毛

長而蓬亂的
黑色毛皮

| 社群型態：群居 | 妊娠期：8 1/2 個月 | 每胎幼仔數：1 | 食物：🌿🗡🍎☝ |

築巢

東部大猩猩每天晚上都會找新巢睡覺。成年
雄性通常睡在地面上，雌性和其新生幼仔睡
在地面或枝椏上。待產的母猩猩會築數個彼
此相隔不遠的巢，直到牠覺得舒適和分娩為
止。嬰兒絕不會被單獨留在巢中，而是爬在
母親背上形影不離。

頭骨頂部的
頭蓋骨突出

前肢特別長

幼仔騎乘在
母親肩上

樹懶、食蟻獸、犰狳

這 群異關節目（或稱爲貧齒目）動物共計有 29 種成員，可分爲有甲貧齒下目（犰狳）以及長毛下目（食蟻獸和樹懶）2 類。

這些動物分布在美國南部到南美洲的各種棲地中，下脊椎具有獨特的強化關節，稱爲異關節。就其體型大小而言，牠們的腦部比例相當小。

然而，除了上述的共同特徵之外，這 3 類動物其實差異極大。犰狳具有保護性的鱗甲，會挖掘大規模的地穴，以小型動物爲食，但偶爾也會攝取植物。食蟻獸擁有管狀吻部，長長的舌頭可用來舔食螞蟻和白蟻。樹懶則是樹棲性最高的哺乳動物，牠的毛很長，頭部又小又圓，以樹葉和果實爲食。

科：樹懶科	學名：*Choloepus didactylus*	野生現況：不詳

二趾樹懶（Lime's Two-toed Sloth）

這種動物的四肢修長、動作緩慢，前腳有 2 根勾爪，後腳則有 3 根。粗糙的灰棕色毛皮染有藻綠色，使牠倒掛在樹枝上時，能擁有更好的保護色。於夜間活動，在樹冠層間移動的速度非常緩慢，以致很難察覺牠的存在。極少下樹，可能每週只到地面一次進行排便，此時容易受美洲豹、美洲豹貓和大型老鷹等掠食動物攻擊。人類偶爾也會獵捕二趾樹懶。

體型：體長 46-86 公分，體重 4-8.5 公斤。

分布：委內瑞拉東部、圭亞那南部至厄瓜多爾、秘魯及巴西的亞馬遜河流域。活動於成熟林、受干擾的森林及次生林中。

附註：可能是哺乳類中體溫最低的物種。

南美洲

前肢長，具 2 根勾爪

後腳具 3 根勾爪

粗糙的灰棕色毛皮

社群型態：獨居	妊娠期：11 個月	每胎幼仔數：1	食物：

科：樹懶科	學名：*Bradypus torquatus*	野生現況：瀕臨絕種

長鬃三趾樹懶
(Maned Three-toed Sloth)

白天晚上都會活動，灰棕色毛皮不僅被藻類染上綠色，還有扁蝨、甲蟲及蛾類等昆蟲寄生，所以能與森林棲息環境融合。粗糙的外層毛髮在頭部及肩膀部位形成鬃毛。和二趾樹懶（見對頁）一樣難得下到地面，在地面時會以強壯的前肢拖行前進。新陳代謝率和體溫都非常低。主要的自衛方式是避免引起注意，但遭受威脅時，仍會用爪子回擊。

體型：體長 45-50 公分，體重 3.5-4 公斤。

分布：巴西（巴伊亞、聖埃斯皮里圖、里約熱內盧）。活動於熱帶海岸森林。

附註：在某些地區，保育人士正試圖捕捉三趾樹懶，希望在森林砍伐殆盡前重新安置牠們。

南美洲

頭小、眼睛小、耳朵小

深色鬃毛

毛髮下垂

尾巴非常小

社群型態：獨居	妊娠期：5-6 個月	每胎幼仔數：1	食物：

科：食蟻獸科	學名：*Tamandua tetradactyla*	野生現況：受威脅*

南方小食蟻獸 (Southern Tamandua)

又稱四趾食蟻獸，淡黃色毛皮中央有黑色「背心」，頭小而尖，尾毛稀疏，尾巴具抓握力。兼具樹棲和陸棲性，會用長爪和有力的四肢挖開腐爛木頭及昆蟲的窩巢。能夠連續活動 8 小時，夜間也不例外。

體型：體長 53-88 公分，體重 3.5-8.5 公斤。

分布：委內瑞拉南部到阿根廷北部及烏拉圭。活動於雨林、帶狀林、疏林草原及人造林等多種棲息環境。

南美洲

身體中央有黑色斑塊

尾巴長

口鼻部尖而下垂

社群型態：獨居	妊娠期：4-5 個月	每胎幼仔數：1	食物：

科：食蟻獸科	學名：*Myrmecophaga tridactyla*	野生現況：受威脅

大食蟻獸（Giant Anteater）

又稱為「三趾食蟻獸」，吻部為長管狀，逐漸加寬而與小臉相連，眼睛與耳朵都很小，前肢粗大，後肢較小，棕色的尾巴龐大而多毛。以指關節緩慢行走，會利用大型的前爪挖開蟻丘或白蟻窩，然後伸出可達 60 公分長、黏而帶刺的舌頭，將獵物舐出食用。對抗美洲山獅和美洲豹的攻擊時，會用後腿站立，揮動前爪，同時大聲吼叫。正面臨棲地破壞及人類獵食等威脅。

體型：體長 1-2 公尺，體重 22-39 公斤。

分布：中美洲至南美洲。活動於草原及森林。

中美洲、南美洲

棕色尾巴龐大而多毛

幼仔騎在母親背上

側面有灰白色條紋

社群型態：獨居	妊娠期：190 日	每胎幼仔數：1	食物：

科：食蟻獸科	學名：*Cyclopes didactylus*	野生現況：不詳

二趾食蟻獸（Silky Anteater）

濃密如絲的長毛皮一般為煙灰色，且帶有銀色光澤，肩膀到臀部之間常有一道棕色條紋。二趾食蟻獸完全適應樹棲生活，能利用腳、勾爪和粗而多毛的長尾巴抓握樹枝。為機會主義覓食者，會挖開樹蟻棲息的中空樹幹，用又長又黏的舌頭將獵物舐出。休息時倒掛在樹枝上，將身體蜷縮在濃密的葉叢或藤本植物中；不曾發現有築巢行為。雄性的領域似乎包含了數隻雌性的領域。

體型：體長 16-21 公分，體重 150-275 公克。

分布：墨西哥、中美洲至南美洲北部。活動於潮濕的低地雨林中。

附註：二趾食蟻獸極少下到地面，故特別容易因森林砍伐造成棲息地喪失而面臨威脅。

尾端下側無毛

前腳具大型爪子

四肢修長

尾巴毛茸茸

頭小而尖

北美洲、中美洲及南美洲

社群型態：獨居	妊娠期：不詳	每胎幼仔數：1-2	食物：

| 科：犰狳科 | 學名：*Chaetophractus villosus* | 野生現況：不詳 |

毛犰狳（HAIRY ARMADILLO）

生活在乾燥的棲地，皮膚表面具有約18條帶狀骨甲組成的厚殼，骨甲之間有粗糙的毛髮伸出。厚殼中有7或8條可活動的環帶，使牠能將身體卷曲成球形，以保護脆弱多毛的腹部。生活以獨居為主，遭受威脅時會發出咆哮聲，並以逃跑或用利爪挖掘地穴的方式自衛。夏季以夜行為主，捕食昆蟲、囓齒動物、爬行動物到腐屍等各種小型動物。冬天除了增加白天的活動時間，也會增加植物的攝取量。人類的獵殺行為遍及毛犰狳所有分布地區。

體型：體長22-40公分，體重1-3公斤。

分布：南美洲南部。活動於沙質的半沙漠地區。

南美洲

耳朵大而尖
頭部鈍，吻部尖

粗糙的毛髮

| 社群型態：獨居 | 妊娠期：60-75日 | 每胎幼仔數：1-2 | 食物： 🐜 🦎 🐁 🐇 🌿 |

| 科：犰狳科 | 學名：*Priodontes maximus* | 野生現況：瀕臨絕種 |

大犰狳（GIANT ARMADILLO）

最大型的犰狳，背上有11-13條互相連結的可活動帶狀鱗甲，頸部則有3或4條；長錐形的尾巴也覆滿鱗甲。身體暗棕色，但頭部、尾巴和體側下方的帶狀骨質甲片均為淺黃白色。前腳第3根爪子特別大，可用來挖土尋找白蟻、螞蟻、蠕蟲和蛇等小型獵物；前爪也可用來挖掘白天藏匿休息的地穴。牠既非群居動物，也沒有領域性，每隔2-3週就會移師他處，尋找新的覓食地。

體型：體長75-100公分，體重30公斤。

分布：南美洲北部及中部。活動於草原到熱帶雨林等各種棲地。

附註：大犰狳是該屬唯一物種。

南美洲

耳朵挺立突出

鱗甲硬而厚重

| 社群型態：獨居 | 妊娠期：4個月 | 每胎幼仔數：1-2 | 食物： 🐜 🌿 🦎 |

| 科：犰狳科 | 學名：*Dasypus novemcinctus* | 野生現況：地區性常見 |

九帶犰狳（NINE-BANDED ARMADILLO）

最明顯的特徵是甲殼上 8-10 條可活動的帶狀鱗甲；牠和其他家族成員一樣，會挖掘龐大複雜的地穴系統。能從一顆受精卵中，生產出數隻同性的幼仔。

身體中央具 8-10 條可活動的帶狀甲片

灰色至黃色的鱗甲

體型：體長 35-57 公分，體重 2.5-6.5 公斤。

分布：墨西哥、中美洲及南美洲。活動於草原和森林。

北美洲、中美洲及南美洲

| 社群型態：獨居 | 妊娠期：8-9 個月 | 每胎幼仔數：4 | 食物： |

| 科：犰狳科 | 學名：*Zaedyus pichiy* | 野生現況：常見 |

侏儒犰狳（PICHI）

這種小型犰狳是該屬唯一物種，遭遇危險時，會用利爪緊抓地面，藉骨甲來自我保護；或是擠進地穴中，讓骨甲朝外。會挖掘地道作為藏匿休息之用。

體型：體長 26-34 公分，體重 1-2 公斤。

分布：阿根廷、智利到麥哲倫海峽。活動於草原上。

身體渾圓低矮

頭和耳朵短而尖

尾巴長而無毛

南美洲

| 社群型態：獨居 | 妊娠期：60 日 | 每胎幼仔數：1-3 | 食物： |

| 科：犰狳科 | 學名：*Cabassous centralis* | 野生現況：不詳 |

北方裸尾犰狳（NORTHERN NAKED-TOED ARMADILLO）

分布在多種棲地中，耳朵大，前肢中間的爪子也特別大，以便掘土。行動緩慢，會以爪子挖開螞蟻和白蟻的窩，像食蟻獸一樣用長而黏的舌頭舔食昆蟲。遭受威脅時，會挖掘地穴藏身，讓鱗甲暴露在外。

體型：體長 30-40 公分，體重 2-3.5 公斤。

頭部寬闊，吻部鈍

尾巴窄小

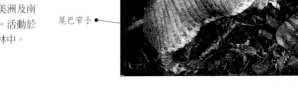

分布：中美洲及南美洲北部。活動於草原和森林中。

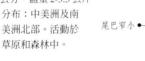

中美洲、南美洲

| 社群型態：獨居 | 妊娠期：不詳 | 每胎幼仔數：1 | 食物： |

穿山甲

無論是在生活型態或生理結構上，穿山甲都與異關節目動物（犰狳、食蟻獸和樹懶，見130頁）非常相似，但由於並沒有親緣關係，因此獨立分類為鱗甲目。這些動物之所以如此相似，是因為在演化過程中，牠們都以相似的方式適應了生存環境。

穿山甲共計有7種，全都分布在非洲及亞洲南部。有些為樹棲動物，有些則在地面生活。

所有的穿山甲都沒有牙齒，攝食時使用非常長而彈性十足的舌頭，將螞蟻和白蟻等主食舔出後便完整吞下，待進入胃中才加以磨碎。

穿山甲最引人注目的特徵，是具有邊緣銳利的角質鱗片，不僅披覆於暴露在外的身體部位上，也覆滿錐形的頭部和尾巴，以提供防禦和保護色的功用。鱗片基部皮膚的肌肉可使鱗片翹起，而鱗片也會定期更新。

科：穿山甲科	學名：*Manis pentadactyla*	野生現況：瀕危風險低

中國穿山甲（CHINESE PANGOLIN）

行動敏捷，可在樹上與地面活動。前肢強而有力，尾巴健壯且具有抓握力，是掘穴和爬樹專家。遭遇危險時，會將身體卷曲成球型，用覆滿鱗甲的身體自衛。攝食時，以長舌頭把螞蟻和白蟻從巢穴中挖出來食用。

亞洲

體型：體長54-80公分，體重2-7公斤。
分布：東亞至東南亞。活動於草原及森林中。

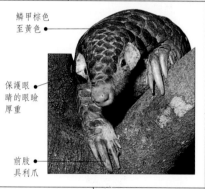

鱗甲棕色至黃色 ●
保護眼睛的眼瞼厚重
前肢具利爪 ●

社群型態：獨居	妊娠期：140日	每胎幼仔數：1-2	食物：🐜

科：穿山甲科	學名：*Manis temminckii*	野生現況：瀕危風險低

南非穿山甲（TEMMINCK'S PANGOLIN）

流線型的身體上，覆滿了棕色或黃棕色的重疊鱗甲，因此外型與中國穿山甲（見上方）相似，但體型較小。會在樹上或地面，以利爪挖開螞蟻和白蟻的巢穴覓食。
體型：體長50-60公分，體重15-18公斤。
分布：非洲東部至南部。活動於草原、熱帶及溫帶森林中。

鱗甲重疊
非洲
頭小

社群型態：獨居	妊娠期：120日	每胎幼仔數：1-2	食物：🐜

兔、野兔及鼠兔

兔 形目拉丁學名的意思正是「跳躍的形狀」。本目成員包括各種兔子、野兔和鼠兔，因為是許多掠食動物的狩獵目標，所以必須快速繁殖以維持種族數量，且為了偵測危險，感官也非常敏銳。牠們的長耳朵能捕捉最細微的聲響，位於頭部兩側上方的眼睛能提供全方位視野，強壯的腿部（尤其是加長的後腿）則有助於迅速脫逃。

兔形目動物以囓食方式進食，因此有時也被誤認為囓齒動物。牠們和囓齒動物最主要的不同，包括上顎有2組門牙、頭顱結構較輕、鼻孔狹長，且尾巴小而圓。不過鼠兔和老鼠較相似，具有圓形耳朵，且四肢等長，沒有明顯尾巴。

兔形目動物共有80種，主要分布於從凍原到沙漠等各類開闊的棲地中，各大陸皆有分布。

科：鼠兔科	學名：*Ochotona princeps*	野生現況：受威脅

美國鼠兔（NORTH AMERICAN PIKA）

具有卵形的耳朵、短矮的四肢和身體、沒有突出的尾巴，這些都是鼠兔典型的特徵。毛皮柔軟濃密，背部灰色到淺紅褐色，常帶有濃重的黃褐色或赭色，體側則為淡黃色，腳底也有濃密的毛。經常出現在高山草原上，由裂岩堆積而成的碎石堆附近。每個石堆由一隻鼠兔獨占，一公一母相隔分布於全區中，每隻個體的領域大小一致。以短促的哨音來防禦領域；警告同伴有掠食者出現時，會發出不斷重複的短哨音；雄性求偶時，則發出歌聲般的綿長呼聲。美國鼠兔並不冬眠，但會在暮夏開始儲藏禾草、草本植物和其他植物，通常是選擇富含蛋白質的植物，以便在地穴中堆積「乾草堆」，作為過冬的存糧。

體型：體長16-22公分，體重121-176公克。

分布：加拿大西南部和美國西部。活動於高山地區，多半在高山草原上。

北美洲

眼睛小

耳朵大而圓，裡外都有毛

背部灰色至棕褐色

腹部淡黃色

社群型態：獨居	妊娠期：30日	每胎幼仔數：3	食物： 🌿

科：鼠兔科	學名：*Ochotona curzoniae*	野生現況：常見

黑唇鼠兔（Black-lipped Pika）

背部黃棕色，腹部黃白色，具有明顯的黑色鼻子與嘴唇，又稱為「高原鼠兔」。為高度群居的動物，由龐大的家族成員共用一個地穴系統。雖然黑唇鼠兔的壽命很少超過一年以上，但在某些地區仍因密度極高，而被視為有害動物。

體型：體長 14-18.5 公分，體重 124-171 公克。

分布：喜馬拉雅山、尼泊爾、西藏及中國西部。活動於高海拔草原。

附註：這種鼠兔是維持西藏高原生物多樣性的關鍵物種。

亞洲

深色耳朵
具白邊

鼻子黑色

毛皮黃棕色

社群型態：群居	妊娠期：21 日	每胎幼仔數：2-8	食物：

科：兔科	學名：*Pentalagus furnessi*	野生現況：瀕臨絕種

琉球兔（Amami Rabbit）

全身毛皮均為黑色，眼睛和耳朵小，吻部尖，僅分布於日本的 2 個小島上，也稱為「奄美黑兔」。為夜行性的食草動物，以蒲草葉、地瓜走莖、新筍和樹皮等植物為食。利用具有長指甲的腳掌挖掘窩巢，並會發出喀答聲互相溝通。社群和繁殖習性鮮為人知。

體型：體長 42-51 公分，體重 2-5 公斤。

分布：僅出現於日本奄美島（Amami）和德島（Tokuno）。活動於熱帶森林中。

附註：因棲地破壞及人類獵殺而面臨嚴重的生存威脅。

明顯的黑色毛皮

日本

耳朵小

社群型態：多變	妊娠期：不詳	每胎幼仔數：2-3	食物：

| 科：兔科 | 學名：*Sylvilagus aquaticus* | 野生現況：地區性常見 |

沼澤兔（SWAMP RABBIT）

眼睛四周有淺紅褐色眼圈

毛短、具光澤

這種會游泳的兔子棲息在濕地，生活與水息息相關，隨時都會跳入水中，警戒時尤其如此。領域性極強；日夜都會活動。以菅草、燈心草和水生植物爲食；會利用雜草在地面築巢，並在巢中舖毛。毛皮呈鏽棕色或黑色，但肛門爲白色。

北美洲

體型：體長 45-55 公分，體重 1.5-2.5 公斤。

分布：美國東南部。活動於沼澤、濕地及森林中。

| 社群型態：群居 | 妊娠期：37 日 | 每胎幼仔數：1-6 | 食物： |

| 科：兔科 | 學名：*Sylvilagus floridanus* | 野生現況：常見 |

美東棉尾兔（EASTERN COTTONTAIL）

長耳朵

背部棕色至灰色

白色的腳

分布於各種棲息環境中。毛長而濃密，通常爲棕色或灰色，頸背部爲鏽紅色，白色如棉的尾巴末端呈紅棕色。從上午開始覓食到傍晚時分，夏天以翠綠的植物爲食，冬天以樹皮和小枝條爲食。

體型：體長 38-49 公分，體重 1-1.5 公斤。

分布：加拿大東南部至墨西哥、中美洲、南美洲北部以及歐洲。活動於草原、沙漠及森林中。

北美洲、中美洲及南美洲

| 社群型態：群居 | 妊娠期：26-30 日 | 每胎幼仔數：3-7 | 食物： |

| 科：兔科 | 學名：*Brachylagus idahoensis* | 野生現況：瀕危風險低 |

侏儒兔（PYGMY RABBIT）

短耳朵內側邊緣有毛

絲質長毛

北美洲體型最小的兔子，也是其分布區內唯一會挖掘龐大地道系統的兔子，地道具有 4 或 5 個相距甚遠的出口。以大灌木艾和其他同類植物爲食，因此分布於能輕易取得這些植物的地區。大都於黎明和黃昏覓食，冬季則白天隨時都可活動。毛皮在冬天爲灰色，夏天轉爲棕色，頸背、胸、腿和尾巴則爲淺紅到淡黃色。

體型：體長 22-29 公分，體重 350-450 公克。
分布：美國大盆地的沙漠區。活動於大灌木艾茂盛的地區。
附註：爲世界上最小的兔子。

北美洲

| 社群型態：獨居 | 妊娠期：26-28 日 | 每胎幼仔數：4-8 | 食物： |

| 科：兔科 | 學名：*Oryctolagus cuniculus* | 野生現況：常見 |

穴兔（EUROPEAN RABBIT）

為各種家兔品種的祖先，世界上許多國家都有引進。毛皮為黑色到淡棕色，頸部深色，頸背部淡黃色，腹部淺黃白色，長耳朵末端黑色，後腿長，腳部毛髮非常濃密。為夜行性動物，是兔形目動物中群居性最高的成員，具有嚴謹的社會階級。會挖掘複雜的地下通道，內含大型繁殖地穴，「階級」較低的母兔會在主兔窩外側挖掘小型地穴。母兔會攻擊甚至殺害陌生的小兔，而公兔則無論親生與否，都會保護幼仔不受母兔攻擊。

體型：體長 34-50 公分，體重 1-2.5 公斤。

分布：原產於歐洲西南部，或許也來自非洲的西北部。已引進南美洲、澳洲及紐西蘭，以及歐洲其他地區。活動於草原上。

附註：穴兔的快速繁殖會對生態環境造成廣泛的破壞，並為引進地區的野生動物管理工作帶來許多危害。

歐洲、非洲、澳洲及南美洲

討人喜愛的寵物

中世紀時期，法國修道士飼養野生兔為食，開始雜交繁殖具有不同特徵的兔子。如今兔子已成為受人歡迎的寵物，具有各式各樣的體型、耳朵、毛皮和顏色變化。上圖為法國雙色垂耳兔。

長耳朵末端黑色

雙肩之間淡黃色

黑棕色毛皮

腳多毛

| 社群型態：群居 | 妊娠期：28-33 日 | 每胎幼仔數：3-12 | 食物：🌱✿🌾 |

| 科：兔科 | 學名：*Romerolagus diazi* | 野生現況：瀕臨絕種 |

火山兔（Volcano Rabbit）

墨西哥市四周火山地區的特有種，分布於林下
層密生美洲掃帚草的針葉林中。最多 5 隻聚集
成群，清晨和傍晚時特別活躍。耳朵小而圓，
在兔科中極為特別；具有不明顯的小尾巴。背
部和體側的黃黑色毛皮短而濃密，腹部保護毛
的末端和基部為黑色。

體型：體長 23-32 公分，體重 375-600 公克。

分布：墨西哥市四周。活動於火山坡地上有美
洲掃帚草叢生的森林中。

附註：因棲地喪失、狩獵及季節性焚燒美洲掃
帚草而面臨威脅。

耳朵小而圓

短而濃密
的毛皮

北美洲

| 社群型態：群居 | 妊娠期：38-40 日 | 每胎幼仔數：2 | 食物：🌱 |

| 科：兔科 | 學名：*Lepus europaeus* | 野生現況：常見 |

歐洲野兔（Brown Hare）

這種長腿大耳的野兔，具有上黑下白、色彩分明的尾
巴，耳朵背面末端還有醒目的三角形黑斑。全身毛色
均勻，胸部和體側為淡黃或鏽紅色，背部色澤較深。
性喜獨居，白天躲在開闊的田野、長草或灌木下的淺
窪地中。在求偶季節，會表現出所謂的「瘋狂三月兔」
行為，此時尚未發情的母野兔會用類似拳擊的動
作，驅逐想要交配的公兔。

體型：體長 48-70 公分，體重 2.5-7 公斤。

分布：歐洲及亞洲。已引進加拿大東
部、美國東北部、南美洲及澳洲東
南部。活動於開闊地區、農場、乾
草原和林地。

附註：雖已引進許多國家，但在歐
洲的族群數量卻逐漸減少，因此引
起廣泛注意。

耳端具三
角形黑斑

背部毛長
而捲曲

腿長

後腳大

歐亞大陸

顯眼的
雙色尾巴

| 社群型態：獨居 | 妊娠期：42 日 | 每胎幼仔數：1-10 | 食物：🍃🌱〃 |

| 科：兔科 | 學名：*Lepus arcticus* | 野生現況：常見 |

北極野兔（ Arctic Hare ）

由於體型大而健壯，且具有長毛，因此相當適應北極凍原嚴酷的
生活環境。有些亞種的毛皮全年保持白色，有些則在夏天褪換成
灰色。特化的門牙很適合啃食白雪覆蓋的植物，如苔蘚和地衣、
嫩芽、漿果、樹葉、低矮植物的樹皮和柳木等灌木
叢的根部。會用後腳踩踏地面，使積雪下方的植物
露出。和其他野兔不同的是，牠也會啃食獵人放在
陷阱中的肉。除交配季節外，常可見到多達 300 隻
野兔群聚在一起，會突然全體同時改變奔跑方向，
表現出獸群的行為特徵。利用速度擺脫掠食者，奔
馳速度往往可高達時速 64 公里。

體型：體長 43-66 公分，體重 3-7 公斤。

分布：加拿大北部（艾茲米爾島、西北領地、紐芬
蘭）和格陵蘭。活動於坡地或多岩的高原。

北極地區

白色冬毛
除了耳朵末端是黑色外，北極野兔的冬毛
為純白色，可在雪地中提供保護色。

耳朵正面黑
色，背面白色

觸鬚長

夏天毛
皮灰色

毛皮濃
密厚重

大而寬的腳

科：兔科	學名：*Lepus timidus*	野生現況：地區性常見

雪兔（Mountain Hare）

也稱為「藍兔」，體型比歐洲野兔（見140頁）小，長耳朵末端為黑色，腳大而多毛。於暮秋和春天換毛，冬天毛色純白，夏天轉為棕色。以石南、荊豆、檜木等木本植物為食，但若有禾草可吃，則偏好食草；冬天會挖開積雪覓食。

體型：體長43-61公分，體重2-3.5公斤。

分布：歐洲及亞洲的北極地區。活動於針葉林、凍原和山區。

附註：也被歸類為北極野兔的一種，如此則分布範圍就擴張到加拿大及美國。

歐亞大陸

耳朵末端黑色

長耳朵

棕色夏毛

社群型態：獨居	妊娠期：50日	每胎幼仔數：1-3	食物：

科：兔科	學名：*Lepus californicus*	野生現況：常見

黑尾傑克兔（Black-tailed Jackrabbit）

末端黑色的大耳朵可達15公分長，在炎熱乾燥的棲息環境下能幫助散發體熱，並偵測掠食者最輕微的聲音。毛皮為灰棕到黃棕色，腿部長，黑色的尾巴有一條黑線延伸到臀部。出現在各種植被環境，包括灌木艾、三齒拉瑞阿叢、牧豆樹、拳參、檜木等，偏好多汁的禾草及草本植物，但也能靠啃食木本的小枝條，以度過旱季和冬天。受威脅時，會全身「僵化」，或頭部抵住地面平躺不動，或以曲折路線快速奔逃。於灌木叢下築淺窩，只在巢穴四周活動，所以不須防禦更大的領域。求偶期會表現出各種複雜的行為，包括長程追逐、成對跳躍、雌雄間頻繁的打鬥等。

體型：體長47-63公分，體重1.5-3.5公斤。

分布：美國西部和墨西哥北部。活動於乾燥草原和沙漠。

附註：速度最快的兔子之一，奔跑的時速可達56公里。

北美洲

大耳朵
末端黑色

黑色臀部

腳長而有力

社群型態：獨居	妊娠期：41-47日	每胎幼仔數：1-6	食物：

齧齒動物

哺 乳動物物種中,每 5 種就有 2 種以上是齧齒動物,其中小鼠與大鼠就是典型的代表物種。地球上除了南極洲之外,各洲大陸及各類生態環境都有齧齒動物的蹤跡。

齧齒動物有各式各樣的生活型態,如生活在樹頂的松鼠、半水生的河狸和水豚、冬天生活在雪堆下的旅鼠、會跳躍的跳鼠以及會挖洞的隱鼠等,但多半仍具有共同的特徵。

齧齒動物的體型較小,身體結實,以四肢活動,腳有爪,尾巴長,還有因應啃食方式特化而成的強壯牙齒和顎骨;牠們的 4 顆門牙不但長、牙根深,還會不斷生長。齧齒動物的視力和聽力非常敏銳,濃密的觸鬚長而靈敏,使牠們對四周環境能有高度警覺。

有些齧齒動物是獨居動物,如土撥鼠,不過多數齧齒動物是群居動物,有些物種如旅鼠、大鼠、小鼠和草原犬鼠,還會組成龐大而鬆散的群集。許多小型齧齒動物會快速繁殖,如某些田鼠每年可生產 10 胎以上,這就是牠們對抗弱肉強食和人類捕殺的生存對策。

科:山狸科	學名:*Aplodontia rufa*	野生現況:瀕危風險低

山狸(MOUNTAIN BEAVER)

當地人稱之為「鼠獺」,毛髮長,背部黑色至紅棕色,腹部黃棕色。雙耳下方各有一個白色斑點,頭部扁平,尾巴和其他河狸(見 153 頁)相較顯得較短。這種夜行性動物會在倒木下方挖掘複雜的巢穴和地道系統,且每個出口都直接通往某種食物來源,如樹皮、樹枝、嫩芽和多肉植物。會將食物帶回巢中進食或儲藏,但不太會為了覓食而長途跋涉。擅長爬樹,最高能爬到 7 公尺高,許多冷杉和雲杉小樹即遭山狸啃食而死亡。雖然分布於山區,但偏好海拔較低的地區。為臭鼬、鼬鼠、狐狸、草原狼和鷹鴞的獵食對象。

體型:體長 30-46 公分,尾長 2-4 公分。

分布:加拿大不列顛哥倫比亞省西南部至美國加州中部。活動於山區和海岸地區。

附註:因築巢於倒木下方,而受惠於人類的伐木行為。

北美洲

毛髮長

頭部寬扁

社群型態:獨居	妊娠期:28-30 日	每胎幼仔數:2-6	食物:

科：松鼠科	學名：*Marmota monax*	野生現況：常見

北美土撥鼠（Woodchuck）

是松鼠家族中最大型也最強壯的一員。體格粗壯、四肢短、尾巴多毛，棕色毛髮具有雜斑或白色末端。擅長攀爬和游泳，進食時間以下午為主，有時會成群結隊，覓食禾草、車軸草、種子、果實等植物，以及蛞蝓、蚱蜢等小型動物。面對同類時會展現侵略行為，尤其是當防禦地穴、或雄性在交配季節爭奪優勢權時，更是如此。防禦行為包括拱背、跳躍、僵直尾巴、牙齒打戰等。秋天來臨時，會挖掘較深的地穴準備冬眠。

體型：體長 32-52 公分，尾長 7.5-11.5 公分。

分布：加拿大、阿拉斯加及美國東部。活動於林地和田野之中。

附註：北美洲將 2 月 2 日訂為土撥鼠日，據稱這一天土撥鼠會探出頭來觀察天氣。

北美洲

耳朵小

鼻子四周白色

體格強健

社群型態：多變	妊娠期：31-32 日	每胎幼仔數：1-8	食物：

科：松鼠科	學名：*Marmota flaviventris*	野生現況：地區性常見

黃腹土撥鼠（Yellow-bellied Marmot）

這種土撥鼠具有粗壯的身材，頭短而寬，爪子強而有力。耳朵小且覆滿毛髮，背部和腹側都具有柔軟多毛的內毛皮。粗糙的外層保護毛顏色不一，有些是黑色，有些則是黃棕色到黃褐色，而毛端色澤較淺。為了適應各種生態環境，牠的食物種類也很廣泛，從禾草、花朵、草本植物到種子都有。群集大多由 1 隻雄性和數隻雌性組成，主要在早晨和下午覓食，然後再與同群夥伴一起梳理身體、曬太陽。為草原狼、美洲大山貓、鷹隼和貓頭鷹的獵食對象，受威脅時會躲到地穴中。秋天開始在地穴中展開長期的冬眠，最長可達 8 個月。

體型：體長 34-50 公分，尾長 13-22 公分。

分布：加拿大西部及美國西部。活動於多種生態環境，從高山、林地、森林空地到半沙漠地區都有。

北美洲

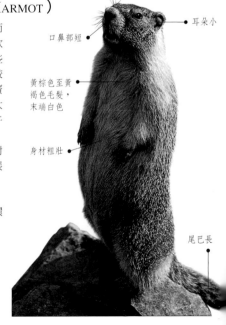

耳朵小

口鼻部短

黃棕色至黃褐色毛髮，末端白色

身材粗壯

尾巴長

社群型態：群居	妊娠期：30 日	每胎幼仔數：3-8	食物：

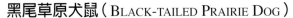

| 科：松鼠科 | 學名：*Cynomys ludovicianus* | 野生現況：瀕危風險低 |

黑尾草原犬鼠（Black-tailed Prairie Dog）

背部紅棕色

也稱爲「平原草原犬鼠」，爲 5 種草原犬鼠之一；草原犬鼠生活在草原棲地，叫聲像小狗一樣尖聲，因而得名。黑尾草原犬鼠具有棕色或紅棕色毛皮，毛髮末端在夏天是白色，冬天則呈黑色，觸鬚和尾巴末端都是黑色。爭奪領域時，會展現出所謂的「跳吠動作」。夏天以麥草、野牛草、球葵、金花矮灌木爲食，冬天則以薊、仙人掌和植物根部爲食。

體型：體長 28-30 公分，尾長 7-11.5 公分。
分布：北美洲大平原。活動於草原上。
附註：對農作物造成大規模損失，因此成爲某些地區實施滅種計畫的目標，且計畫相當成功。

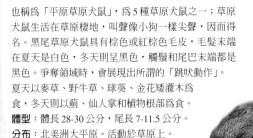

眼睛小

北美洲

| 社群型態：群居 | 妊娠期：33-38 日 | 每胎幼仔數：1-8 | 食物： 🌿🌾 |

| 科：松鼠科 | 學名：*Xerus inauris* | 野生現況：地區性常見 * |

南非地松鼠（Cape Ground Squirrel）

和其他地松鼠一樣，這種南非品種具有大而有力的爪子，能挖掘龐大的地穴系統作爲棲所。背部和頭部的毛髮爲棕粉紅色，腹側有白色條紋，臉、腳和腹部白色，白色尾巴在基部和末端都有黑色條紋。爲機會主義覓食者，食物種類從種子、鱗莖、肉質根部到昆蟲、鳥蛋都有。通常 6-10 隻群聚生活，群集數量偶爾可達 30 隻。總要等到太陽高掛天空後，才會從地穴中探出頭來，如遇寒冷或陰暗的日子，就乾脆不外出。

體型：體長 20-30 公分，尾長 18-26 公分。
分布：安哥拉南部、辛巴威、波札那、南非、納米比亞。活動於開闊地區。

頭部寬，眼睛明顯

非洲

眼睛上下線條略帶白色

| 社群型態：群居 | 妊娠期：42-49 日 | 每胎幼仔數：1-3 | 食物： 🌾✿🐛● |

科：松鼠科	學名：*Tamias striatus*	野生現況：地區性常見

美東金花鼠（EASTERN CHIPMUNK）

全身毛髮爲灰棕或紅棕色，背部中央一道深棕色條紋向尾部延伸，條紋兩側爲灰棕或紅棕色，接著又有深棕色或黃橘色條紋向白色腹部擴張；眼睛四周也鑲有深色及淺色條紋。尾巴多毛，上側深色且有淺灰色邊；臀部爲黃棕色或紅棕色。不過，美東金花鼠的毛皮整體顏色和紋路，在不同地區會有不同變化。性喜定棲，但也會爲了覓食而跋涉遠程。覓食的高峰時段在上午和下午，雄性上午較爲活躍，雌性則下午較活躍。爲獨居性動物，每隻個體獨占一個地穴系統，雖然會數隻共享一個較廣大的活動範圍，但仍會驅逐從領域中心路過的同類。雌雄都會發出「啾」和「庫」的聲音，以警告同伴和鄰近其他小動物。爲蛇、隼、狐狸、美洲大山貓和虵的獵食對象。從秋天開始冬眠到初春，但冬天天氣好的時候，也會離開地穴出洞覓食。

體型：體長 15.5-16.5 公分，尾長 7-10 公分。

分布：加拿大曼尼托巴湖（Lake Manitoba）至新斯科細亞省（Nova Scotia），南至美國路易斯安那州、阿拉巴馬州、喬治亞州及佛羅里達州北部。活動於具有大量岩石隙縫的落葉森林和灌木叢。

附註：母金花鼠產下幼仔之後不久，就無法忍受幼仔的存在，因此幼仔 2 週大時就會被驅離家園獨立生活。

北美洲

耳朵小而圓，耳緣淺色

背部的黑色條紋具淺色邊緣

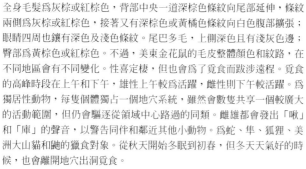

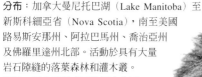

社群型態：獨居	妊娠期：31-32 日	每胎幼仔數：4-5	食物：

身材修長
金花鼠會將身體拉長，以便在地道中行動，其地道非常狹窄，可防止貂、鼬等較大型的掠食者入侵。每個地穴系統可長達 10 公尺。

眼睛四周鑲有深色及淺色條紋

尾巴多毛，上側色澤較深

黑色大眼睛

利用前手掌抓握食物

毛皮灰棕色至紅棕色

腹部乳白色

後腳比前腳更長更寬

機會主義覓食者
人類對野外的美東金花鼠頗為熟悉，因為牠們會大膽來到野餐區覓食。雖然也擅長爬樹，但大都在地面搜尋種子、橡實及核果，並用前手掌處理食物；還會在兩頰中塞滿食物，帶回地穴儲藏，以便日後食用。

科：松鼠科	學名：*Spermophilus columbianus*	野生現況：地區性常見

哥倫比亞地松鼠
(COLUMBIAN GROUND SQUIRREL)

分布於加拿大不列顛哥倫比亞省山區草原，毛皮以棕粉紅色爲主，臉部和鼻子呈黃褐色，頸部兩側有淺灰色斑紋，尾巴上側黑色，下側灰色。毛皮短而濃密，內毛皮顏色較深。成年的地松鼠相遇時會互相「親吻」，或側頭嗅聞彼此嘴邊腺體散發的氣味。以花朵、種子、鱗莖和果實爲食，進食時習慣往前走幾步，停下來吃點東西，再往前走幾步。會捕食在空中飛行的昆蟲，偶爾也會自相殘殺。成年雄性的領域會互相重疊，雌性則獨享自己的活動領域。

臉部和鼻子黃褐色

背部毛皮棕粉紅色

腹部暗棕色

北美洲

體型：體長 25-29 公分，尾長 8-11.5 公分。
分布：加拿大西部到美國西北部。活動於高山及亞高山地區的草原。

社群型態：群居	妊娠期：24 日	每胎幼仔數：2-5	食物：

科：松鼠科	學名：*Sciurus vulgaris*	野生現況：瀕危風險低

北方松鼠 (EURASIAN RED SQUIRREL)

雖然也稱爲「紅松鼠」，但毛皮並不全是紅色，背部具有從灰到紅色、棕色及黑色等變化，腹部白色。冬天毛皮轉成亮灰棕色或暗灰棕色。濃密多毛的尾巴大致和身體等長；耳朵有簇毛，冬天時簇毛更濃密。擅長爬樹與跳躍，會在地面或樹枝上覓食，以松子、山毛櫸堅果、橡實、蕈類、嫩芽、果實和樹皮爲食，並用前掌處理食物。會用小樹枝在枝椏或樹洞中築成球狀松鼠窩；雌性會築較大的繁殖巢，並爲幼仔在巢中舖設柔軟材質。

歐亞大陸

耳朵挺立，具簇毛

毛皮紅到灰、棕色或黑色

尾巴長而多毛

體型：體長 20-25 公分，尾長 15-20 公分。
分布：西歐到東亞。活動於森林、公園、庭院，分布海拔最高到林線爲止。
附註：生存遭遇伐林和外來種北美灰松鼠的威脅。

社群型態：獨居	妊娠期：38 日	每胎幼仔數：2-5	食物：

| 科：松鼠科 | 學名：*Sciurus carolinensis* | 野生現況：常見 |

北美灰松鼠（Eastern Grey Squirrel）

原產於北美洲，現已引進歐洲部分地區，背部毛皮灰色，腹部為白色到灰色或粉紅棕色。臉部、背部和前肢都帶有棕色，尾巴為白色或淺灰色。和北方松鼠（見對頁）不同之處，在於耳朵沒有簇毛。這種中等體型的松鼠是機會主義覓食者，有「隨處藏」食物的習慣，會用嘴巴搬運食物，並把食物埋在地表下超過 2 公分深處。儘管雄性會遊歷到遠方，但其實灰松鼠有強烈的返回原居地傾向。為群居性動物，會用各種聲音對同伴發出危險警告，面臨威脅時牙齒還會格格作響。

體型：體長 23-28 公分，尾長 15-25 公分。

分布：加拿大南部及東南部，到美國中部及東部。活動於溫帶森林，尤其是冬季食物豐盛的地區。

附註：在英國，這個外來物種已大幅取代了北方松鼠。

樹頂的窩

北美灰松鼠用小樹枝在枝幹上築窩，而且會在窩內鋪草或樹皮。冬天雖然不活躍，仍會離巢覓食。

耳朵沒有簇毛

臉部略帶棕色

背部深灰至淺灰色

用前掌握住食物

腹部略白

毛茸茸的長尾巴

北美洲、歐洲

| 社群型態：多變 | 妊娠期：44 日 | 每胎幼仔數：1-5 | 食物： |

| 科：松鼠科 | 學名：*Ratufa indica* | 野生現況：受威脅 |

印度大松鼠（Indian Giant Squirrel）

這種大型松鼠的尾巴龐大而多毛，且比身體和頭部總長還
要長。背部通常是黑色，四肢和頭部紅棕色，腹部爲白
色。手腳寬大，爪子強健發達。非常機警，能跳躍6
公尺遠，以便從一棵樹跳到另一棵樹尋找食物。
會築典型的松鼠窩作爲棲息與繁殖之用。警覺
到危險時，會將自己緊貼在樹枝上，或躲在
大樹幹後方。

典型的屈身
進食姿勢

耳朵短
而圓

頭部紅
棕色

體型：體長約35-40公
分；尾長35-60公分。

分布：印度半島。活動
於落葉性及潮濕的常綠
森林中。

附註：不像其他松鼠那
樣以挺立的姿勢進食，
而是用後腿支撐前傾的身體，利用
尾巴保持平衡。

亞洲

用手掌握食

| 社群型態：獨居／成對 | 妊娠期：28 日 | 每胎幼仔數：不詳 | 食物： |

| 科：松鼠科 | 學名：*Heliosciurus gambianus* | 野生現況：瀕危風險低 * |

西非向日松鼠（Sun Squirrel）

毛髮上有黃、棕和灰色等色段，因此外表呈現出具雜斑的橄欖棕色。
尾巴有 14 條黑紋，眼睛具白色眼圈。會在地面和樹上活動，警戒時
便爬到樹上逃離危險。每天晚上會將樹洞中的窩鋪上一層新葉。

非洲

體型：體長 15.5-21 公分，尾長 15.5-31 公分。

分布：塞內加爾到蘇丹，向南延伸到安哥拉及尚比亞北部。活動於林
地、疏林草原和次生林中。

眼睛有白
色眼圈

圓耳朵

附註：名稱源自於牠會做日光浴的習性。

| 社群型態：獨居／成對 | 妊娠期：不詳 | 每胎幼仔數：1-5 | 食物： |

科：松鼠科	學名：*Callosciurus prevostii*	野生現況：瀕危風險低 *

三彩松鼠（Prevost's Squirrel）

這種樹棲松鼠的特徵是具有顏色均勻明顯的大面積色塊。背部黑色，腹部栗紅色，在兩色塊間有一條醒目的白色條紋從鼻子延伸到腿部。眼睛大而突出，具有優良的視力。過獨居生活，或和小型家庭共同生活，利用尾巴和鳥鳴般的聲音進行溝通。

體型：體長 13-28 公分，尾長 8-26 公分。

分布：東南亞。活動於低地和山區森林、農地及庭園中。

附註：是色彩最亮麗的哺乳動物之一。

亞洲

體側的白色條紋從腿延伸到鼻子

眼睛突出

四肢栗紅色

尾巴黑色

社群型態：多變	妊娠期：46-48 日	每胎幼仔數：2-3	食物：

科：松鼠科	學名：*Petaurista elegans*	野生現況：常見

斑點大鼯鼠（Giant Flying Squirrel）

這是滑行動物而非飛行動物，可張開前、後肢間有毛的薄翼膜，在樹與樹之間滑翔，滑行距離可超過 400 公尺遠。通常會為了躲避危險而滑行，滑行距離可達下降距離的 3 倍，還能利用前肢控制方向。濃密的毛皮為黃褐色到紅棕色，腹部顏色較淺，尾巴末端呈黑色。攀爬技術靈巧，會在樹洞或枝椏間築巢，夜間出來覓食。

體型：體長 30-45 公分，尾長 32-61 公分。

分布：阿富汗東部、印度北部、中國西部及東南亞地區。活動於針葉林中。

亞洲

毛髮濃密

眼睛具黑色眼圈

四肢之間具翼膜

尾巴末端黑色

毛皮黃褐色至紅棕色

翼膜邊緣粗糙

社群型態：成對	妊娠期：不詳	每胎幼仔數：1-3	食物：

科：囊鼠科	學名：*Thomomys bottae*	野生現況：常見

美西囊鼠（Botta's Pocket Gopher）

會挖地穴的獨居性囓齒動物，背部灰棕色，腹部棕橘色，毛髮根部色澤較深。臉頰有外側覆滿毛髮的頰囊，具儲藏功能。頭骨扁平，小耳朵能用耳廓封閉起來，肩膀和前肢強壯，腳的中間 3 根爪子生長快速，能挖掘鬆軟潮濕的土壤。領域性極強，大都在地底活動，會挖掘龐大的地道系統，炎熱乾燥的夏季時節就在此棲息。運用多種聲音進行溝通，如同人般的尖叫聲、輕柔的呢喃或吱吱叫等。

體型：體長 11.5-30 公分，尾長 4-9.5 公分。

分布：美國西部到墨西哥北部。活動於沙漠到開闊森林。

北美洲

尾巴短而無毛

適應地穴生活的小耳朵

社群型態：獨居／成對	妊娠期：18-19 日	每胎幼仔數：3-7	食物：

科：小囊鼠科	學名：*Dipodomys merriami*	野生現況：常見

梅氏跳囊鼠（Merriam's Kangaroo Rat）

體型小，從腹側到尾巴基部有 1 條白色條紋，眼睛上方和耳後則有明顯白斑。這種夜行性囓齒動物能以高速在沙質沙漠土壤上奔馳，還能像袋鼠一樣用較大的後腿跳躍，並藉細長的尾巴來保持平衡。牠會挖土鑽穴，冬天以蒼耳和蒺藜為食，夏天以仙人果和其他仙人掌的種子為食。常會洗個迅捷有力的沙土澡，以梳理自己。耐寒且勤勞，冬天也會在雪地上活動。

體型：體長 8-14 公分，尾長 14-16 公分。

分布：美國西南部到墨西哥北部。活動於沙漠地區。

北美洲

眼睛上方及耳朵後方有白斑

尾巴長

社群型態：群居	妊娠期：不詳	每胎幼仔數：1-5	食物：

科：非洲跳鼠科	學名：*Pedetes capensis*	野生現況：受威脅

南非跳鼠（Springhare）

非洲跳鼠科的唯一一物種，尾巴多毛、末端黑色，耳朵長而挺立。能以強而有力的後腿在乾旱或半乾旱地區跳躍，每步都能輕鬆前進 2-3 公尺。這種夜行性齧齒動物以種子、鱗莖和植物莖幹爲食，也會捕食蝗蟲和甲蟲等小生物。進食時身體會向前傾，行進時像兔子般用四肢跳躍，休息時則採蹲坐姿勢，將頭縮藏在後腿之間，並用尾巴纏繞身體。具敏銳的視覺、聽覺和嗅覺，隨時保持警戒。偶爾會成雙成對，還會挖掘數個龐大地穴，以便在不同時機使用。

體型：體長 27-40 公分，尾長 30-47 公分。
分布：中非、東非到南非。活動於植被稀少或有稀疏林木的乾燥或半乾燥地區。
附註：非洲南部居住於叢林的布希曼人（Bushmen，或稱桑人）會加以捕食。

非洲

毛皮棕粉紅到灰色

前肢短

尾巴有力，末端黑色

社群型態：獨居／成對	妊娠期：2 個月	每胎幼仔數：1	食物：

科：河狸科	學名：*Castor fiber*	野生現況：瀕危風險低

歐亞河狸（Eurasian Beaver）

擅長築水壩、挖地道、地穴和水道，其習性、生活型態和外觀都與北美河狸（見 154 頁）相似，但身材更爲壯碩。和北美河狸一樣，尾巴基部有分泌油脂的腺體，梳理自己時，會將這種具潤滑作用的油脂塗滿全身，使毛皮防水。後腳有蹼，尾巴如舵，使這種夜行性泳者能在水中行動自如；牠可以潛入水底近 20 分鐘。在有許多天然水道的地區並不築巢，但會在河岸挖掘地道。

體型：體長 83-100 公分，尾長 30-38 公分。
分布：歐洲和西伯利亞西部。中國及蒙古也有孤立的族群。活動於湖泊與河流。

歐亞大陸

眼睛小

寬尾巴具有鱗片

社群型態：群居	妊娠期：105-107 日	每胎幼仔數：1-5	食物：

| 科：河狸科 | 學名：*Castor canadensis* | 野生現況：地區性常見 |

北美河狸（AMERICAN BEAVER）

這種哺乳動物擁有多種適應水生環境的方式，例如眼睛具有瞬膜（透明的第三眼瞼），使牠在水裡也能視物；有如瓣膜一般的皮瓣可關閉耳朵和鼻子；嘴唇在門牙後方，因此嘴巴閉起來時也能啃咬。此外，有蹼的腳有助於游泳，扁平的長尾巴除了游泳之外，還能用來拍擊水面，發出警告。長而粗糙的紅棕色外毛皮以及濃密的灰色內毛皮，能在水中保持體溫，長長的觸鬚則使牠能在黑暗中摸索前進。北美河狸會利用前掌握住食物，再用牙齒啃食。有時為了競爭食物，會發出嘶聲、咕嚕聲或磨牙動作。通常由4-8隻有親緣關係的個體聚集成群，會互相梳理毛髮、碰觸鼻子、扭打或一起跳舞。同一群集的成員白天會一起在巢穴中休息，雌性的定棲性比雄性強。

體型：體長74-88公分，體重11-26公斤。

分布：北美洲，但西南部沙漠、佛羅里達半島和北極凍原除外。活動於溪流、池塘與湖泊。

北美洲

毛皮黃棕色
● 到紅棕色

耳朵位
於頭頂 ●

吻部鈍 ●

| 社群型態：群居 | 妊娠期：107日 | 每胎幼仔數：3-4 | 食物： |

生態上的連結

北美河狸大量啃倒樹木及築水壩的行為，常會破壞大片土地和水域，而大幅改變地區性的生態。但換個角度來看，牠們所築的水壩可減少河流氾濫，也有助於保存棲地。

上顎骨突出

門牙擴展到嘴唇之外

保護毛長

銳利的門牙會不斷生長

下顎大而強壯

強而有力的牙齒

北美河狸能用強壯的門牙咬斷樹枝和樹幹，啃倒樹木後，再利用強壯的顎骨把倒木拖去築巢和水壩。

尾巴扁平有鱗

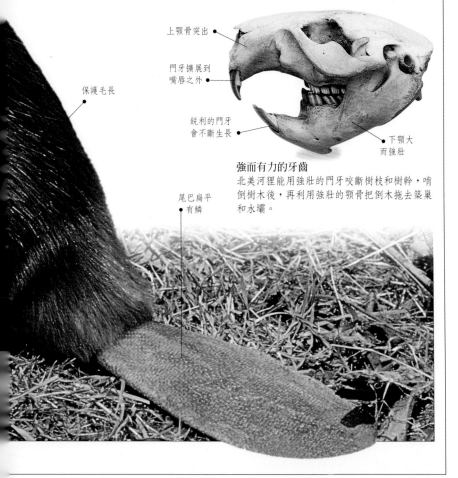

| 科：鼠科 | 學名：*Reithrodontomys raviventris* | 野生現況：受威脅 |

美洲禾鼠（AMERICAN HARVEST MOUSE）

北美洲

又稱爲「鹽沼禾鼠」，無論體型與外觀都和鼴鼠（見167頁）相似，但美洲禾鼠修長有鱗的尾巴上毛髮較多。背部毛皮粉棕色到棕灰色，腹部則是灰白色，耳朵大，上門牙表面有溝槽。是一種非常擅長攀爬的夜行性動物，夏天會在草叢或灌木叢中構築穩固的巢，冬天則住進其他囓齒動物的地穴中，並利用這些地道系統到地面或草莖上覓食種子，或以嫩枝及昆蟲爲食。

體型：體長7-7.5公分，尾長4.5-11.5公分。

分布：美國（加州舊金山灣一帶）及墨西哥北部。活動於草原上。

耳朵大

背部粉棕色
至棕灰色

| 社群型態：獨居 | 妊娠期：21-24日 | 每胎幼仔數：1-7 | 食物： |

| 科：鼠科 | 學名：*Peromyscus leucopus* | 野生現況：常見 |

白足鼠（WHITE-FOOTED MOUSE）

這種老鼠的特徵是眼睛大、耳朵突出，腳和腹部白色，背毛棕色，長尾巴的毛髮稀疏。活躍於夜間，成對生活在小窩中，小窩可能是自行挖掘的，也可能是其他動物遺棄的窩巢，或是石塊、倒木或灌木叢下的空洞處。此外，鼠窩還可作爲繁殖及儲存食物之用，食物通常是種子及昆蟲等，只以土壤稍加覆蓋於上。

體型：體長9-10.5公分，尾長6-10公分。

分布：加拿大東南部、美國中部及東部、墨西哥北部。活動於灌木叢、落葉森林及草原。

長尾巴毛
髮稀少

腹部白色

耳朵突出

觸鬚長

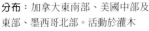

北美洲

| 社群型態：成對 | 妊娠期：22-23日 | 每胎幼仔數：1-6 | 食物： |

| 科：鼠科 | 學名：*Nyctomys sumichrasti* | 野生現況：地區性常見 |

暮鼠（SUMICHRAST'S VESPER RAT）

暮鼠能完全適應樹棲生活，以小樹枝、樹葉和藤本植物築成鼠窩，成群聚集。大腳趾形似拇指，能夠有效握住樹枝，很少離樹下到地面。毛皮色彩鮮明，背部為黃褐色或粉棕色，背脊中央毛色較深。深色的眼圈延伸到觸鬚，耳朵披有細毛。尾巴有鱗，末端毛髮較長也較濃密。這種夜行性老鼠以野生無花果和酪梨等果實為食。

體型：體長 11-13 公分，尾長 8.5-15.5 公分。

分布：墨西哥及中美洲至巴拿馬中部地區。活動於熱帶森林。

背部黃褐色或棕色

北美洲、中美洲

眼睛有深色眼圈

腹部白色

| 社群型態：群居 | 妊娠期：不詳 | 每胎幼仔數：2-4 | 食物： |

| 科：鼠科 | 學名：*Sigmodon hispidus* | 野生現況：瀕危風險低 |

剛毛棉花鼠（HISPID COTTON RAT）

美洲有 10 種棉花鼠，有些很稀有，有些則數量很多，以致在收成季節被視為有害動物，剛毛棉花鼠就是一例。牠的背部硬毛為棕灰色，腹部毛髮灰白色，以植物、昆蟲和農作物為食；擅長游泳，所以會捕捉螯蝦、螃蟹和青蛙為食，也會爬到蘆葦上的鳥巢中捕食鳥蛋和雛鳥。白天晚上都會活動，以地面上的凹陷處或最深達 75 公分的地穴作為棲所。進食時會將地面挖成淺穴，而且會發展出通往食物來源的覓食通道網絡。

硬毛棕色到灰色

北美洲、中美洲及南美洲

體型：體長 13-20 公分，尾長 8-16.5 公分。

分布：美國南部、中美洲及南美洲北部。活動於森林、沙漠、山區和草原之中。

附註：會對地瓜和甘蔗等農作物造成損害。

| 社群型態：獨居 | 妊娠期：27 日 | 每胎幼仔數：12 | 食物： |

科：鼠科	學名：*Mesocricetus auratus*	野生現況：瀕臨絕種

金倉鼠（GOLDEN HAMSTER）

這是世界各地知名的寵物，只分布在歐洲東部到亞洲西部有限的小範圍中。這種精力充沛的小型囓齒動物尾巴很短，口鼻部鈍但臉很寬，眼睛小，耳朵突出。毛皮柔軟濃密，背部深橘色，面部、臉頰和腹側色澤較淡，腹部灰白色。雙眼之間和前額有黑色斑紋，此外，兩頰和頸背也會有黑色條紋。為獨居動物，遭遇同類時會展現侵略行為。偏好栽植穀類農作物的田野，並會挖掘深達 2 公尺的地穴，除了夜間、黎明和黃昏的覓食活動之外，很少來到地面上。食物種類繁多，包括種子、核果，以及螞蟻、飛蚊、蟑螂、臭蟲和黃蜂等昆蟲。會把雙頰塞滿食物，留待稍後再吃。

體型：體長 13-13.5 公分，尾長 1.5 公分。

分布：東歐和西亞少數零散的地區。活動於草原上。

附註：金倉鼠在圈養環境下會冬眠。

歐洲、亞洲

背部毛髮
金橘色

仔細梳理
金倉鼠會以前排牙齒和前掌整理自己
和幼仔的毛皮，清除上面的塵土、脫
落打結的毛髮，及蝨子等寄生蟲。

耳朵突出

頰囊空間大

口鼻部鈍

社群型態：獨居	妊娠期：16-19日	每胎幼仔數：6-10	食物：

科：鼠科	學名： *Phodopus roborovskii*	野生現況：地區性常見

小毛足倉鼠（DESERT HAMSTER）

又稱「侏儒倉鼠」，是一種尾巴短、耳朵大的嚙齒動物，背部毛皮淡棕色，腹部呈純白色。後腳短而寬，腳底有濃密毛髮，使牠在炎熱鬆動的沙漠沙地上跳躍時，腳底可受到保護。會在密實潮濕的沙地裡挖掘獨立地穴，並用駱駝和綿羊脫落的毛來舖巢。和金倉鼠一樣會把雙頰塞滿食物，通常是穀粒和草籽，以便帶回窩中儲藏；也以甲蟲、蝗蟲和蠼螋等昆蟲爲食。

體型：體長 5.5-10 公分，尾長 7-11 公分。

分布：俄羅斯吐瓦（Tuva）、哈薩克東部、蒙古以及和中國相鄰的地區。活動於沙漠之中。

附註：非常愛乾淨，每天都要執行繁雜的梳理儀式。

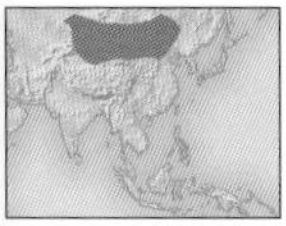

亞洲

耳朵突出
背部淡棕色
後腳寬

社群型態：獨居	妊娠期： 20-22 日	每胎幼仔數： 3-9	食物：

科：鼠科	學名： *Cricetus cricetus*	野生現況：瀕危風險低 *

歐洲倉鼠（COMMON HAMSTER）

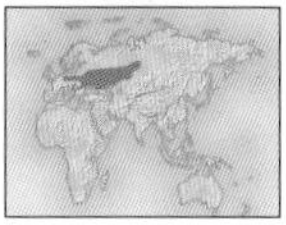

歐亞大陸

是體型最大的倉鼠，毛皮特別厚重，背部紅棕色，腹部主要爲黑色，鼻子、雙頰、喉部、腹側和腳掌則具有白色斑塊。頰囊很大，游泳時會把頰囊充氣，以增加浮力；警戒時頰囊也會脹大。於黎明及黃昏覓食。秋天會在窩巢中儲存食物，然後冬眠到春天，其間每隔 5-7 小時就會醒來進食。地穴大小隨年紀而有不同，裡面有數個傾斜的出入口，以及用來休息、儲藏食物及排泄等分隔穴室。

體型：體長 20-34 公分，尾長 4-6 公分。

分布：東歐到中亞。活動於乾草原、農地與河岸。

附註：深色的腹部在哺乳動物中很罕見。

身體具白色斑塊
毛皮紅棕色
腳寬、具長爪

社群型態：獨居	妊娠期： 18-20 日	每胎幼仔數： 4-12	食物：

| 科：鼠科 | 學名：*Meriones unguiculatus* | 野生現況：地區性常見 |

長爪沙漠鼠（Mongolian Gerbil）

這種常作爲寵物的齧齒動物，是沙鼠家族 13 個成員之一，活動於中東和亞洲地區。毛髮爲淺棕色，末端黑色，因此外表呈雜斑色，腹部爲灰色或白色。頭部短而寬，黑眼睛突出而明顯，長尾巴平均長度約爲身體和頭部總長的 90%。以四肢行動，擅長用修長的後腿跳躍；求偶期間，後腿會以斷續的節奏跳動。會在乾燥沙地或乾草原的黏土中挖掘複雜的地道系統，還常挺直身體坐在出入口前。會與配偶和最多 12 隻的幼仔分享地穴，幼仔出生後約 20-30 日斷奶。無論日夜或夏冬，隨時都很活躍，以蕎麥、粟米、禾草及莎草等植物的種子爲主食，並會將餘糧儲存在地道中。

體型：體長 10-12.5 公分，尾長 9.5-11 公分。

分布：蒙古、俄羅斯西南部及中國北部。活動於乾草原和平原上。

附註：和其他齧齒動物相較，沙鼠作爲寵物的歷史較短，始於 1960 年代。因外表可愛且環境適應力強，而廣受歡迎。

亞洲

毛髮棕色，
末端黑色

尾巴幾乎和
身體一樣長

| 社群型態：群居 | 妊娠期：19-21 日 | 每胎幼仔數：1-12 | 食物： |

站立
長爪沙漠鼠能用後腿站起來，看清四周環境，同時偵查出掠食者的存在。當雄性遭另一隻雄性威脅時，也會用後腿站起來面對入侵者，接著雙方即用前腳互相拳擊。寬大的後腳和長尾巴，使他能保持穩定的挺身站立姿勢。

觸鬚長 ●

尾巴多毛 ●

● 頭小而寬

突出的黑
● 眼睛

靈活的後肢 ●

● 長爪適合
挖掘地穴

腹部灰色
至白色

高跳
長爪沙漠鼠非常靈活，跳躍能力更是驚人。這是在乾旱環境中生活的重要條件，因為那裡缺乏可躲避狐狸和貂、鼬等掠食者的遮蔽處。

| 科：鼠科 | 學名：*Pachyuromys duprasi* | 野生現況：地區性常見 |

粗尾沙鼠（FAT-TAILED GERBIL）

分布於撒哈拉沙漠，具有長而蓬鬆的毛皮，背部和兩側淺紅褐色，背毛末端黑色。腹部和腳為白色，腳底有少許毛髮，後腳長，尾巴是特殊的棍棒狀。敏銳的大耳朵能接收足以穿越沙漠的長程低頻聲音。為溫馴的地穴動物，於黃昏從洞穴中出來活動，尋找蟋蟀等昆蟲，以及葉子、種子和其他植物為食。

體型：體長9.5-13公分，尾長5.5-16.5公分。

分布：撒哈拉沙漠。活動於植被稀少、具沙和礫石的半沙漠地區。

附註：尾巴具有儲存脂肪的功能，以備在食物短缺時提供養分和水分。

非洲

背毛末端黑色

大耳朵

棒狀尾巴

| 社群型態：多變 | 妊娠期：不詳 | 每胎幼仔數：1-6 | 食物： |

| 科：鼠科 | 學名：*Hypogeomys antimena* | 野生現況：瀕臨絕種 |

馬島兔鼠（MALAGASY GIANT RAT）

身材矮胖、形似兔子，這種大型鼠類具有長耳朵和長後腿，以跳躍而非跑步的方式前進。背部毛髮粗糙濃密，顏色為灰色到紅棕色，鼻頭上有一V字形深色斑紋。四肢和腹部為白色，有力的尾巴覆滿短硬的毛髮。當地人稱之為「浮梭沙」（Votsotsa），會在沙質土壤中，挖掘多達6個出口的地道系統。在夜間以熟落的果實和樹皮為食，會挺立身體，用前腳握住食物進食。

體型：體長30-35公分，尾長約21-25公分。

分布：馬達加斯加西部。活動於海岸森林中。

附註：面臨外來的黑鼠和棲地喪失的威脅。

馬達加斯加

毛皮粗糙濃密

耳朵似兔耳

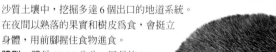

尾巴毛髮短而硬

爪子大

鼻子鈍

| 社群型態：群居 | 妊娠期：不詳 | 每胎幼仔數：1-2 | 食物： |

科：鼠科	學名：*Tachyoryctes macrocephalus*	野生現況：瀕危風險低*

大頭鼴竹鼠（GIANT AFRICAN MOLE RAT）

習性與鼴鼠相似，大部分時間都棲息在長度超過 50 公尺的地穴中。和典型的地穴動物一樣，頭部鈍而圓，眼睛和耳朵小，毛髮濃密，身材粗壯，四肢短。利用突出的橘黃色大門牙啃食食物及挖掘地道。

臉部毛髮剛硬

四肢短

非州

體型：體長可達 31 公分，尾長 9-10 公分。

分布：衣索比亞。活動於潮濕的高地、草原、高沼地和農耕區。

社群型態：多變	妊娠期：不詳	每胎幼仔數：不詳	食物：

科：鼠科	學名：*Clethrionomys glareolus*	野生現況：常見

歐洲紅背田鼠（BANK VOLE）

主要於黎明與黃昏時分活動，平時則棲息在地穴、灌木叢和樹木殘幹中。體型和體重隨分布地區不同而有變化。毛皮紅棕色至黃棕色，腹側、臀部和後腿灰色。

體型：體長 7-13.5 公分，尾長 3.5-6.5 公分。

分布：西歐至北亞。活動於溫帶森林及針葉森林，以及有樹木生長的河岸地區。

毛皮紅棕色至黃棕色

黑色大眼睛

尾長為體長的一半

歐亞大陸

社群型態：群居	妊娠期：18 日	每胎幼仔數：2-8	食物：

科：鼠科	學名：*Microtus arvalis*	野生現況：常見

歐亞田鼠（COMMON VOLE）

是多草環境和農地中最常見的齧齒動物，這種田鼠身材矮胖，背部具黃棕色至灰棕色短毛，腹部灰色。夏天以植物為食，冬天則啃食樹皮；會挖掘地底通道作為儲藏食物和休息的巢穴。白天晚上都會活動。

體型：體長 9-12 公分，尾長 3-4.5 公分。

眼睛小

灰棕色的短毛

分布：歐洲、烏克蘭及俄羅斯。活動於農業用地和草地上。

歐亞大陸

社群型態：群居	妊娠期：16-24 日	每胎幼仔數：2-12	食物：

| 科：鼠科 | 學名：*Arvicola terrestris* | 野生現況：地區性常見 |

歐洲水田鼠（EUROPEAN WATER VOLE）

這種田鼠的體型和顏色都很多變。毛髮濃密，背部灰、黑或棕色，腹部深灰到白色；體型只有分布在湖畔、溪流和沼澤同類的一半。尾巴圓，長度約體長的一半。棲息在林地和草地，會挖掘地穴，擅長游泳與潛水；黃昏與黎明時分最活躍，以植物、樹根、地下莖、鱗莖與塊莖為食。天敵是老鷹、貓頭鷹、野貓、家貓和外來的掠食動物美洲水貂（見 250 頁）。水污染和棲地喪失對牠的威脅越來越大。

體型：體長約 12-23 公分，尾長約 7-11 公分。

分布：歐洲、俄羅斯和伊朗一帶。活動於湖泊、河川、溪流、沼澤、草地和林地之中。

歐亞大陸

背部灰色、棕色或黑色

毛皮濃密

| 社群型態：獨居／成對 | 妊娠期：21-22 日 | 每胎幼仔數：2-10 | 食物： |

| 科：鼠科 | 學名：*Ondatra zibethicus* | 野生現況：常見 |

麝田鼠（MUSKRAT）

是會掘地道的田鼠中，體型最大的成員；也是游泳高手，後腳大，趾間有小蹼，邊緣有剛硬的毛或稱為「游泳縫毛」；扁平的尾巴長而無毛，具有舵的功能。潛水時，耳朵和鼻孔有皮瓣可封閉達 20 分鐘。最多 10 隻群聚而居，會在河岸挖掘地道，或用泥巴和蘆葦修築和河狸相似的窩。雌性將巢築在乾燥地道的穴室中，或巢內平台上。因生殖器旁具有會分泌麝香的腺體而得名。

體型：體長 25-35 公分，尾長 20-25 公分。

分布：北美洲、西歐及亞洲。活動於河岸、溪流和池塘沿岸。

附註：毛皮具有商業價值。

保護毛長而粗糙

北美洲、歐亞大陸

後腿巨大

| 社群型態：群居 | 妊娠期：25-30 日 | 每胎幼仔數：1-3 | 食物： |

科：鼠科	學名： *Lemmus sibericus*	野生現況：常見

棕旅鼠（BROWN LEMMING）

主要爲夜行性，和龐大的群集共同生活，繁殖力極強。於秋季遷移到較低的凍原和湖畔，在泥炭丘下挖掘地道，或在植被間築巢；待春天融雪時，再回到較乾燥的地區。以苔蘚、草本植物和柔軟枝條爲食，冬天還會跟隨雪下的蠕蟲痕跡覓食。

體型：體長 12-15 公分，尾長 1-1.5 公分。

分布：阿拉斯加到加拿大、東北歐到北亞。活動於凍原。

北美洲、歐亞大陸

背部有黑色條紋

身材圓胖

社群型態：群居	妊娠期：18 日	每胎幼仔數：4-13	食物：

科：鼠科	學名： *Lagurus lagurus*	野生現況：瀕危風險低

草原田鼠（STEPPE LEMMING）

體型小而矮胖的夜行性齧齒動物，全身披滿防水的長毛，以便在乾草原嚴酷的環境中保護身體。會挖掘深約 1 公尺的地穴棲息，因此不需以冬眠過冬，但也會挖掘較淺的暫時地穴作爲防禦之用。毛皮淺灰或褐灰色；臼齒會不斷生長，因此能大量嚼食會磨蝕牙齒的禾草。

體型：體長 8-12 公分，尾長 0.7-2 公分。

分布：東歐到東亞。活動於乾草原及半沙漠地區。

歐亞大陸

背部有黑色線條

社群型態：多變	妊娠期：20 日	每胎幼仔數：8-12	食物：

科：鼠科	學名： *Lemniscomys striatus*	野生現況：常見

條紋草鼠（STRIPED GRASS MOUSE）

毛皮淡黃或橘紅色，西非地區的族群色澤較深，東非的族群則較淺。在黎明和黃昏時分覓食，棲息的地穴有輻射狀小徑可通往覓食區。遭受攻擊時，會蛻去尾部的皮膚或裝死。

體型：體長 10-14 公分，尾長 10-15.5 公分。

分布：西非、東非及南非。活動於潮濕多草的棲息環境。

條紋從頸部延伸到尾部

尾巴細長

兩側鑲白色

非洲

社群型態：獨居	妊娠期：28 日	每胎幼仔數：4-5	食物：

| 科：鼠科 | 學名：*Apodemus flavicollis* | 野生現況：常見 |

黃頸森鼠（Yellow-necked Field Mouse）

因喉部的黃色斑塊而得名，尾巴長，背部棕色，腹部黃白色。為適應夜行生活，而演化出突出的大眼睛和大耳朵，寬大的後腳使牠能長距離跳躍。黃頸森鼠會爬到 6 公尺高的樹上覓食，並在樹縫和鳥巢中建立覓食區。會對同類和長尾森鼠（見下方）等相似物種展現侵略行為；利用刺耳高頻的唧喳吱叫聲進行溝通。

體型：體長 8.5-13 公分，尾長 9-13.5 公分。

分布：歐洲到烏拉山及亞美尼亞。活動於溫帶林及針葉林（偏好落葉森林）；在分布區域的南方則棲息在高海拔地區。

歐亞大陸

尾巴比身體長

背部棕色

後腳比前腳長

| 社群型態：獨居 | 妊娠期：21-23 日 | 每胎幼仔數：3-8 | 食物： |

| 科：鼠科 | 學名：*Apodemus sylvaticus* | 野生現況：常見 |

長尾森鼠（Wood Mouse）

與黃頸森鼠（見上方）相似，但體型較小，胸部具黃色或橘棕色斑塊，背部紅棕至灰棕色，前腳之間具赭色條紋，腹部白灰色。擅長奔跑和攀爬，會挖地穴，或棲息在樹洞中；會將食物帶到安全地區再進食。

體型：體長 8-11 公分，尾長 7-11 公分。

分布：歐洲（包括冰島）、中亞及北非。活動於農地、河岸、沼澤、林地、人造林和都會地區。

歐亞大陸、非洲

尾巴比身體短

毛皮灰棕色至紅棕色

| 社群型態：獨居 | 妊娠期：23 日 | 每胎幼仔數：3-9 | 食物： |

科：鼠科	學名：*Mus musculus*	野生現況：常見

鼷鼠（HOUSE MOUSE）

為分布範圍最廣的哺乳動物之一，能在人類居住的地區大量繁衍；於夜晚、黎明和黃昏覓食，食物種類非常繁多。是體型修長的小型齧齒動物，眼睛小、鼻子尖、耳朵大。背部灰黑色到紅棕色，臀部毛髮比背毛短，腹部白色。以家庭為群集單位，群集中有 1 隻優勢公鼠和數隻母鼠；以體味和尿液標示領域。母鼠比公鼠體型更大、更強壯。

體型：體長 7-10.5 公分，尾長 5-10 公分。

分布：世界各地，極地除外。活動於房屋及其他人工建物中，會避開林地和乾燥地區。

附註：為人類大量繁殖飼養，作為寵物及科學研究之用。

世界各地

以柔軟的材料築巢 ●

繁殖力強
鼷鼠的幼仔出生時全身無毛，且眼睛、耳朵均未張開。平均每胎產 3-8 隻幼仔，在食物豐碩的年頭，一年可產 10 胎。

● 鼻子尖

背部灰黑色到紅棕色 ●

成群覓食
鼷鼠的食物種類繁多，從植物嫩芽到各式種子，如小麥、燕麥、大麥及粟米等，也包括人類的食物。

尾巴無毛 ●

臀部毛髮較短 ●

社群型態：群居	妊娠期：18-24 日	每胎幼仔數：3-8	食物：

| 科：鼠科 | 學名：*Micromys minutus* | 野生現況：瀕危風險低 |

歐亞巢鼠（Eurasian Harvest Mouse）

歐亞巢鼠體型小而優雅，背部黃棕色或紅棕色，腹部白色。擅長攀爬，後肢比前肢長，尾巴長而無毛，且具抓握力。以種子、農場穀物、漿果、蜘蛛和昆蟲爲食，日夜都會覓食。圓球形的鼠窩築在距離地面50-130公分高的灌木叢或草叢中，以撕裂的禾草築成；也常以鳥巢爲基礎築窩。當食物短缺時，也會以幼仔爲食。

體型：體長5-8公分，尾長4.5-7.5公分。

分布：歐洲到日本。活動於田野、庭園、濕地、草原及潮濕熱帶森林的邊緣。

附註：爲舊大陸齧齒動物中，尾巴唯一具抓握力的成員。

歐亞大陸

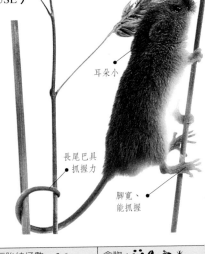

耳朵小

長尾巴具抓握力

腳寬、能抓握

| 社群型態：獨居 | 妊娠期：21日 | 每胎幼仔數：2-6 | 食物： |

| 科：鼠科 | 學名：*Acomys minous* | 野生現況：受威脅 |

克里特刺毛鼠（Spiny Mouse）

只出現在歐洲的克里特島，最初可能是隨船隻從非洲來此。爲夜行性動物，背部和尾巴有不具彈性的刺毛，毛皮爲黃、紅、棕或深灰色。能快速蛻去尾巴以便逃離追捕。喜歡群居，會築簡單基本的窩，其他雌性還會協助母鼠生產，幫忙清理幼仔並咬斷臍帶。

體型：體長9-12公分，尾長9-12公分。

分布：克里特島。活動於乾燥地區。

附註：妊娠期長達5-6週；幼仔出生時已發育至相當程度。

克里特島

背部具粗糙刺毛

尾巴披有刺毛

耳朵大而挺立

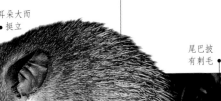

吻部狹小突出

| 社群型態：多變 | 妊娠期：35-42日 | 每胎幼仔數：1-5 | 食物： |

| 科：鼠科 | 學名：*Notomys alexis* | 野生現況：常見 |

刺草澳洲小跳鼠（ SPINIFEX HOPPING MOUSE ）

澳洲

在當地俗稱爲「達加瓦拉鼠」，棲息在多刺的濱刺草叢生的沙漠環境中。可從食物中獲得身體所需的全部水分，因此不須飲水。也運用多種方法避免脫水，包括製造高濃度尿液、白天在深入地底的巢穴中棲息、成群睡在一起以提高濕度，及只在夜間進食等。喜歡群居，每群約有 10 隻成員，公鼠、母鼠和幼仔共用一個巢穴。

體型：體長 9-18 公分，尾長 12.5-23 公分。

分布：澳洲西部及中部。活動於沙丘、草原、石南叢和林地。

附註：爲分布範圍最廣的跳鼠，足跡遍布澳洲各地有沙質土壤覆蓋的廣大地區。

耳朵大

褐棕色至煙棕色毛皮

尾巴長

窄小修長的後腳

| 社群型態：群居 | 妊娠期：32-34 日 | 每胎幼仔數：1-9 | 食物： |

| 科：鼠科 | 學名：*Cricetomys gambianus* | 野生現況：常見 |

非洲巨頰囊鼠（ GIANT POUCHED RAT ）

大型的夜行性老鼠，喜歡濕潤多汁的食物，從白蟻到酪梨、塊莖到玉米，種類繁多。會把食物存放在巨大的頰囊中，也會帶回地穴中存放。地穴結構相當複雜，具有用來儲藏食物、休息、繁殖和排泄等不同功能的穴室，雌雄分別使用不同地道。剛硬的毛髮淡呈黃棕色，喉部、腹側和腹部則褪成白色，眼睛周圍有深棕色眼圈，棕色尾巴毛髮稀少，末端常呈白色。發達的後腳使牠善於跳躍。

體型：體長 35-40 公分，尾長 37-45 公分。

分布：西非、中非、東非及南非。活動於疏林草原到常綠森林中。

附註：人類飼養爲食，或作寵物。魯文卓里（Ruwenzori）山區的人用牠的皮來製作煙草袋。

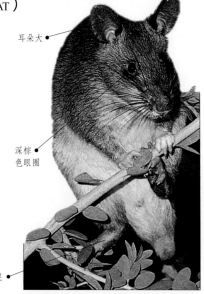

耳朵大

深棕色眼圈

後腳發達

非洲

| 社群型態：多變 | 妊娠期：32-42 日 | 每胎幼仔數：2-4 | 食物： |

科：鼠科	學名：*Rattus norvegicus*	野生現況：常見

褐鼠（Brown Rat）

也稱爲「大鼠」或「挪威鼠」，由於感官敏銳、靈活度高、食物種類多變，又是機會主義覓食者，因此能夠廣布於世界各地。毛皮爲棕色到灰棕色或黑色，眼睛和耳朵較小，長尾巴幾乎無毛。褐鼠擅長游泳、潛水和攀爬，一個晚上即能遊走 3 公里遠，用敏銳的嗅覺獵尋食物。這種夜行性或於晨昏覓食的鼠類基本上是草食性動物，主要以種子、果實、植物和樹葉爲食，但也會獵捕魚類、蝸牛和水生昆蟲。褐鼠群個體數可達 200 隻之多，由體型較大的公鼠領導，也會捕捉兔子、家禽和其他大型鳥類。公鼠會防禦領域，並用體味標示領域及辨識鼠群成員。母鼠會以草、葉、紙、破布或各種材料築巢，繁殖頻率很高。

體型：體長 20-28 公分，尾長 17-23 公分。

分布：世界各地，極地除外，較寒冷的地區更爲常見。活動於河岸、田野及人類居住環境，包括污水排放管道。

世界各地

優游水中
褐鼠非常擅長游泳和潛水，經常出沒於河岸邊和污水處理系統中。游泳時用尾巴保持平衡。會獵捕魚類、螯蝦、蝸牛和水生昆蟲，並以銳利的牙齒咬碎獵物。

實驗鼠
褐鼠是作爲科學研究及寵物而培育的老鼠始祖，人工培育品種有黑白雙色或白色。

身體強健 ●   毛皮灰棕色至棕色 ●   鼻子短 ●

● 尾巴無毛

社群型態：群居	妊娠期：22-24 日	每胎幼仔數：6-9	食物：

科：鼠科	學名：*Rattus rattus*	野生現況：常見

黑鼠（Black Rat）

即家鼠；在羅馬時代初期，黑鼠隨貨船從亞洲散播到世界各地，因此也稱爲「船鼠」。體型修長，毛皮黑色，腳爲粉白色，腹部灰色至白色，尾巴非常長。在夜間及晨昏活動，偏好植物性食物，但也會覓食昆蟲、排泄物、垃圾和腐肉。以 20-60 隻成群活動，並會與狗等較大型的動物正面對抗。母鼠常在屋頂空洞處以草或其他材料築巢。

體型：體長 16-24 公分，尾長 18-26 公分。

分布：世界各地，常見於地中海地區。活動於人類群居地、港口和農場。

附註：因身上帶有會傳染瘟疫的跳蚤而惡名遠播。

世界各地

耳朵大　吻部短

尾巴比身體長

社群型態：多變	妊娠期：20-24 日	每胎幼仔數：4-10	食物：

科：鼠科	學名：*Hydromys chrysogaster*	野生現況：地區性常見

金腹水鼠（Australian Water Rat）

爲澳洲體重最重的原生齧齒動物，體型大小如兔，這種水鼠的後腳寬、趾間有蹼，因此能長期生活在水生環境中。背部棕色至灰色，腹部棕色至金黃或乳白色，長而鈍的吻部有濃密的觸鬚，粗尾巴末端爲白色。於清晨和黃昏時刻活動，擅長獵捕殼貝類（會用門牙加以撬開）、水蝸牛、魚類、蛙類、龜及鳥、鼠類，乃至蝙蝠。

體型：體長 29-39 公分，尾長 23-33 公分。

分布：新幾內亞、澳洲、塔斯馬尼亞島。活動於湖泊、溪流、海岸線；需要水源不斷的棲所，且偏好有人居住的環境。

附註：爲澳洲的保育類動物。

澳大拉西亞

毛皮灰棕色

尾巴末端白色

長而鈍的吻部上具濃密觸鬚

社群型態：獨居	妊娠期：35 日	每胎幼仔數：1-7	食物：

| 科：睡鼠科 | 學名：*Glis glis* | 野生現況：瀕危風險低 |

大睡鼠 (EDIBLE DORMOUSE)

和松鼠一樣，尾巴毛髮濃密，站姿呈半立姿；毛皮棕色到銀灰色，腹部白色，眼睛有黑斑。棲息在林地和戶外小屋中，在樹洞及屋頂裂縫中築巢。秋天開始累積脂肪，以便在又大又深的巢中冬眠。和其他睡鼠一樣，也以吱吱的叫聲進行溝通，生活在沒有社會階級的鬆散群集中，但母鼠懷孕時則會獨居。

體型：體長 13-20 公分，尾長 10-18 公分。

分布：南歐及中歐、小亞細亞、高加索和伊朗西北部。活動於落葉森林及混生林中。

附註：古羅馬人飼養爲食，所以有「食用睡鼠」之名。

歐亞大陸

如松鼠般多毛的尾巴

深色眼斑

| 社群型態：群居 | 妊娠期：30-32 日 | 每胎幼仔數：2-11 | 食物： |

| 科：睡鼠科 | 學名：*Muscardinus avellanarius* | 野生現況：瀕危風險低 |

歐洲睡鼠 (COMMON DORMOUSE)

也稱爲褐睡鼠，和鼴鼠一樣小，毛皮黃棕色或紅棕色，腹部白色，臀部帶黃色。遭掠食者逮住時，尾巴皮膚可以脫落。爲攀爬及跳躍高手，也是經過特化的季節性覓食專家，春天以花、蠕蟲、鳥蛋爲食，夏天以種子和果實爲食，秋天則吃堅果。

體型：體長 6.5-8.5 公分，尾長 5.5-8 公分。

分布：地中海地區（阿拉伯半島除外）到瑞典南部，東至俄羅斯。

附註：和其他睡鼠一樣會多眠，英文的「dor」意指「去睡覺」。

耳朵短

歐洲

尾巴毛髮濃密

肉色的鼻子

| 社群型態：獨居 | 妊娠期：22-24 日 | 每胎幼仔數：2-7 | 食物： |

科：跳鼠科	學名：*Allactaga tetradactyla*	野生現況：瀕臨絕種

四趾跳鼠（FOUR-TOED JERBOA）

後腳第四根腳趾退化，因而得名。其他特徵都與典型跳鼠一樣，具有兔子般的長耳朵，及擅長跳躍的修長後腿。毛皮具黑色和橘色斑點，體側灰色，臀部橘色，腹部則為白色。長尾巴具有平衡作用，羽毛狀的白色尾端前有黑色色塊。行動敏捷，為夜行性的穴居者，會在地道中躲避正午的烈日。

體型：體長 10-12 公分，尾長 15.5-18 公分。

分布：北非。活動於鹽沼、海岸及鄰近荒蕪田野的黏土沙漠。

附註：生存因沙漠開墾而受到威脅。

非洲

兔耳般的耳朵

白色尾端前具有黑色斑塊

腹側灰色

社群型態：獨居	妊娠期：25-42 日	每胎幼仔數：2-6	食物：

科：跳鼠科	學名：*Jaculus jaculus*	野生現況：常見

沙漠跳鼠（DESERT JERBOA）

後腿長，後腳的 3 根趾頭都有毛髮為墊，能以高速在沙質土壤上跳躍；長尾巴則有平衡作用。背部毛髮棕橘色，體側灰橘色，腹部白色。會挖掘擁有許多緊急出口的地穴，並將出口塞住，以阻隔熱氣和掠食者。會在夜間活動很長的距離，並洗沙澡以保持毛皮乾淨。

體型：體長 10-12 公分，尾長 16-20 公分。

分布：北非到西亞。活動於有鬆散沙石的坡地、沙漠及礫石平原。

非洲、亞洲

後腿修長

白色尾端前方具黑色斑塊

社群型態：獨居	妊娠期：不詳	每胎幼仔數：4-10	食物：

| 科：豪豬科 | 學名：*Hystrix africaeaustralis* | 野生現況：常見 |

南非豪豬（CAPE PORCUPINE）

這種身材粗壯的豪豬是非洲南部最大型的囓齒動物，背部毛皮深棕色到黑色，具有圓柱形的粗刺，其間散布著普通毛髮。刺的末端白色，中間則是棕白色帶相間，越向臀部刺越濃密。儘管一般相信南非豪豬能將刺射出，事實卻不然。當牠受到騷擾或威脅時，會將刺挺起，以倒退的方式展開攻擊；刺極易脫離，戳入敵人皮肉內將導致疼痛萬分。會以呼嚕聲、尖叫聲或晃動刺等方式進行溝通。雄性會幫忙照顧幼仔。

體型：體長約 63-80 公分，尾長約 10.5-13 公分。

分布：中非到南非。活動於多種生態環境中，特別是在有矮灌木生長的多岩、多山丘地區。

附註：能有效抵抗獅子、獵豹及鬣狗等較大型動物，但因毀壞農作物而遭人類大量獵殺、捕食。

非洲

掘穴覓食
南非豪豬是挖掘地穴的高手，利用敏銳的嗅覺在夜間覓食，為了覓食可遊走達 15 公里遠。會獨居、成對或小群一起生活；白天在洞口狹小的山洞或石縫中棲息。

刺的末端
為白色

毛皮黑色

觸鬚長
而粗

頸部
具白色斑紋

短腿覆
滿剛毛

| 社群型態：多變 | 妊娠期：6-8 週 | 每胎幼仔數：1-4 | 食物： |

| 科：美洲豪豬科 | 學名：*Erethizon dorsatum* | 野生現況：常見 |

北美豪豬（NORTH AMERICAN PORCUPINE）

會發出呻吟聲、咕嚕聲、噬鼻聲、打呼聲、嘎吱聲、嗚咽聲、呼呼聲及格格聲等，聲音比其他豪豬更多變，在初冬的交配季節尤其如此。刺為黃白色，末端黑色或棕色，並會在頭部形成高達 8 公分的頭冠。身材矮小結實，四肢短小，但足部大而腳底無毛，腳有爪以增加抓地力。於夜間活動，經常爬樹；冬天以柔軟的樹皮和針葉樹的針葉為食，夏天則攝取植物根部、莖部、葉、種子、花和水生植物。視力中等，但嗅覺與聽覺非常敏銳。多半獨居，但也會數隻群聚在一個洞穴中過冬，或一起躲藏在森林中。

長刺形成的頭冠

具黃色刺和棕色毛皮

體型：體長 65-80 公分，尾長 15-30 公分。

分布：加拿大、美國及墨西哥北部。活動於溫帶森林和凍原，主要在河岸地區。

北美洲

| 社群型態：獨居 | 妊娠期：205-217 日 | 每胎幼仔數：1 | 食物： |

| 科：美洲豪豬科 | 學名：*Coendou prehensilis* | 野生現況：地區性常見 |

捲尾豪豬（PREHENSILE-TAILED PORCUPINE）

這種強壯的大型豪豬幾乎完全樹棲，能利用具抓握力的肉色尾巴，及具有彎爪、底部無毛的腳緩慢地爬上樹枝。身上大都布滿末端黑色的黃色刺或白色刺，但腹側完全赤裸。白天躲藏在濃密的葉叢、樹幹凹洞或地面上。於黃昏覓食，夜間會行走數百公尺遠以尋找另一棵新樹。能用多種聲音進行溝通，孤立的個體會發出呻吟聲與其他同類取得聯繫。

體型大而厚實

黃色及白色的刺

體型：體長 52 公分，尾長 52 公分。

分布：南美洲北部和東部。活動於熱帶森林之中。

附註：尾巴和身體大致等長。

腳底無毛

南美洲

| 社群型態：獨居 | 妊娠期：195-210 日 | 每胎幼仔數：1 | 食物： |

科：豚鼠科	學名：*Cavia aperea*	野生現況：常見

豚鼠（GUINEA PIG）

又稱「天竺鼠」，是體型最小的豚鼠超科動物，也是家豚鼠（*Cavia porcellus*）的祖先。豚鼠科的 5 個成員特徵都是頭大、吻鈍、腿短、無尾，前肢有 4 根趾頭，後肢則有 5 根。毛髮通常為深灰棕色，但有些幾乎是黑色。豚鼠是夜行性動物，棲息於草原；會共享覓食通道，但分居在不同巢穴中。

體型：體長 20-30 公分，無尾。

分布：南美洲西北部到東部。活動於乾燥的疏林草原、灌木區和山區。

附註：新生幼仔攝食固體食物，出生後即能行走。

編按：豚鼠超科包含豚鼠科、水豚科及蹄鼠科。

身體矮胖結實

毛皮長而粗糙

南美洲

社群型態：群居	妊娠期：60 日	每胎幼仔數：1-4	食物：🌿🌱⋮⋮

科：豚鼠科	學名：*Dolichotis patagonum*	野生現況：瀕危風險低

兔豚鼠（MARA）

又稱「巴塔哥尼亞豚鼠」，不僅體型異常龐大，腿也較為修長，外表似鹿。幼仔的行為以及撫養幼仔的方式，也與有蹄動物的成獸較接近，而和嚙齒動物的習性差異較大。背部棕橘色，頸部有衣領形的白色斑塊，短尾巴鑲有白邊。口鼻部長、具有深色硬毛，眼睛和耳朵大。成年的兔豚鼠是奔跑、跳躍和掘土好手。雌雄成對一起在草地及矮灌木中食草，撫育幼兒期間還會成群聚集。母獸會為幼仔挖掘大型地穴。

體型：體長約 43-78 公分，尾長約 2.5 公分。

分布：阿根廷中部及南部。活動於南美洲彭巴草原。

附註：雌雄配對終生，這在嚙齒動物中很少見。

耳朵長

南美洲

背部棕橘色

腹部顏色較淡

尾巴短

腿部修長

社群型態：成對	妊娠期：70-80 日	每胎幼仔數：1-3	食物：🌿🌱

| 科：水豚科 | 學名：*Hydrochaerus hydrochaeris* | 野生現況：常見 |

水豚（CAPYBARA）

為世界上最大型的齧齒動物，極擅長游泳和潛水，眼睛、鼻孔和耳朵都在頭部上方，腳趾間部分有蹼。幼仔新生時全身覆毛，出生後幾小時內就能跑步、游泳和潛水。群集中混雜著成對的雌雄成獸，較龐大的群集則會由 1 隻雄性領導，以防衛領域，並四處尋找新的食草地。於晨昏時刻覓食，有時也會掠奪農作物，正午烈焰當頭時會在水中打滾。

體型：體長 1-1.3 公尺，尾巴退化。

分布：南美洲北部及東部。活動於鄰近水邊的低地，包括有林蔭的河岸、濕地以及紅樹林沼澤區。

南美洲

耳朵小而圓

毛髮深棕至淡棕色，略帶黃色

腳爪形似蹄

| 社群型態：多變 | 妊娠期：150 日 | 每胎幼仔數：1-8 | 食物： |

| 科：刺豚鼠科 | 學名：*Dasyprocta azarae* | 野生現況：受威脅 |

南美刺豚鼠（AZARA'S AGOUTI）

體型大而強健，全身具淡棕色至棕色斑點，有時腹部帶有黃色。四肢短而特別，因為前腳有 5 根趾頭，後腳卻只有 3 根。具有突出的眼睛、鼻孔和嘴唇。警戒時會發出吠聲，並豎起臀部毛髮，使身體看來更龐大。

體型：體長 50 公分，尾長 2.5 公分。

分布：巴西中部及南部、巴拉圭東部及阿根廷東北部。活動於熱帶森林、河岸及紅樹林沼澤區。

附註：常遭人類獵食。

眼睛大如珠

身體淡棕色至棕色

嘴唇大

南美洲

| 社群型態：多變 | 妊娠期：120 日 | 每胎幼仔數：1-2 | 食物： |

科：兔豚鼠科	學名：*Agouti paca*	野生現況：常見

斑豚鼠（Paca）

方形頭部

現存最大的囓齒動物之一，這個游泳專家白天在棲所中休憩，晚上才出來覓食。背部棕、紅或淺灰色，兩側各有 4 條斑點組成的條紋，腹部白色或淡黃，尾巴細小。有時會為人類所獵食，或因狩獵運動而加以獵殺。

體型：體長約 60-80 公分，尾長約 1.5-3.5 公分。

分布：墨西哥南部到南美洲東部。活動於熱帶森林，特別是接近水域的地區中。

北美洲、南美洲

社群型態：獨居	妊娠期：114-119 日	每胎幼仔數：1	食物：

科：中南美洲巨鼠科	學名：*Capromys pilorides*	野生現況：瀕臨絕種

古巴巨鼠（Desmarest's Hutia）

吻部鈍　　　後半身非常健壯

這種夜行性囓齒動物形似田鼠，頭部大，鼻子鈍，身體結實，四肢短。具強壯的錐形長尾巴和銳利的彎爪，因此在樹上覓食時能握緊樹枝。

體型：體長 55-60 公分，尾長 15-26 公分。

分布：古巴群島。活動於熱帶森林中。

附註：多數巨鼠都面臨嚴重生存威脅，或已瀕臨絕種。

加勒比海群島

社群型態：獨居／成對	妊娠期：120-126 日	每胎幼仔數：1-4	食物：

科：絨鼠科	學名：*Lagostomus maximus*	野生現況：瀕臨絕種 *

大絨鼠（Plains Viscacha）

背部灰棕色　　　臉部具黑白相間的條紋

這種囓齒動物是絨鼠科中體型最大的成員，頭部粗大，四肢強壯。以 20-50 隻組成嘈雜的群集；於夜間覓食，會在牧場中挖掘地道系統，並在出入口堆疊小枝、石頭和骨頭，因而對牧場造成損害。

體型：體長約 47-66 公分，尾長約 15-20 公分。

分布：南美洲南部。活動於彭巴草原和灌木叢區。

南美洲

社群型態：群居	妊娠期：153 日	每胎幼仔數：1-4	食物：

科：絨鼠科	學名：*Chinchilla lanigera*	野生現況：受威脅

絨鼠（CHINCHILLA）

具有柔軟如絲的毛皮，可抵禦高山酷寒，但也因此長年遭人類獵殺與飼養，面臨嚴重的危機。如今雖列入保育，非法盜獵仍不斷發生。背部毛皮銀灰藍色，腹部乳白或黃色，尾巴上側具灰色與黑色長毛。野生的絨鼠會在多岩的環境中群聚，形成超過 100 隻個體的群集，通常棲息在山洞或岩石縫隙中。於夜間活動，覓食各種植物性食物，特別是富含纖維質的禾草與樹葉；進食時會用前掌握住食物。絨鼠常用後腳支撐挺身蹲坐，並隨時偵查四周環境。受威脅時會用後腿挺直身體，用力向敵人吐口水。冬季繁殖期間，母絨鼠會彼此互相攻擊。

體型：體長 22-38 公分，尾長 7.5-15 公分。
分布：智利西部。活動於安地斯山脈。

南美洲

迷你寵物
兩隻絨鼠在洗沙澡（上圖）；牠們在野外也會進行這種儀式。可愛的外表和友善的性情，使這種小齧齒動物成為廣受歡迎的寵物。

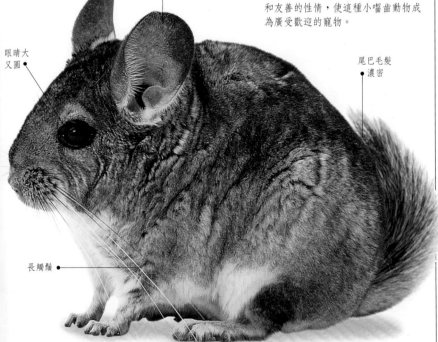

● 圓耳朵

眼睛大
又圓 ●

尾巴毛髮
● 濃密

長觸鬚 ●

後腿長，擅跳躍 ●

社群型態：群居	妊娠期：111 日	每胎幼仔數：2-4	食物：🌿🌱

| 科：美洲巨水鼠科 | 學名：*Myocastor coypus* | 野生現況：常見 |

美洲巨水鼠（Coypu）

外型像河狸，但具有鼠類的尾巴，這種夜行性嚙齒動物的眼睛、鼻孔和耳朵位置較高，能適應水生環境。嘴唇在門牙後閉合，因此在水中也能啃食；尾巴長而圓，後腳有蹼。游泳速度快，以水生植物爲主食，但也攝取紫花苜蓿、稻、黑麥、禾草及落羽杉幼苗等；用前掌抓握食物進食。具高度社群性，家族成員共同棲息在河岸的地道中，並以口腔和肛門腺體的分泌物來標示領域範圍。會在河岸修築平台巢穴，幼仔出生後，雄性還會在巢穴附近守衛。

體型：體長47-58公分，尾長34-41公分。

分布：智利、阿根廷、烏拉圭、巴西南部、巴拉圭及玻利維亞。活動於河流、湖泊附近。

附註：原產於南美洲，後來引入北美洲及歐洲進行繁殖，以取得牠身上濃密的棕色毛皮。如今也有從圈養環境逃脫而衍生的野生族群。

南美洲

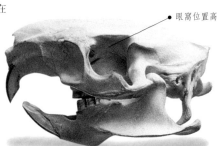

眼窩位置高

側面似河狸
美洲巨水鼠的頭顱和河狸有許多相似處：頭部扁而龐大，上顎突出，銳利的門牙突出於嘴唇前方。

後腿及臀部呈拱形

頭部大

口鼻部呈錐形

前腳具強而有力的爪

尾巴長而圓

| 社群型態：群居 | 妊娠期：127-139日 | 每胎幼仔數：1-12 | 食物： |

| 科：豎毛鼠科 | 學名：*Octodon degus* | 野生現況：地區性常見 |

南美豎毛鼠（Degu）

這種棲居山區的嚙齒動物，外型像隻強壯的大老鼠，背部毛皮黃棕色，腹部乳白色。通常頸部有黃色環紋，眼睛上下各有一道黃色的眼瞼狀毛紋。群集聚居在複雜的地穴系統中，並在出入口堆疊樹枝、石頭和糞便。以多種植物為食，旱季時也會以牛糞為食。

體型：體長 25-31 公分，尾長 7.5-13 公分。

分布：智利西部。活動於安地斯山脈。

附註：遭掠食者捕獲時，能輕易斷尾而逃。

南美洲

背部黃棕色

眼睛四周具黃色「眼瞼」紋

尾巴具簇毛，末端黑色

腳淡灰色到白色

| 社群型態：多變 | 妊娠期：90 日 | 每胎幼仔數：4-6 | 食物： |

| 科：隱鼠科 | 學名：*Heterocephalus glaber* | 野生現況：地區性常見 |

裸隱鼠（Naked Mole Rat）

全身無毛，鬆垮的皮膚呈粉紅灰色，耳朵退化，眼睛細小。這種外表獨特的夜行性嚙齒動物具有獨特的社群型態，以 70-80 隻聚集成群，由一隻母鼠為「鼠后」負責繁殖，並有數隻非工鼠伺候；工鼠則以頭尾相接形成挖掘連隊，分布在從中央穴室向四方散出、長達 40 公尺的覓食長廊中。

體型：體長 8-9 公分，尾長 3-4.5 公分。

分布：東非。活動於氣溫穩定的乾燥地區。

附註：裸隱鼠生活在地底，只有在要遷居到另一個聚居地時，才會來到地面。

非洲

身體粉紅灰色，毛髮稀少

尾巴長而圓

門牙長

趾頭具厚爪

| 社群型態：群居 | 妊娠期：66-74 日 | 每胎幼仔數： | 食物： |

鯨豚：齒鯨與海豚

齒 鯨和海豚包括了鼠海豚、河豚、海豚、白鯨及抹香鯨等，共計有 71 種成員，占所有鯨豚類中將近十分之九的種類。

齒鯨與海豚和鯨類一樣，擁有流線造型的身軀；除了具有背鰭、胸鰭和尾鰭外，所有成員還擁有鬚鯨（見 204 頁）所沒有的牙齒，不過其中有些喙鯨（喙鯨科）成員的牙齒幾乎沒有突出於牙床。齒鯨和海豚的鼻孔演化成單一的「噴氣孔」，通常位於頭頂。

許多齒鯨具有加長的頜骨，使嘴巴前端形成「喙」狀，且前額隆起，形成所謂的「額隆」，負責收集並傳遞聲波，以便尋找獵物及航行；有些社群性鯨豚也利用聲波來進行溝通。

科：鼠海豚科	學名：*Phocoena phocoena*	野生現況：受威脅

港灣鼠海豚（Harbour Porpoise）

這種身材結實的小型鼠海豚，頭部圓形而無嘴喙，牙齒小而銳利。胸鰭黑色，胸鰭到下顎間有一道深色條紋。背鰭前緣有時會有一排圓形小隆突，稱為「節瘤」（見右圖）。大都單獨在海床上，尋找海潮強烈、容易捕獲獵物的地區覓食；但當獵物集中出現時，也有上百隻港灣鼠海豚聚集的情形。對人類敬而遠之，極少接近船隻。雌性體型比雄性大。雖然分布範圍廣闊，也可見到大型群集，卻仍列入生存受威脅的物種名單中，主因不在於虎鯨或大白鯊等天敵的威脅，而來自人類活動的干擾，最大死亡因素是受困於水底漁網而致死。

體型：體長 1.4-2 公尺，體重 50-90 公斤。

分布：北太平洋及北大西洋。活動於外海及海岸沿線。

附註：雖然體型較小，但有時也可潛水超過 200 公尺深。

太平洋、大西洋

背鰭前緣具圓形突起，稱為節瘤

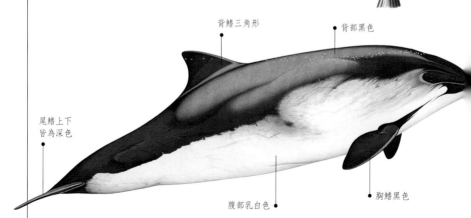

背鰭三角形

背部黑色

尾鰭上下皆為深色

腹部乳白色

胸鰭黑色

社群型態：多變	妊娠期：10-11 個月	每胎幼仔數：1	食物：

| 科：鼠海豚科 | 學名：*Phocoena sinus* | 野生現況：嚴重瀕危 |

加灣鼠海豚（Gulf of California Porpoise）

有個俗名 Vaquita，意思是小牛。體型小，背部深色，眼睛和嘴巴四周有深色斑紋，胸鰭到下巴間有灰色條紋。分布範圍有限，所以極易因開採油礦、污染及商業性捕魚等人類活動而遭受威脅。目前數量可能僅存不到 800 隻。

體型：體長 1.5 公尺，體重 48 公斤。

分布：加利福尼亞灣岬角。活動於淺水區。

附註：可能是體型最小的鯨豚類。

太平洋

背部灰色到深灰色

腹部淺灰到白色

| 社群型態：多變 | 妊娠期：不詳 | 每胎幼仔數：1 | 食物： |

| 科：鼠海豚科 | 學名：*Neophocaena phocaenoides* | 野生現況：地區性常見 |

露脊鼠海豚（Finless Porpoise）

因為沒有背鰭，所以很難發現牠的蹤跡。和其他鼠海豚一樣，也很少躍出水面，但和許多鯨魚一樣，會把身體垂直挺直，將頭完全揚升出水「浮窺」。前額如海豚般有一隆突，噴氣孔後方有凹陷，吻部略有喙。

體型：體長 1.5-2 公尺，體重 72 公斤。

分布：阿拉伯海、孟加拉灣、南海及東海。活動於沿岸水域。

印度洋、太平洋

背部有隆脊

略具喙

尾鰭末端尖

腹部淺色

| 社群型態：多變 | 妊娠期：不詳 | 每胎幼仔數：1 | 食物： |

| 科：鼠海豚科 | 學名：*Phocoenoides dalli* | 野生現況：瀕危風險低 |

白腰鼠海豚（Dall's Porpoise）

這種鼠海豚身體很寬，相較之下，頭部和胸鰭顯得很小。全身黑色，但兩側有白色色塊，尾鰭和背鰭末端白色。常由小型群集匯聚成上千隻的大群集，游速有時可達時速 55 公里。

體型：體長 2.2-2.4 公尺，體重 170-200 公斤。

分布：北太平洋地區。活動於海岸或外海水域。

附註：每年有上千隻在日本北部遭到獵殺。

太平洋

背鰭末端常呈白色

兩側腹側有白色色塊

| 社群型態：群居 | 妊娠期：7-12 個月 | 每胎幼仔數：1 | 食物： |

科：亞馬遜江豚科	學名：*Inia geoffrensis*	野生現況：受威脅

亞馬遜江豚（AMAZON RIVER DOLPHIN）

也稱爲「波托」，眼睛非常小，棲息在混濁的淺水域中，會用修長的嘴喙在泥沙中戳刺獵物，並運用回聲定位搜尋航向和食物。用前排如釘子般的牙齒捕捉獵物，而以後排的臼狀牙齒磨碎螃蟹、甲鯰、烏龜等。體型豐滿，毛皮有鮮粉紅色、藍灰或淺灰白色等顏色，背部有脊狀隆突取代背鰭。

體型：體長 2-2.6 公尺，體重 100-160 公斤。

分布：亞馬遜河及奧利諾科河
（Orinoco）流域。活動於
湖泊與河流中。

南美洲

背部具三角
形隆突

眼睛小

尾鰭寬大

粉紅色爲成熟
個體的典型色彩

胸鰭邊緣
不平整

頸部靈活

社群型態：多變	妊娠期：10-11 個月	每胎幼仔數：1	食物：

科：拉河豚科	學名：*Lipotes vexillifer*	野生現況：嚴重瀕危

白鱀豚（CHINESE RIVER DOLPHIN）

也稱爲白鰭豚，「白鱀」則是中國地方方言名稱。這種稀有物種大都在夜間和清晨，利用靈活的頸部及細長的嘴喙，在河床上挖掘獵物。眼睛小且發育不全，因此利用觸覺及回聲定位在水中航行。容易受驚擾，行蹤難測；約 2-6 隻群聚生活。生存面臨多項威脅，例如因人類過度捕魚而缺乏獵物、遷移路線遭遇水壩阻擋、化學污染、與船隻碰撞、船隻引擎噪音干擾回聲定位功能等。雖然自 1949 年起列入保育，仍遭非法獵食，或將其身體各部位製成中藥。

體型：體長 2.2-2.5 公尺，體重 125-160 公斤。

分布：長江中游及下游。活動於河川及其相連湖泊。

附註：現存不到 150 隻。

亞洲

嘴喙修長，略上彎

背部及側
面藍灰色

尾鰭中央有
明顯凹痕

腹部淡乳白色

社群型態：獨居	妊娠期：10 個月	每胎幼仔數：1	食物：

科：恆河豚科	學名：*Platanista gangetica*	野生現況：瀕臨絕種

恆河豚（GANGES RIVER DOLPHIN）

這種罕見的淡水河豚胸鰭特別寬大，嘴喙修長，牙齒外露，咬合時恰好形成獵物的牢籠。頸部靈活，能夠轉動90°角，以便挖尋獵物，並利用回聲定位來掃描環境。儘管分布於印度河和恆河流域的族群外觀完全一樣，但仍分屬不同亞種，兩者都以4-6隻群聚生活，群集偶爾可多達30隻以上。

體型：體長2.1-2.5公尺，體重85公斤。

分布：巴基斯坦和印度，遍布印度河、恆河、布拉馬普得拉河（Brahmaputra）等河川流域。活動於淡水河中。

附註：唯一沒有眼睛水晶體的鯨豚類，所以缺乏視力。

亞洲

尾鰭大而寬

背部有三角形
脊狀隆突

唇線上揚

不平整的
槳形胸鰭

腹部粉紅色

社群型態：多變	妊娠期：8-12個月	每胎幼仔數：1	食物：

科：海豚科	學名：*Lagenorhynchus obscurus*	野生現況：地區性常見

暗色斑紋海豚（DUSKY DOLPHIN）

體型小而結實，體色紋路複雜多變，但背部主要顏色仍為深灰至藍黑色，腹部為淺灰或白色，腹背之間有一條末端漸細的灰色條紋，將兩區顏色加以區隔；兩邊腹側上還飾有叉形淺色塊。共有3個亞種，分別為南美洲外海的*L. obscurus fitzroyi*、南非外海的*L. obscurus obscurus*，以及紐西蘭外海尚未命名的亞種。暗色斑紋海豚日夜都會活動，以大洋中小型成群的魚類和烏賊為食，在海面上和深海中都能捕獲獵物。

體型：體長1.7-2.1公尺，體重70-85公斤。

分布：南美洲西部及南部、非洲南部及紐西蘭。
活動於海岸及大陸棚水域中。

南美洲、非洲、
紐西蘭

黑色背部及白
色腹部間有淺
灰色條紋

頭部漸
呈錐形

背鰭高
而彎曲

腹側具叉形
淺色斑紋

嘴唇黑色

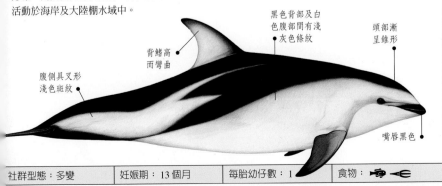

社群型態：多變	妊娠期：13個月	每胎幼仔數：1	食物：

科：海豚科	學名：*Lagenorhynchus obliquidens*	野生現況：常見

太平洋斑紋海豚（PACIFIC WHITE-SIDED DOLPHIN）

和暗色斑紋海豚（見185頁）相似，但側面是一連續線條，而非叉形的淡色斑紋。前額從噴氣孔到嘴喙的曲線平順。會作空中表演，喜歡群居，常與其他鯨豚同時出現。於黃昏、夜間和清晨進食。

體型：體長2.1-2.5公尺，體重75-90公斤。

分布：北太平洋。活動於大陸棚及深海中。

背鰭高而彎曲

太平洋

胸鰭邊緣深色

腹部淺色

斑紋自尾巴延伸到眼睛上方

社群型態：群居	妊娠期：10-12個月	每胎幼仔數：1	食物：

科：海豚科	學名：*Lagenorhynchus albirostris*	野生現況：常見

白喙斑紋海豚（WHITE-BEAKED DOLPHIN）

強健結實的大型海豚，是個特技表演泳將，常跟隨船隻在船首乘浪。粗短的嘴喙和圓鼓的額隆相連處形成明顯的角度。背鰭、尾鰭、胸鰭和腹側下側皆為黑色，與淺色的腹部、嘴喙及側面條紋形成強烈對比。過去因肉質和油脂而遭獵捕，如今仍有陷入漁網而亡的危險。

體型：體長2.8公尺，體重350公斤。

分布：加拿大東部、美國東北部、格陵蘭及北歐。活動於海岸沿線及大洋中。

黑色背鰭高而彎曲

大西洋

腹部白色

輪廓分明的淡色嘴喙

社群型態：群居	妊娠期：不詳	每胎幼仔數：1	食物：

科：海豚科	學名：*Grampus griseus*	野生現況：常見

瑞氏海豚（RISSO'S DOLPHIN）

龐大的體型和無喙的頭部是辨識特徵，身體灰色，具鐮刀形長背鰭。有時會在夜間行動；也會加入其他海豚及領航鯨群的龐大隊伍中。面臨誤陷漁網而窒息死亡或吞入塑膠垃圾而噎死的危機。

體型：體長3.8公尺，體重400公斤。

分布：世界各地。活動於深海、溫帶及熱帶水域中。

背鰭大，形似鐮刀

世界各地

身體具有淺色傷斑

胸鰭長而彎曲

頭部鈍，無喙

社群型態：群居	妊娠期：13-14個月	每胎幼仔數：1	食物：

| 科：海豚科 | 學名：*Stenella longirostris* | 野生現況：瀕危風險低 |

長吻飛旋原海豚（SPINNER DOLPHIN）

這種海豚在同種內產生的外表變化之多，可能是所有鯨豚之冠。共有 3 個亞種，另有來自暹邏灣的侏儒品種。體型修長，嘴喙長而薄，雄性在肛門後方有隆突。這種具高度社會性的海豚在夜間獵食，數十隻至上千隻成群出游，經常伴隨在其他海豚、鯨類及鮪魚群旁出現。特有的飛旋跳躍動作可能與各種喀答聲、哨音和尖叫聲一樣，能藉以溝通聯繫。

體型：體長 1.3-2 公尺，體重 45-75 公斤。

分布：世界各地。活動於熱帶海洋。

附註：漁人利用牠們來協助尋找鮪魚群。在東太平洋，已有數百萬隻長吻飛旋原海豚因商業捕魚而遭獵殺。

世界各地

背鰭略彎

身材修長，背部深灰色

深色線條從眼睛延伸到胸鰭

腹側淺灰色，下方為淡色的腹部

| 社群型態：群居 | 妊娠期：10-11 個月 | 每胎幼仔數：1 | 食物： |

| 科：海豚科 | 學名：*Stenella frontalis* | 野生現況：地區性常見 |

大西洋點斑原海豚（ATLANTIC SPOTTED DOLPHIN）

這種海豚和熱帶點斑原海豚（見 188 頁）的差別，在於牠的身軀和嘴喙較粗壯，從肩部到背鰭有一道淺色斑帶。不過，牠和生長於泛熱帶的親戚一樣，初生時也不具斑點，隨著年紀增長，斑點會先出現在腹部，然後延續到背部。於夜間獵捕從深海浮升上來的魚類和烏賊，白天則以中間水域的魚類為食，或是在沙質海床上挖掘獵物。

體型：體長 1.7-2.3 公尺，體重 140 公斤。

分布：大西洋。活動於外海及海岸沿線。

附註：至今在加勒比海海域仍遭人獵食作餌。

大西洋

背部到背鰭間為灰色

斑點型態隨棲地而改變

嘴喙長而粗壯

胸鰭大，末端尖

腹部淡灰色或白色

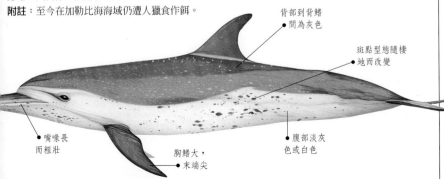

| 社群型態：多變 | 妊娠期：不詳 | 每胎幼仔數：1 | 食物： |

科：海豚科	學名： *Stenella coeruleoalba*	野生現況：瀕危風險低

條紋原海豚（STRIPED DOLPHIN）

身體的基色為藍灰色，但背部及腹側具有複雜的黑白條紋。社群性非常高，常以 10-500 隻聚集成群。當條紋原海豚疾速越洋時，會做出多種跳躍和旋轉的特技動作；常出現在遷移中的大型鯨類或船隻前方，乘浪而行。有時會有超過上千隻聚集在一起，高高躍出水面，並以哨音互相聯繫。

體型：體長 1.8-2.5 公尺，體重 110-165 公斤。

分布：世界各地。活動於熱帶及溫帶水域。

附註：雖然常見，但近年來數量有遞減現象。1990 年代初期，地中海族群曾遭病毒感染而陷入危機。

世界各地

背部藍灰色

黑色條紋從嘴喙上方延伸到肛門

淺灰色的寬條紋

腹部淡乳白色或粉紅色

社群型態：群居	妊娠期：12-13 個月	每胎幼仔數：1	食物：

科：海豚科	學名： *Stenella attenuata*	野生現況：瀕危風險低

熱帶點斑原海豚（PANTROPICAL SPOTTED DOLPHIN）

最常見的海豚之一，流線造型和大西洋點斑原海豚（見 187 頁）相似，但較為修長。具有從前額延伸到背鰭的深灰色「披肩」，腹部及腹側下方為淺灰色；成熟個體在這些部位會覆滿斑點，但因棲息環境而有不同，並隨年紀增長而斑點增多。成熟個體的嘴唇可能呈白色。群集可匯聚到上千隻，常分裂母親仔豚群、年長的幼豚群及其他較小群集等；會與鮪魚群及其他鯨豚同行，特別是長吻飛旋原海豚（見 187 頁）。

體型：體長 1.6-2.6 公尺，體重可達 120 公斤。

分布：世界各地。活動於熱帶及溫帶水域。

附註：和長吻飛旋原海豚一樣，在商業性捕鮪魚的作業過程中，連帶遭捕獲，因而死亡或受傷。

世界各地

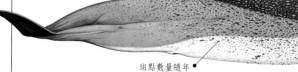

深灰色的橢圓形「披肩」

成年海豚具白色嘴唇

修長的流線造型

斑點數量隨年紀增長而增加

下側淡色

社群型態：群居	妊娠期：11-12 個月	每胎幼仔數：1	食物：

| 科：海豚科 | 學名：*Tursiops truncatus* | 野生現況：常見 |

瓶鼻海豚（BOTTLENOSE DOLPHIN）

海洋館常見的「表演家」，也是體型最大的有喙海豚。隨分布地區不同，體型和顏色變化也極大。在溫暖水域的族群平均體長 2 公尺，胸鰭、背鰭和尾鰭都較大；但在較寒冷的大洋區，體型可能達 2 倍大，但鰭肢相對較小。典型的瓶鼻海豚背部為深灰色或黑色，腹部乳白色。印度洋和西太平洋有一種鑑定為 *Tursiops aduncus* 的品種，可能也是瓶鼻海豚的一種。

體型：體長 1.9-4 公尺，體重 500 公斤。
分布：世界各地。活動於溫帶與熱帶水域。
附註：瓶鼻海豚願意與人類共游，讓人撫摸。

世界各地

嘴喙短而粗壯

背鰭大，呈鉤形

尾鰭大

胸鰭長，末端尖

| 社群型態：多變 | 妊娠期：12 個月 | 每胎幼仔數：1 | 食物： |

| 科：海豚科 | 學名：*Delphinus delphis* | 野生現況：常見 |

真海豚（COMMON DOLPHIN）

腹側有形似沙漏的黃色和灰色色斑，自臉部延伸到尾部。從下巴到胸鰭、從嘴喙到眼睛之間，都有深色條紋。游泳速度很快，會發出各種喀答聲、尖叫聲和呱呱叫聲，當牠在船首乘浪時經常可聽到。另外，有一種真海豚 *Delphinus capensis* 分布在近海水域，但兩種都在 300 公尺深的海中獵食鯡魚群和烏賊。

體型：體長 2.3-2.6 公尺，體重 80 公斤。
分布：世界各地。活動於熱帶和溫帶深海水域。
附註：真海豚在全球多處遭人類獵殺。

世界各地

背部深棕色

黃色或淡黃色色斑從嘴巴延伸到背鰭下方

淺灰色色斑

腹部白色

嘴喙狹長，額隆上有皺摺

| 社群型態：群居 | 妊娠期：10-11 個月 | 每胎幼仔數：1 | 食物： |

科：海豚科	學名：*Orcaella brevirostris*	野生現況：地區性常見

伊河海豚（IRRAWADDY DOLPHIN）

頭部圓鈍，嘴唇有稜，前額隆起，頸部有皺摺，都是這種江豚的特徵；具有複雜的肌肉結構，所以能做出各種表情。群集數不超過 15 隻，活動於淤泥堆積的河口區，有些也會沿伊洛瓦底江與湄公河逆流上游近 1,500 公里遠。

體型：體長 2.1-2.8 公尺，體重 90-150 公斤。

分布：東南亞及澳洲北部。活動於鹹水或淡水水域。

附註：有時會把魚群趕入漁網中，以接受漁夫獎勵。

亞洲、澳洲

頭部圓

尾鰭向後捲
起，末端尖

身體藍灰
色或灰色

頸部
有皺摺

社群型態：多變	妊娠期：14 個月	每胎幼仔數：1	食物：

科：海豚科	學名：*Lissodelphis borealis*	野生現況：常見

北露脊海豚（NORTHERN RIGHT-WHALE DOLPHIN）

身材纖細修長，胸鰭和尾鰭都很小，因身體呈流線造型而能快速游行。完全沒有背鰭或背部隆突，因此與同樣缺乏這些結構的北露脊鯨（見 206 頁）同名。除了腹部有白色條紋之外，身體幾乎全為黑色，但和只出現在南半球的親戚南露脊海豚（*Lissodelphis peronii*）相較，牠的白色條紋就顯得狹窄許多。性喜群聚，群集個體數可多達 100-200 隻，然後再匯聚成上千隻的大型群集。以優雅的跳躍姿態游行，經常跳出水面，隨船隻乘浪而行。有些北露脊海豚會在日本海遭到獵捕，另外許多則在日本、台灣及韓國外海遭捕烏賊的流刺網捕獲。

體型：體長可達 3 公尺，體重可達 115 公斤。

分布：北太平洋。活動於深水海域。

附註：北露脊海豚是唯一沒有背鰭的海豚。

太平洋

修長的流線
型身軀

白色下
顎突出

胸鰭小而
細長

白色條紋從嘴
喙延伸到尾部

社群型態：群居	妊娠期：不詳	每胎幼仔數：1	食物：

| 科：海豚科 | 學名：*Cephalorhynchus commersonii* | 野生現況：地區性常見 |

康氏矮海豚（COMMERSON'S DOLPHIN）

身體顏色與虎鯨（見 194 頁）相似，前額曲線滑順，胸鰭與尾鰭呈圓形。全身白色，但前額、胸鰭、腹部及背鰭至尾鰭有黑色斑塊。新生幼仔為灰色，隨年紀增長而漸呈黑白兩色。為游泳和跳躍高手，群集個體數不超過10 隻，但偶爾會擴張到 100 隻。分布於南美洲地區的族群，體長比棲息在印度洋的族群還短 25-30 公分。

體型：體長 1.4-1.7 公尺，體重可達 86 公斤。

分布：南美洲南部、福克蘭群島及南印度洋。活動於淺水、多泥的沿岸海域。

南美洲、印度洋

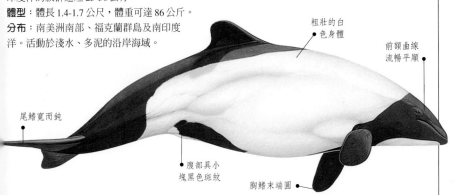

粗壯的白色身體

前額曲線流暢平順

尾鰭寬而鈍

腹部具小塊黑色斑紋

胸鰭末端圓

| 社群型態：群居 | 妊娠期：11-12 個月 | 每胎幼仔數：1 | 食物： |

| 科：海豚科 | 學名：*Cephalorhynchus hectori* | 野生現況：瀕臨絕種 |

賀式矮海豚（HECTOR'S DOLPHIN）

外形輪廓與鼠海豚相似，這種小型海豚具有獨特的圓形背鰭，身上有黑、白及灰色複雜斑紋。吻部寬，沒有喙，前額也沒有圓鼓狀額隆。性情活潑、社群性高，以不超過 5 隻的小群集活動，利用追逐、拍擊胸鰭和身體接觸等方式，維持高度的互動關係。活動於近海地區，因此面臨日漸嚴重的污染問題，以及受困漁網而遭殺害的威脅。

體型：體長 1.2-1.5 公尺，體重可達 57 公斤。

分布：紐西蘭。活動於海岸淺水水域。

附註：為最稀有的海洋海豚之一。

紐西蘭

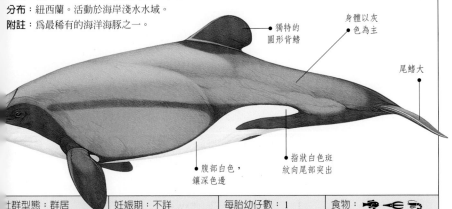

獨特的圓形背鰭

身體以灰色為主

尾鰭大

腹部白色，鑲深色邊

指狀白色斑紋向尾部突出

| 社群型態：群居 | 妊娠期：不詳 | 每胎幼仔數：1 | 食物： |

科：海豚科	學名：*Globicephala macrorhynchus*	野生現況：瀕危風險低

短肢領航鯨（SHORT-FINNED PILOT WHALE）

這種齒鯨外表很有特色，全身為均勻的藍灰色或黑色，胸口和喉嚨部位有錨形淺色斑紋，眼睛和背鰭後方有白色條紋。牠和近親長肢領航鯨（*Globicephala melas*）唯一的差別在於牠的胸鰭較短，因此幾乎無法在大海中分辨兩者；不過短肢領航鯨似乎偏好較溫暖的水域，和長肢領航鯨的分布範圍極少重疊。雄鯨的體重能達到雌鯨的 2 倍，壽命也多了 15 年，身上的傷痕則顯示牠們會為了雌鯨而彼此打鬥。領航鯨社群性高，群集個體數約 10-100 隻。於夜間以深海烏賊和章魚為食，可潛水到 500 公尺深，停留水底達 15 分鐘以上。

體型：體長 5-7 公尺，體重 1-1.8 公噸。
分布：世界各地。活動於熱帶及溫暖的溫帶水域。
附註：捕鯨船會先將短肢領航鯨驅起到淺水區，再進行獵殺。

修長的體型隨年紀增長而逐漸結實強壯

尾鰭末端相當尖銳

腹部斑紋略白

社群型態：群居	妊娠期：14¹/₂-15 個月	每胎幼仔數：1	食物：

科：海豚科	學名：*Pseudorca crassidens*	野生現況：地區性常見

偽虎鯨（FALSE KILLER WHALE）

體型最大的海豚之一，全身黑色或藍灰色，胸鰭到腹部之間有淡色斑塊；鉤形的背鰭位於身體中央，胸鰭則具有手肘般的彎曲角度。身材修長，就其體型而言游速極快，是個可怕的掠食者。具有 8-11 對圓錐形大牙齒，能夠獵捕鮭魚、鮪魚、梭魚等大型獵物，及烏賊和其他小型海豚。通常以 10-20 隻成群結隊，難得能匯聚到 300 隻。會發出各種聲音進行回聲定位及溝通，如喀答聲和哨音。跳躍動作令人嘆為觀止，是破浪和船首乘浪的高手。

體型：體長 5-6 公尺，體重 1.3-1.4 公噸。
分布：世界各地。活動於深海及近海、溫帶或熱帶水域，偶爾也出現在大洋中的小島沿岸，特別是日本和夏威夷。
附註：偽虎鯨極易受到影響而擱淺在海灘上，擱淺數量有時可達 800-1,000 隻。

頭部修長，近圓嘴喙處越加細長

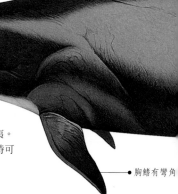

胸鰭有彎角

社群型態：群居	妊娠期：11-16 個月	每胎幼仔數：1	食物：

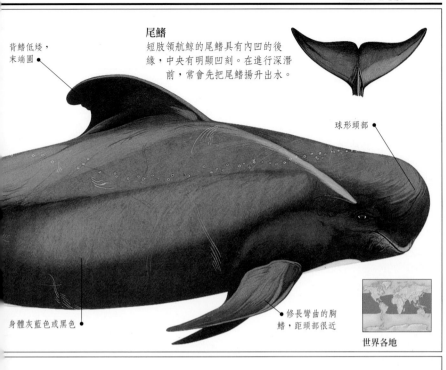

尾鰭

短肢領航鯨的尾鰭具有內凹的後緣，中央有明顯凹刻。在進行深潛前，常會先把尾鰭揚升出水。

背鰭低矮，末端圓

球形頭部

身體灰藍色或黑色

修長彎曲的胸鰭，距頭部很近

世界各地

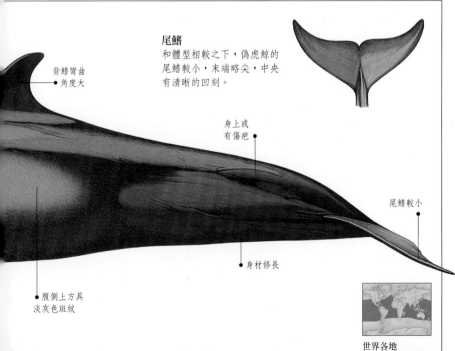

尾鰭

和體型相較之下，偽虎鯨的尾鰭較小，末端略尖，中央有清晰的凹刻。

背鰭彎曲角度大

身上或有傷疤

尾鰭較小

身材修長

腹側上方具淡灰色斑紋

世界各地

| 科：海豚科 | 學名：*Orcinus orca* | 野生現況：瀕危風險低 |

虎鯨（KILLER WHALE）

是所有齒鯨和海豚中，最廣爲人知的種類；因爲具有非凡且多變的狩獵技術而得名。牠的食物種類也同樣多變，從鮭魚到大白鯊、小型鯨類和海豹等海洋哺乳動物，乃至海龜及海鳥都有。身體強壯結實，非常適合狩獵，寬大的尾鰭讓牠能高速行進，高長的背鰭和槳形的胸鰭可使保持身體穩定。身上明顯的黑白斑紋，無論從上方俯視或從下方仰視，都能有效提供水底所需的保護色。具有極高的社群性，生活在歷久不變的母系家族社會中。雄性和雌性幼仔一輩子與母鯨生活在一起，當年輕一代開始繁殖，會在母系社會中形成數代同堂的家族。鯨群平均個體數爲 30 隻，但也常匯聚成多達 150 隻的「超級鯨群」。鯨群行進時會保持緊密的隊形，母鯨和幼鯨在隊伍中央，雄鯨駐守邊緣，或橫向分布達 1 公里寬。虎鯨以極特別的呼叫或尖叫聲進行溝通，並作爲強化辨識群集的社交訊號。虎鯨會在水面上展現多種動作，包括浮窺（垂直緩慢地上升，直到頭部露出水面）、躍身擊浪、鯨尾擊浪及胸鰭拍水等。

體型：體長可達 9 公尺，體重可達 10 公噸。

分布：世界各地。活動於河流出海口、外海大洋及冰原區；常見於海岸線及海洋生物豐富的地區。

附註：雖有「殺人鯨」之稱，其實能與人親近，鮮少傷及人類。

世界各地

背鰭呈等腰
三角形

醒目的白
色眼斑

白色下巴

胸鰭槳形

胸鰭長度可
達體長的 1/5

| 社群型態：群居 | 妊娠期：12-17 個月 | 每胎幼仔數：1 | 食物： |

頂級殺手
虎鯨是個足智多謀的殺手，能以團隊合作的方式獵捕各種獵物。牠們會先將魚群趕集在一起，再從各個角度發動攻擊；還會把浮冰壓斜，使海豹和企鵝滑落水中，再加以捕捉，或故意把自己拖上岸，以便向不疑有他的海豹展開突襲。

浮窺
虎鯨會緩緩從水中浮升，把頭和胸鰭盡可能揚升出水，然後再沉入水底。

- 身體粗壯強健
- 全身大都為黝黑色
- 尾鰭上側黑色
- 黑白分明的色塊
- 腹部有指形斑塊
- 水面可看到三角形背鰭

尾鰭
高速前進時，虎鯨寬大的尾鰭具有如同推進器般的功能。尾鰭中央有明顯凹刻，下側為白色。

協調一致的鯨群
鯨群會以緊密或鬆散的隊形前進，浮升或下潛的動作均協調一致。

| 科：一角鯨科 | 學名：*Delphinapterus leucas* | 野生現況：受威脅 |

白鯨（BELUGA）

唯一全身白色的鯨豚，體型修長強健，沒有嘴喙，頸部非常靈活，背部隆突呈纖維狀。缺乏背鰭、身體白色，都是為了適應浮冰下的生活所演化而成。初生時身體呈深灰色，之後逐漸褪色成純白。夏天皮膚變得微黃，並且會脫皮，這點和其他鯨豚明顯不同。能發出多種聲音，包括吱吱聲、哨音、鳴嘯聲、喀答聲、打嗝聲等，因此捕鯨人暱稱為「海金絲雀」。只在北極冰原一帶活動，據無線電追蹤資料顯示，牠能潛到水底超過300公尺深處獵食。

體型：體長約4-5.5公尺，體重約1-1.5公噸。

分布：北半球的極圈地區。活動於溫帶到北極海域中。

附註：曾因捕鯨作業而導致族群數量嚴重減少，如今則面臨化學污染的威脅。

北極地區

背部具纖維狀隆突

頭部小、沒有嘴喙

| 社群型態：群居 | 妊娠期：14個月 | 每胎幼仔數：1 | 食物： |

| 科：一角鯨科 | 學名：*Monodon monoceros* | 野生現況：地區性常見 |

一角鯨（NARWHAL）

是分布位置最北的哺乳動物，極少進入北緯60度以南。雄鯨具有著名的長牙，是由上排左側一顆牙齒演化而成，以順時鐘方向旋轉突出於上唇。長牙既可作為武器，也可用來從浮冰中鑽開呼吸孔，或在海床上翻掘。嘴巴沒有牙齒，球形的額隆也沒有嘴喙。身材粗壯，沒有背鰭，胸鰭小，成熟個體的胸鰭末端向上翻。成鯨C字型的尾鰭很像扇子，由兩個半圓形相連而成（見右頁圖）。仔鯨剛出生時全身呈灰色，成鯨淡灰色的皮膚上有黑色斑點。一角鯨常和白鯨同時出現，兩者都會集結成大鯨群，並依年齡和性別區隔位置；會運用各種聲音進行溝

北極地區

通、對掠食者發出警告或是搜尋獵物。

體型：體長4-4.5公尺，體重0.8-1.6公噸。

分布：極圈地區。活動於海洋和海岸沿線。

附註：因鯨肉、鯨脂、鯨皮和長牙而遭獵殺。

胸鰭小

| 社群型態：群居 | 妊娠期：14-15個月 | 每胎幼仔數：1 | 食物： |

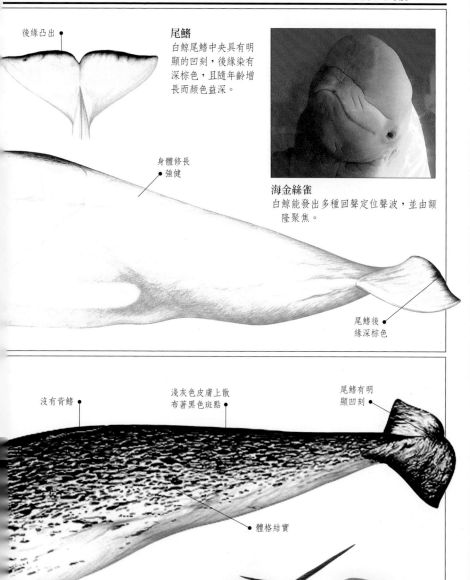

尾鰭
白鯨尾鰭中央具有明顯的凹刻，後緣染有深棕色，且隨年齡增長而顏色益深。

後緣凸出

身體修長強健

海金絲雀
白鯨能發出多種回聲定位聲波，並由額隆聚焦。

尾鰭後緣深棕色

沒有背鰭

淺灰色皮膚上散布著黑色斑點

尾鰭有明顯凹刻

體格結實

…角鯨的尾鰭呈…顯扇形。

前緣半圓形

比武大賽
雄性的長牙其實是上門牙，可作為武器，與繁殖期的對手展開「牙擊」。長牙外型如劍，長度可達3公尺。偶爾雄性會有2根長牙，或雌性有1根長牙，但非常罕見。

科：喙鯨科	學名：*Hyperoodon ampullatus*	野生現況：瀕危風險低

北瓶鼻鯨（Northern Bottlenose Whale）

為喙鯨家族約 19 種成員之一，彎曲幅度極大的前額接近方形，下方嘴喙明顯突出。2 根長牙從下顎頂端突出，下顎還有 2 道喉褶。挺立的背鰭位於身長 2/3 處，身體流線型，背部棕色或橘色到灰色。北瓶鼻鯨儘管體型龐大，仍能做出壯觀的跳躍動作，不過大都是在牠下潛海床吸食獵物的前後，浮出海面呼吸之時，才會見到牠的身影。

體型：體長 6-10 公尺，體重無紀錄。

分布：北大西洋到西班牙海岸。活動於外海。

附註：如今已列入保育，但在海床淤泥上吸食獵物時，常因誤食塑膠垃圾窒息而亡。

背鰭末端尖

身材修長

社群型態：群居	妊娠期：12 個月	每胎幼仔數：1	食物：

科：喙鯨科	學名：*Ziphius cavirostris*	野生現況：地區性常見

柯氏喙鯨（Cuvier's Beaked Whale）

這種喙鯨的下顎輪廓向上彎曲到吻部先端，接著又向下傾，加上前額曲線平緩，因此得到「鵝喙鯨」的暱稱。灰藍色到棕褐色的身體上，覆滿遭鯊魚和同類咬傷的淡色傷疤。胸鰭小，剛好可收入身體凹陷處，使身體呈流線型，因而只用尾鰭便能快速游行，或潛入深海中。下顎下方有 2 道喉褶，雄性的下顎前端突出 2 顆圓錐形牙齒，即使閉上嘴巴也可見到；雌性則沒有牙齒。年長的雄鯨傾向獨居或小群生活。

體型：體長 7-7.5 公尺，體重 3-4 公噸。

分布：世界各地。活動於溫帶及熱帶深海海域。

身體棕褐色

尾鰭寬大

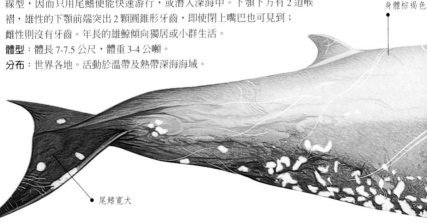

社群型態：多變	妊娠期：不詳	每胎幼仔數：1	食物：

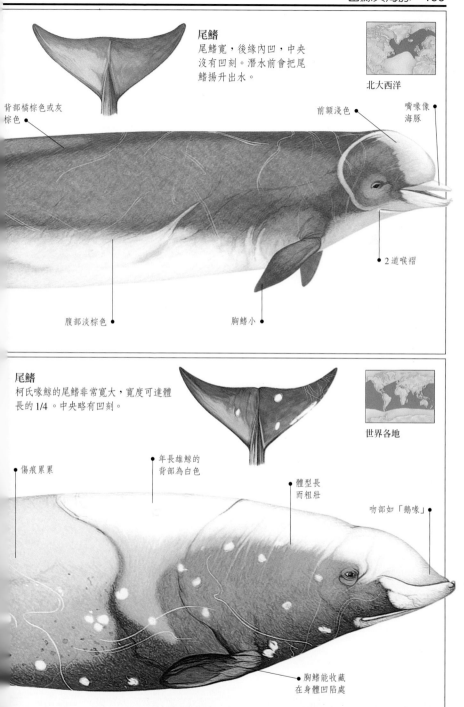

尾鰭
尾鰭寬，後緣內凹，中央沒有凹刻。潛水前會把尾鰭揚升出水。

北大西洋

背部橘棕色或灰棕色

前額淺色

嘴喙像海豚

2道喉褶

腹部淡棕色

胸鰭小

尾鰭
柯氏喙鯨的尾鰭非常寬大，寬度可達體長的1/4。中央略有凹刻。

世界各地

傷痕累累

年長雄鯨的背部為白色

體型長而粗壯

吻部如「鵝喙」

胸鰭能收藏在身體凹陷處

科：喙鯨科	學名：*Mesoplodon layardii*	野生現況：不詳

長齒中喙鯨（STRAP-TOOTHED WHALE）

喙鯨家族中體型最大的成員之一；雄鯨極易辨認，因為牠具有一對
從下顎長出，向後往上顎頂端捲曲延伸的奇特長牙，成熟雄鯨的長
牙可達 30 公分長。雌鯨的牙齒不突生，而幼鯨的長牙較短，且近
似三角形。身體具清晰的黑白斑紋，臉部還有黑色「面罩」。嘴喙
修長，額隆略微隆起，相對於其體型，背鰭和胸鰭比例較小。野外
難得一見，且難以親近，大型船隻更難接近。在平靜無波的晴朗日
子裡，偶爾能看到牠在海面曬太陽的身影。

體型：體長 5-6.2 公尺，體重 1-3 公噸。
分布：智利、阿根廷、烏拉圭、
福克蘭群島、納米比亞、南非、
澳洲、塔斯馬尼亞島、紐西蘭。
活動於寒帶及溫帶近海水域。
附註：是南半球最常見的中喙鯨（*Mesoplodon*）。

南半球海域

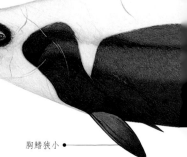

傷痕累累

胸鰭狹小

社群型態：多變	妊娠期：不詳	每胎幼仔數：1	食物：

科：喙鯨科	學名：*Mesoplodon bidens*	野生現況：不詳

梭氏中喙鯨（SOWERBY'S BEAKED WHALE）

為分布地理位置最北的喙鯨之一，雖然經常擱淺，卻很難得見到
牠的蹤跡。雄性的特徵是嘴喙中段有一對突出的牙齒，即使嘴巴
閉合也可見到。背部為深藍灰色或灰中帶藍，腹部顏色較淺。嘴
喙修長，噴氣孔位於前額額隆後方。

體型：體長 4-5 公尺，體重 1-1.3 公噸。
分布：北大西洋東部及西部。活動於溫帶及亞北極區水域。
附註：是第一種為人發現的喙鯨（1800 年於蘇格蘭沿海），由英國
畫家詹姆士‧梭爾比（James Sowerby）繪製圖像，並因此得名。

北大西洋

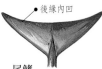

後緣內凹

尾鰭
尾鰭中央沒有凹刻，上
下兩面皆為深色。

嘴巴閉合時，仍
可見到牙齒

背鰭小而彎曲

胸鰭較長

腹部或有白色斑點

社群型態：獨居	妊娠期：不詳	每胎幼仔數：1	食物：

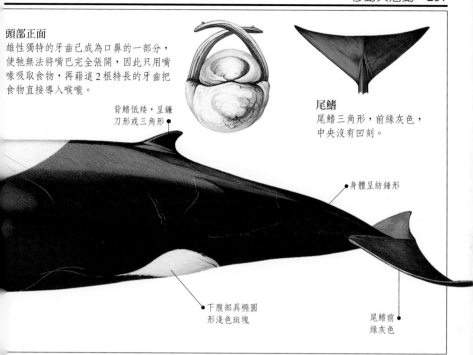

頭部正面
雄性獨特的牙齒已成為口鼻的一部分，使牠無法將嘴巴完全張開，因此只用嘴喙吸取食物，再藉這2根特長的牙齒把食物直接導入喉嚨。

背鰭低矮，呈鐮刀形或三角形

尾鰭
尾鰭三角形，前緣灰色，中央沒有凹刻。

身體呈紡錘形

下腹部具橢圓形淺色斑塊

尾鰭前緣灰色

科：小抹香鯨科	學名：*Kogia simus*	野生現況：地區性常見

侏儒抹香鯨 (DWARF SPERM WHALE)

是3種抹香鯨中體型最小的一員；背部、背鰭、胸鰭和尾鰭皆為藍灰色，腹部淡乳白色。眼睛和嘴巴後方有淺色的新月形斑紋，讓人誤以為是鰓的開口處。具有7-13對利牙的下顎就像鯊魚的下顎一樣，吊掛在球形大頭下方，而上顎只有3對牙齒。能下潛到300公尺深處獵食；容易受驚擾，獨居或生活在少於10隻個體的小群集中。會釋放迷霧狀的排泄物來驅逐掠食者。

體型：體長可達2.7公尺，體重135-270公斤。

分布：世界各地。活動於熱帶及溫帶大陸棚以及鄰近海岸。

附註：容易集體擱淺。

世界各地

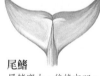

尾鰭
尾鰭寬大，後緣內凹，末端尖銳。

背鰭末端尖

雙眼後方有假鰓

腹部淡色

社群型態：多變	妊娠期：9個月	每胎幼仔數：1	食物：

科：抹香鯨科	學名：*Physeter macrocephalus*	野生現況：受威脅

抹香鯨（SPERM WHALE）

這種鯨魚以巨大的方形頭部而聞名，頭部體積約身體的 1/4 到 1/3，裡面具有獨特的「鯨腦油器」，能幫助牠進行驚人的深海潛水。潛水後會像浮木般漂浮在海面，用單一的噴氣孔以 45° 角噴出水氣叢。身體深灰或棕色，腹部色澤較淡，狹窄的下顎有乳白色斑紋。下顎有 50 對圓錐形牙齒，上顎則看不到任何牙齒。雄鯨不僅體重為雌性的 2 倍，夏天遷移覓食時也較深入極區；年輕時會組成鬆散的單身漢群，年長時開始獨居。雌鯨會留在較接近熱帶的地區，與幼鯨和仔鯨組成混合群集。母鯨每胎只產一仔，幼仔於夏天或秋天誕生，之後要隔 3-15 年才會再生產下一胎。抹香鯨會彼此親密游近、接觸與撫摸，還會製造巨大的喀答和砰砰聲響，這可能有助於辨認個體身分。

體型：體長 11-20 公尺，體重 20-57 公噸。

分布：世界各地。活動於大陸棚與棚外的深水海域。

附註：是世界上最大型的食肉動物。

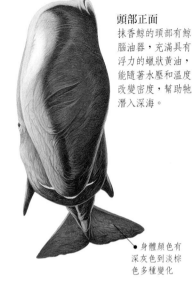

頭部正面

抹香鯨的頭部有鯨腦油器，充滿具有浮力的蠟狀黃油，能隨著水壓和溫度改變密度，幫助牠潛入深海。

身體顏色有深灰色到淡棕色多種變化

雄性的頭部比雌性大

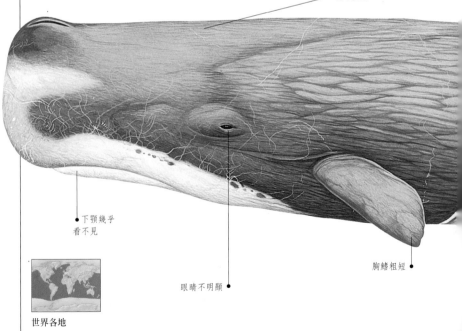

下顎幾乎看不見

眼睛不明顯

胸鰭粗短

世界各地

社群型態：多變	妊娠期：14-15 1/2 個月	每胎幼仔數：1	食物：

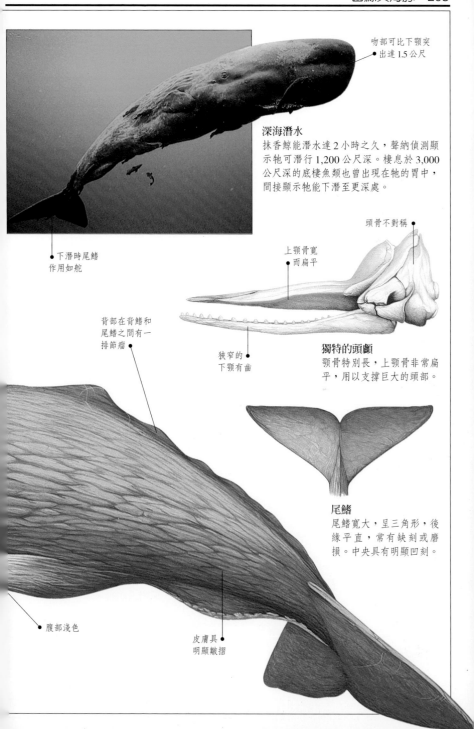

吻部可比下顎突
出達 1.5 公尺

深海潛水

抹香鯨能潛水達 2 小時之久，聲納偵測顯
示牠可潛行 1,200 公尺深。棲息於 3,000
公尺深的底棲魚類也曾出現在牠的胃中，
間接顯示牠能下潛至更深處。

下潛時尾鰭
作用如舵

頭骨不對稱

上顎骨寬
而扁平

獨特的頭顱

顎骨特別長，上顎骨非常扁
平，用以支撐巨大的頭部。

狹窄的
下顎有齒

背部在背鰭和
尾鰭之間有一
排節瘤

尾鰭

尾鰭寬大，呈三角形，後
緣平直，常有缺刻或磨
損。中央具有明顯凹刻。

腹部淺色

皮膚具
明顯皺摺

鯨豚：鬚鯨

這些大型鯨類與典型哺乳動物在生理結構上的差異之大，是所有哺乳動物之冠。牠們巨大無比，身上幾乎沒有毛髮，前肢演化成胸鰭，後肢則完全退化無蹤。鬚鯨沒有牙齒，而是以上顎兩側倒掛的一排鯨鬚板（或稱鯨骨）來取代牙齒。但鯨鬚板並非真正的骨頭，而是由類似軟骨的彈性物質所組成，有如「簾幕」般，可用來過濾海水中的小型食物。

鬚鯨共有 12 種，分屬於灰鯨科、露脊鯨科和鬚鯨科 3 科。其中鬚鯨科成員的體型大小，可小自長約 10 公尺的小鬚鯨，也可大至世界上最大型的動物，亦即身體可長達 30 公尺的藍鯨。

科：露脊鯨科	學名：*Balaena mysticetus*	野生現況：瀕臨絕種

弓頭鯨（BOWHEAD WHALE）

弓頭鯨巨大的頭部重量約為體重的 1/3，長度約占體長 40%。皮膚異常乾淨，沒有藤壺和鯨蝨寄生；成熟個體為黑色，下巴、下顎四周及尾幹為白色。棕黑色或藍黑色的鯨鬚板可長達 4.6 公尺，為所有鬚鯨之冠。上顎大幅彎曲成弓形，兩側各有 240 到 340 片鯨鬚板。具有 2 個噴氣孔，可噴出氣柱達 6 公尺高。會製造低頻的水底聲波，從單音呼聲、大象般的吼聲到刺耳的尖叫等，每次可持續達 7 秒鐘或更久。

體型：體長 14-18 公尺，體重 50-60 公噸。

分布：北半球，特別是加拿大北方、阿拉斯加和俄羅斯北方。活動於北極及亞北極水域。

附註：早期的捕鯨活動殺害了成千上萬隻弓頭鯨，致使北大西洋的族群過小。目前面臨的威脅包括輪船漏油事件。

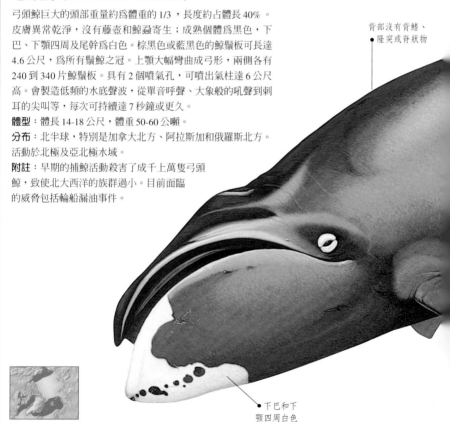

背部沒有背鰭、隆突或脊狀物

下巴和下顎四周白色

北極地區

社群型態：群居	妊娠期：12-14 個月	每胎幼仔數：1	食物： 🦐 ★

水底領航家

由於弓頭鯨棲息在極地附近的水域，因此每年有部分時間是處於永夜期。牠能夠在冰層下漆黑的環境中航行，破開厚度超過20公分的冰層，並運用回聲定位來偵測前方冰層狀況。

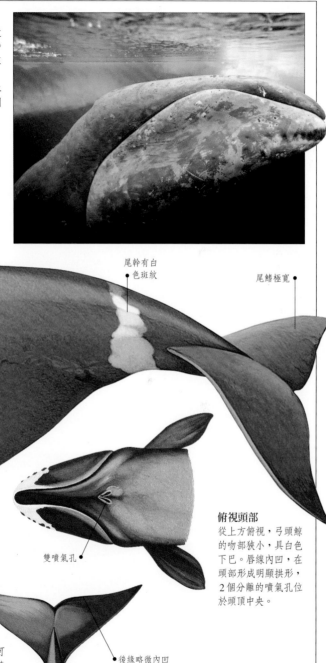

體型粗壯巨大

尾幹有白色斑紋

尾鰭極寬

胸鰭槳形

雙噴氣孔

俯視頭部

從上方俯視，弓頭鯨的吻部狹小，具白色下巴。唇線內凹，在頭部形成明顯拱形，2個分離的噴氣孔位於頭頂中央。

尾鰭

尾鰭末端尖，上側後緣可能為白色，寬度幾乎可達體長的一半。

後緣略微內凹

科：露脊鯨科	學名：*Eubalaena glacialis*	野生現況：瀕臨絕種

北露脊鯨（NORTHERN RIGHT WHALE）

是瀕危狀況最嚴重的大型鯨類，捕鯨人稱為「正鯨」（Right Whale），因為牠具有所有「正好」的條件：在海岸附近棲息、覓食，容易接近，肉質、鯨油和鯨骨都很珍貴，因此是理想的獵捕對象。在19世紀遭人類任意捕殺以致幾乎絕種，1937年始受保護，但數量回復速度非常緩慢。常在海面緩慢游行，潛水時間只有幾分鐘，極易因船隻撞擊或陷入漁獵機具中而死亡。黑色身體散布著白色斑塊，外型和弓頭鯨（見204頁）相似，頭部幾乎可達體長的1/4，顎部輪廓向下彎曲，狹窄的鯨鬚板可達3公尺長。頭部有纖維構成的硬殼組織，稱為皮繭，上面覆滿鯨蝨，因此帶有粉紅、黃色或橘色。雙噴氣孔會噴出V字型的水氣柱。獨行或與小群集同行，夏天會向較高緯度遷移，冬天回到較溫暖的中緯度地區繁殖。游泳速度緩慢，但也能表演絕技，做出胸鰭拍水、鯨尾擊浪、躍身擊浪，甚至將尾鰭高舉出水，形成近乎垂直的「倒立」動作。

體型：體長13-17公尺，體重40-80公噸。

分布：世界各地。活動於溫帶和亞極地水域。

附註：南半球有一親戚南露脊鯨（*Eubalaena australis*）過去也曾瀕臨絕種，近年來以7%的年增長率快速回復族群數量。

世界各地

顎
北露脊鯨的鯨鬚板特別狹長，上顎兩側各有200-270片，邊緣具有濃密細剛毛。深度彎曲的弓形下顎可使嘴巴閉合。

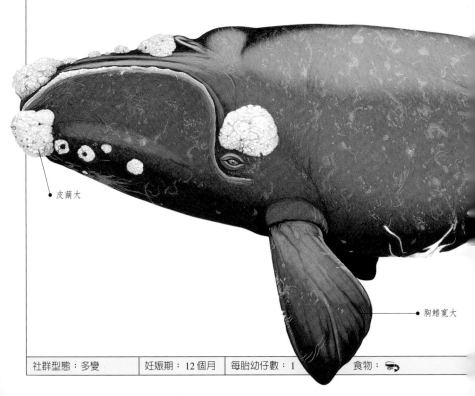

皮繭大

胸鰭寬大

社群型態：多變	妊娠期：12個月	每胎幼仔數：1	食物：

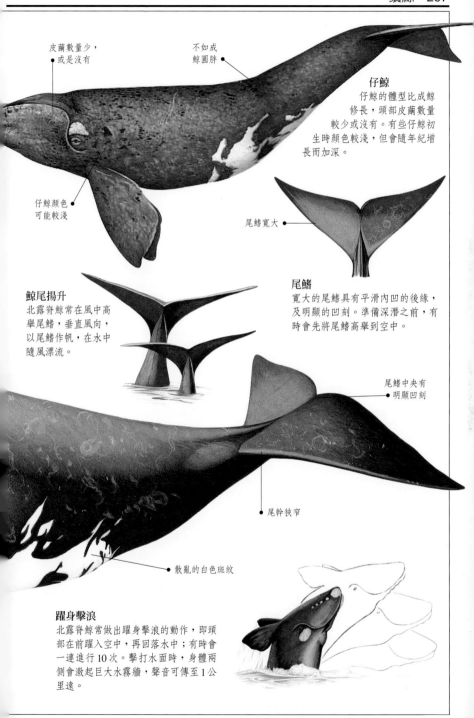

皮繭數量少，或是沒有

不如成鯨圓胖

仔鯨
仔鯨的體型比成鯨修長，頭部皮繭數量較少或沒有。有些仔鯨初生時顏色較淺，但會隨年紀增長而加深。

仔鯨顏色可能較淺

尾鰭寬大

鯨尾揚升
北露脊鯨常在風中高舉尾鰭，垂直風向，以尾鰭作帆，在水中隨風漂流。

尾鰭
寬大的尾鰭具有平滑內凹的後緣，及明顯的凹刻。準備深潛之前，有時會先將尾鰭高舉到空中。

尾鰭中央有明顯凹刻

尾幹狹窄

散亂的白色斑紋

躍身擊浪
北露脊鯨常做出躍身擊浪的動作，即頭部在前躍入空中，再回落水中；有時會一連進行 10 次。擊打水面時，身體兩側會激起巨大水霧牆，聲音可傳至 1 公里遠。

科：灰鯨科	學名：*Eschrichtius robustus*	野生現況：瀕臨絕種

灰鯨（GRAY WHALE）

是大型鯨類中最活躍的成員，遷移的距離之長，是所有哺乳動物之冠。夏天以最多 10 隻成群遷移到北極覓食，冬天回到南方溫暖的潟湖休息和生產幼仔。遷移時，在進行每次 3-5 分鐘的潛水之前，一般會先噴氣 3-6 次。性喜乘浪，常在淺水區（特別是加利福尼亞半島）衝浪，有時還會側臥海面，在空中揮舞胸鰭。除了濾食之外，也會下潛到淺水區海床上，用嘴巴挖起滿口的泥沙，過濾後吃食其中的蠕蟲、海星、蝦子和其他小型生物，因此牠也是鯨類中獨特的海床覓食者。在海岸附近覓食，所以容易接近觀賞，特別是在太平洋東岸。灰鯨會與其他鯨類協調游泳動作，排列成一直線，或一起拱背浮出水面。和其他鬚鯨一樣，牠也會浮窺或把頭垂直揚升出水。有雜斑的灰色皮膚因藤壺和鯨蝨寄生而硬化。沒有背鰭，但在背脊後段 1/3 處有一排 8 或 9 個隆突。

體型：體長 13-15 公尺，體重 14-35 公噸。

分布：北太平洋。活動於海岸沿線，從大陸棚到衝浪區之間；在熱帶具庇護功能的潟湖中繁殖。

附註：在 1946 年列入保育之前，大西洋的族群早已因過度捕鯨而滅絕；列入保育後，加州族群數量回復狀況極佳。不過，西伯利亞和阿拉斯加地區的因紐特人（Inuit）每年仍獲准獵捕固定數量的灰鯨。

北太平洋

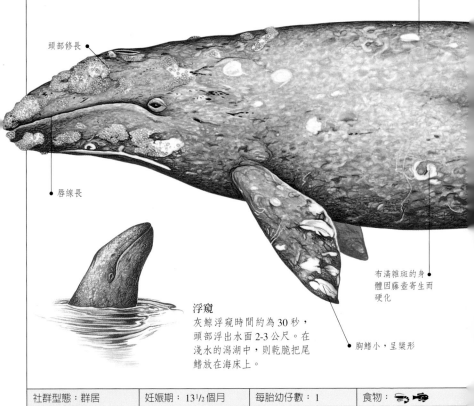

頭部修長

唇線長

無背鰭

布滿雜斑的身體因藤壺寄生而硬化

胸鰭小，呈槳形

浮窺
灰鯨浮窺時間約為 30 秒，頭部浮出水面 2-3 公尺。在淺水的潟湖中，則乾脆把尾鰭放在海床上。

社群型態：群居	妊娠期：13½ 個月	每胎幼仔數：1	食物：

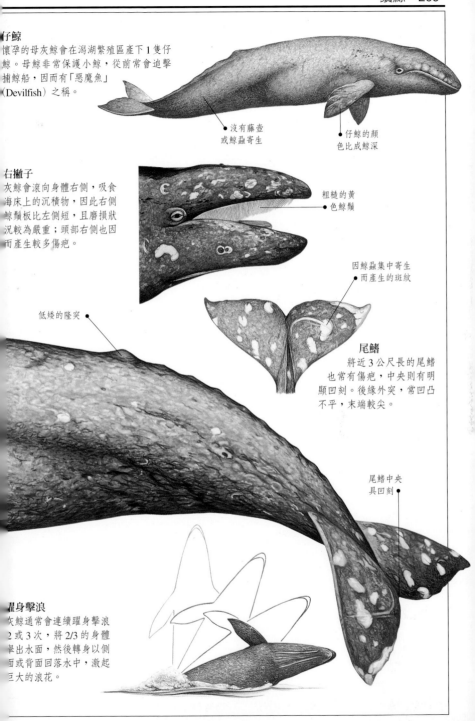

仔鯨
懷孕的母灰鯨會在潟湖繁殖區產下 1 隻仔鯨。母鯨非常保護小鯨，從前常會追擊捕鯨船，因而有「惡魔魚」(Devilfish) 之稱。

沒有藤壺
或鯨蝨寄生

仔鯨的顏
色比成鯨深

右撇子
灰鯨會滾向身體右側，吸食海床上的沉積物，因此右側鯨鬚板比左側短，且磨損狀況較為嚴重；頭部右側也因而產生較多傷疤。

粗糙的黃
色鯨鬚

因鯨蝨集中寄生
而產生的斑紋

低矮的隆突

尾鰭
將近 3 公尺長的尾鰭也常有傷疤，中央則有明顯凹刻。後緣外突，常凹凸不平，末端較尖。

尾鰭中央
具凹刻

躍身擊浪
灰鯨通常會連續躍身擊浪 2 或 3 次，將 2/3 的身體舉出水面，然後轉身以側面或背面回落水中，激起巨大的浪花。

科：鬚鯨科	學名：*Balaenoptera physalus*	野生現況：瀕臨絕種

長須鯨（Fin Whale）

是體型第二大的鯨類，也是速度最快的鯨類之一，游泳時速可達 30 公里。背部、胸鰭和尾鰭為灰色，背鰭位於背脊後方約 2/3 處，後緣內凹。背鰭到尾鰭間有明顯的脊狀隆突，因此又稱為「剃刀背」（Razorback）。長須鯨總是以右側游行；嘴巴左側黑色，右側白色，這種顏色不對稱的現象在哺乳動物中很罕見。和其他大型鯨類一樣，夏天會長程遷徙到高緯度地區，冬天回到熱帶地區繁殖。除嗡嗡聲和尖叫聲外，長須鯨也會製造可傳達數百公里遠的低沉呼聲。

體型：體長 19-22 公尺，體重 45-75 公噸。

分布：除了地中海、波羅的海、紅海及阿拉伯灣等地之外，世界各地皆有其蹤跡。活動於大洋中，特別是具有季節性浮游生物的地區。

附註：因商業捕鯨活動而遭嚴重捕殺，特別是在南半球地區，有 3/4 的族群因而絕滅。如今已列入保護，但海軍設備和捕魚作業製造的低頻聲波仍可能嚴重干擾長須鯨正常的溝通頻率，進而降低航行和尋找交配對象的能力。

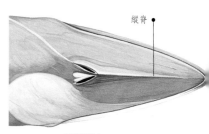

躍身擊浪

長須鯨躍身擊浪時，身體以斜角出水，尾端通常保持在水中。回落水面時，會先在空中扭身，再重新入水，製造出巨大的浪花；一般以腹部著水，極少以背部入水。

縱脊

頭部縱脊

頭部長度約為體長的 1/5 到 1/4。吻部常有一道縱脊，有些會再多出 2 道隆脊。

頭部後方有灰白色污斑

左側下「唇」呈深色

55-100 道喉褶

胸鰭短而細瘦

世界各地

社群型態：多變	妊娠期：11 個月	每胎幼仔數：1	食物：

右側覓食

長須鯨只以右側身體游行；會以高速追捕磷蝦和鯡魚、胡瓜魚等魚類，還會與其他長須鯨協調同時發動攻擊。濾食時先吸入大量海水，再合攏嘴巴將水排出，並用鯨鬚板困住魚群。口中右側約1/4到1/3的鯨鬚板為白色，左側是深灰色；在水面下游行時，白色的右「唇」常清析可見。

吻部比藍鯨更寬、更扁平

尾鰭

長須鯨很少展現牠略呈三角形的寬尾鰭。尾鰭中央有明顯凹刻，後緣略微內凹，且可能有缺刻或磨損。尾鰭下側為白色。

不對稱

長須鯨頭部顏色不對稱，右側的白色斑紋可能延伸到上「唇」與頸部間的任何位置。

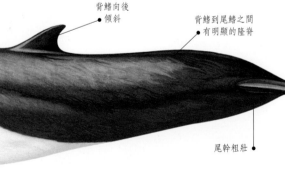

背鰭向後傾斜

背鰭到尾鰭之間有明顯的隆脊

尾幹粗壯

腹部白色

| 科：鬚鯨科 | 學名：*Balaenoptera musculus* | 野生現況：瀕臨絕種 |

藍鯨（ BLUE WHALE ）

藍鯨是世界上最大型的動物，具有異常流線的造型：頭部尖、身體長、胸鰭
修長、尾鰭大而狹窄。以灰藍色為主，但腹部皮膚可能因藻類而呈黃棕色。
下顎有 55-68 條喉腹褶延伸到肚臍，使皮膚具有極大的擴張性。藍鯨唯一的
食物是磷蝦，當牠張口吞入成群獵物時，喉嚨能膨脹到正常尺寸的 4 倍大，
一天就能吃掉 6 公噸的食物。夏季時極地水域充滿磷蝦，是主要的覓食季
節；冬天則往南游向較溫暖的水域，母鯨也在此時生產。通常單獨出現，或
母子成對，覓食時也會聚集成鬆散的鯨群。會發出咕嚕聲、嗡嗡聲或呻吟
聲，音量可超過 180 分貝，讓 1,000 公里外的鯨群也能聽到，是聲音最大的
動物。會在 2-6 分鐘內，每隔 10-20 秒鐘噴氣一次，然後潛入水中 5-20 分鐘
（其實牠能在水中停留更長的時間）。成鯨很少會完全躍離水面，但曾有人目
睹小藍鯨以 45º 角躍身擊浪，用腹部或側身著水。

體型：體長 20-30 公尺，體重 100-160 公噸。

分布：除地中海、波羅的海、紅海和阿拉伯灣之外，世界各地皆有藍鯨的蹤
跡。活動於大洋深海，特別是寒冷的水域。

附註：因捕鯨船濫捕而幾乎滅絕，有些族群再也無法回復。

世界各地

身體具淺灰色或
白色雜斑，特別
是在頭部後方

頭部寬扁

獨特的頭部

藍鯨頭部長度約為體長的 1/4，和其他鬚鯨相較形
狀較為寬扁。頭部大致呈 U 字型，常被比喻為「哥
德式拱門」，吻部上方有一道縱脊和肉質的噴氣孔
前衛。

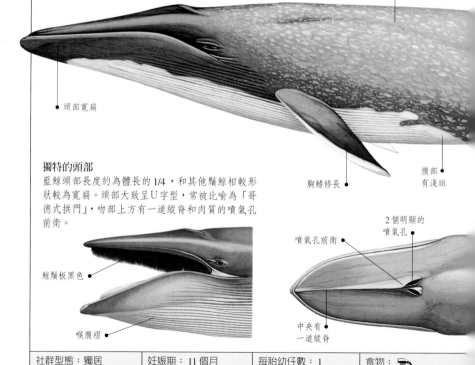

鯨鬚板黑色

喉腹褶

腹部
有淺斑

胸鰭修長

2 個明顯的
噴氣孔

噴氣孔前衛

中央有
一道縱脊

| 社群型態：獨居 | 妊娠期：11 個月 | 每胎幼仔數：1 | 食物： |

巨大的藍鯨

最大型的鯨豚類，也是曾在地球上生存過的生物中，體型最大的動物之一，體長直逼波音737型客機。紀錄上曾出現體長33公尺、重約190公噸的藍鯨。

背鰭小，位於背部的後3/4處

尾鰭修長

體色淺灰但多變

身體流線型

尾幹粗壯

尾鰭大而窄

後緣略微內凹

尾鰭

藍鯨尾鰭可達身體大小的1/4。後緣平直，或略微內凹，中央有小型凹刻。

| 科：鬚鯨科 | 學名：*Balaenoptera acutorostrata* | 野生現況：瀕危風險低 |

小鬚鯨（Minke Whale）

體型和海豚相似，是體型最小的鬚鯨。背部黑色，腹部、下顎和喉嚨白色，黑白之間有煙灰色的人字型模糊斑紋。鐮刀形背鰭與其他鬚鯨相較比例較大。鯨鬚板可達30公分長，前方的鯨鬚板乳白色，後側灰色。是個快速靈活的泳者，有時會展現壯觀的跳躍動作。大都獨自生活，但也會與其他鯨類一同覓食。在食物資源特別密集而吸引其他掠食者如鳥類或魚類的地區，也會有小鬚鯨前往獵食。不太怕人，常會接近停駛的船隻。以咕嚕聲、喀答聲、達達聲及其他各種聲音進行溝通。

體型：體長8-10公尺，體重8-13公噸。

分布：世界各地，但地中海東部除外。活動於大洋和海岸沿線。

附註：有一種體型較小的小鬚鯨近來被鑑定為不同物種，名為南極小鬚鯨（*Balaenoptera bonaerensis*）。

背鰭較大

腹部白色

| 社群型態：獨居 | 妊娠期：10個月 | 每胎幼仔數：1 | 食物： |

| 科：鬚鯨科 | 學名：*Megaptera novaeangliae* | 野生現況：受威脅 |

大翅鯨（Humpback Whale）

非常善於發聲，粗胖的身材和巨大的胸鰭為辨識特徵。胸鰭通常用來引導食物進入口中，但也是攻擊性強的大翅鯨用來擊斃對手的工具。上下顎都有成排的節瘤，常因藤壺寄生於上而硬化；從噴氣孔到吻部尖端略有縱脊。背部呈黑色或藍黑色，下側有較淺的斑紋。每隻大翅鯨的斑紋變化不同，因此可作為辨認個體的依據。三角形到利鉤形的背鰭位於一片鯨脂上方。多天在溫暖的水域繁殖，夏天則遷徙到食物豐盛的較高緯度地區。擅長在水底吹起「氣泡簾幕」圍捕獵物，有時合作獵食的大翅鯨可達十多隻以上。

背鰭三角形

背鰭到尾部有隆突

體型：體長13-14公尺，體重25-30公噸。

分布：世界各地。活動於海岸或深水海域。

附註：大翅鯨能夠持續唱歌長達22小時。每隻雄鯨都具有隨年齡而變化的獨特聲紋，能用歌聲吸引雌性或嚇阻對手。

世界各地

| 社群型態：獨居 | 妊娠期：11個月 | 每胎幼仔數：1 | 食物： |

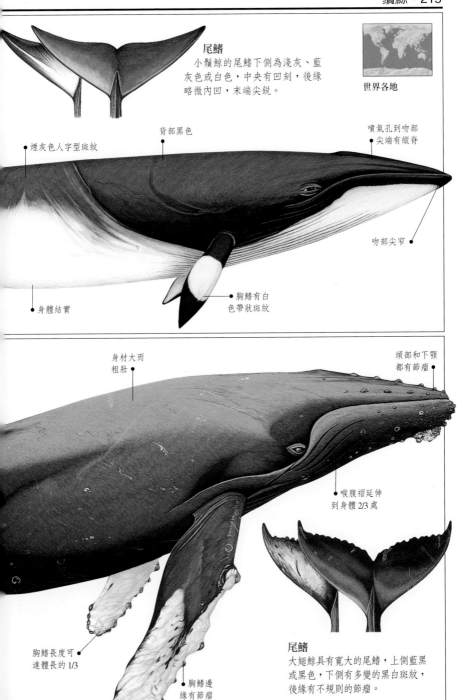

尾鰭
小鬚鯨的尾鰭下側為淺灰、藍灰色或白色，中央有凹刻，後緣略微內凹，末端尖銳。

世界各地

背部黑色

噴氣孔到吻部尖端有縱脊

煙灰色人字型斑紋

吻部尖窄

身體結實

胸鰭有白色帶狀斑紋

身材大而粗壯

頭部和下顎都有節瘤

喉腹褶延伸到身體 2/3 處

胸鰭長度可達體長的 1/3

胸鰭邊緣有節瘤

尾鰭
大翅鯨具有寬大的尾鰭，上側藍黑或黑色，下側有多變的黑白斑紋，後緣有不規則的節瘤。

食肉動物：犬與狐

人類最熟悉的 2 種食肉動物——灰狼（家犬的祖先）和紅狐，都屬於犬科家族。此外還有 34 種動物也屬於犬科家族，包括澳洲野犬、草原狼和胡狼。

犬科動物的典型特徵是身體強壯修長、四肢健壯有力、尾巴長而多毛、口鼻部尖長、鼻子靈敏、耳朵大且聽力敏銳，以及配備了大型牙齒的強壯顎骨。

牠們遍布世界各地，大都活動於開闊地區，為機會主義覓食者。小型犬科動物特別是狐，以昆蟲和囓齒動物為食，會獨自或成對生活；狼和非洲的野狗等較大型犬科動物，則會成群結隊地生活與狩獵。

許多犬科動物如衣索比亞狼和紅狼等，長久以來一直遭到人類獵殺迫害，現在已列入嚴重瀕危的動物名單中。

科：犬科	學名：*Vulpes zerda*	野生現況：不詳

耶狐（Fennec Fox）

為體型最小的狐類，一對大耳朵為辨識特徵。毛皮色澤乳白到泛黃，腹部白色，尾巴末端黑色。腳底有毛髮保護，因而能走在炎熱鬆軟的沙土上。通常喜歡夜行，為雜食性動物，食物種類繁多，包括果實、種子、小型囓齒動物、鳥類、卵、爬行類和昆蟲等。會聚集成不超過 10 隻的群集，這在狐類不常見，但其成員之間的關係並不明確。每個成員會各自挖掘數公尺深的窩，雄性以尿液標示領域，且在繁殖季節轉而具有攻擊性。於隆冬或晚冬進行交配，但若失去整窩幼仔，常會再行交配。雌性獨自防禦窩穴，幼仔會在窩穴中生活 2 個月，由母親加以保護；這段期間雄性不會進入窩穴中。

體型：體長 24-41 公分，尾長 18-31 公分。

分布：遍布於撒哈拉沙漠。活動於沙質沙漠中。

附註：人類設陷阱大量捕捉耶狐以獲取毛皮，或當寵物出售。

非洲

明顯的大耳朵

腹部白色

社群型態：群居	妊娠期：50-52 日	每胎幼仔數：2-5	食物：

科：犬科	學名：*Vulpes cana*	野生現況：地區性常見

布蘭福狐（BLANFORD'S FOX）

外型和動作都像貓，這種小型狐具有黑、灰和白色的雜色毛皮，後腿深色，腹部近乎白色。也具有大耳朵和多毛的尾巴等特徵，尾巴末端多爲深色。爲完全夜行性的動物；果實攝取量比其他狐類多，因此常出現在果園附近。

體型：體長 42 公分，尾長 30 公分。
分布：西亞和南亞。活動於草原與山區。
附註：因毛皮而遭
大量獵殺。

亞洲

身體具黑、灰
和白色色斑

尾巴長而
多毛

社群型態：獨居	妊娠期：50-60 日	每胎幼仔數：1-3	食物：

科：犬科	學名：*Vulpes velox*	野生現況：不詳

美洲伶狐（SWIFT FOX）

耳朵間隔較寬

和美洲小狐（*Vulpes macrotis*）血緣相近，但美洲伶狐的兩耳間距較寬，頭較圓而似狗，體態也較優雅。頭部、背部和腹側毛皮偏灰色，多毛的長尾巴末端黑色，夏天尾巴顏色較紅。通常爲夜行性，但白天也會躺在窩巢旁曬太陽。

體型：體長 38-53 公分，尾長 18-26 公分。
分布：北美洲中部。活動於大草原。

毛皮灰紅色

尾巴末
端黑色

北美洲

社群型態：成對	妊娠期：50-60 日	每胎幼仔數：3-6	食物：

科：犬科	學名：*Vulpes vulpes*	野生現況：常見

紅狐（RED FOX）

毛髮有灰色、鏽紅到火紅等多種顏色，尾巴大而多毛、末端白色。耳朵背面常爲黑色，四肢下半部和腳也多半呈黑色。人類爲獲取紅狐毛皮而大量繁殖，還培育出純黑或純白等不同色澤的品種。這種行動鬼祟的掠食者日夜都會活動，主要以草地上或農場養殖的兔子和小野兔爲食。牠會偷偷接近獵物，在獵物奔回窩穴或逃開之前，發動閃電突襲；通常會咬住獵物頸部，再帶到隱蔽處慢慢享用。紅狐也覓食多種其他食物，包括腐肉和垃圾，會將食物掩埋儲藏，日後再運用良好的記憶力找出來。棲息在兔窩或石縫等土窩裡，或躲藏在人類的戶外小屋中。主要的社群單位由 1 隻雌狐和 1 隻雄狐成對組成，有時會與未達繁殖期的親屬分享領域。於晚冬或初春進行繁殖，交配時雌狐會發出詭異的尖叫聲，稱爲「雌狐的尖叫」（vixen's scream）。

體型：體長 58-90 公分，尾長 32-49 公分。

分布：北極、北美、歐洲、西亞、北非及澳洲。活動於沙漠、森林、山區、凍原和都會地區。

附註：因毛皮而爲人設陷大量捕捉；在北美洲和歐洲的狂犬病監控期間，也曾遭大量獵殺。

世界各地

毛皮顏色有灰紅、鏽紅到火紅色等變化

多毛的大尾巴，末端常呈白色

腹部

四肢下方多爲黑色

社群型態：成對	妊娠期：49-55 日	每胎幼仔數：3-12	食物：

箝制獵物

紅狐常在濃密的植被中獵捕嚙齒動物和
蚯蚓。牠會先用敏銳的聽力準確探測出
獵物位置，然後來個垂直高跳，再以前
掌著地，壓制住獵物。

● 耳朵尖挺，
背面為黑色

口鼻部尖

童年時光

紅狐的幼仔是由父母雙方，以及「助手」或
非交配期的雌狐協助照顧。幼狐 3 個月大前，
容易遭掠食者攻擊，所以只在窩穴中或鄰近
地區活動。

| 科：犬科 | 學名： *Vulpes rueppelli* | 野生現況：不詳 |

北非沙狐（Sand Fox）

也稱爲「魯佩爾狐」，體型比紅狐（見 218 頁）小，柔軟濃密的毛皮呈赭色或銀灰色，能巧妙融入乾燥的棲息環境中。臉部、寬大的耳朵和短小的四肢上都有黑色斑紋，尾巴末端有明顯白色斑紋。在某些地區（如阿曼）的族群似會組成具領域性的對偶，但一般偏好群居，由不超過 15 隻的個體組成擴大的家族群集。白天在岩縫和地穴中休息，每隔幾天就更換新窩。

體型：體長 40-52 公分，尾長 25-39 公分。

分布：北非及西亞。活動於多石或質的沙漠中。

附註：棲地遭人類入侵而構成威脅；也是貝都因（Bedouins）游牧民族的獵食對象。

非洲、亞洲

毛皮赭色或銀灰色

耳朵寬大

四肢短

| 社群型態：群居／成對 | 妊娠期：不詳 | 每胎幼仔數：2-3 | 食物： |

| 科：犬科 | 學名： *Alopex lagopus* | 野生現況：常見 |

北極狐（Arctic Fox）

這種狐有獨特的雙色「時期」或類型。「白色」型族群在冬天幾乎完全變成白色，以作爲雪地中的保護色；夏天則呈灰色或棕色，以便融入平原和草坡。「藍」型族群多分布在海岸或多灌木地區，冬天毛皮是灰棕色帶藍色光澤，夏天轉爲深棕色。爲了適應酷寒的氣候，北極狐的耳朵極小、口鼻部鈍、四肢和尾巴短，因爲這些部位散失熱量的速度最快。

體型：體長 53-55 公分，尾長 30 公分。

分布：阿拉斯加、加拿大北部、格陵蘭、北歐以及北亞。活動於北極凍原和海岸地區。

附註：人類的迫害、獵取毛皮、土地開發導致棲地破壞等，都造成嚴重威脅。

北美洲、格陵蘭及歐亞大陸

耳朵小而圓

冬毛幾乎純白

身體毛髮密布

| 社群型態：群居 | 妊娠期：51-54 日 | 每胎幼仔數：6-16 | 食物： |

| 科：犬科 | 學名：*Urocyon cinereoargenteus* | 野生現況：常見 |

灰狐（GREY FOX）

也稱為「樹狐」，常出現在林地，會像貓一樣爬上樹枝、跳上樹幹。這種夜行性動物獵食多種昆蟲和小型哺乳動物，但會隨季節變化而增加果實與種子的攝取量。很少挖洞築窩，而是以樹洞、岩縫、倒木裂隙或建築物的壁架或屋頂為家。多數灰狐會組成繁殖對偶。通常每胎產下4隻，新生幼仔缺乏視力和求生能力，出生約9-12天才張開眼睛，4星期內就能離開窩巢出去探險，並在父親或母親的陪伴下開始爬樹。幼狐在第一年就會離家，最遠可流浪到85公里外。

體型：體長53-81公分，尾長27-44公分。

分布：加拿大南部到南美洲北部。活動於溫帶林地、落葉林、廢棄油礦場和都會區。

灰白夾雜

灰狐每一根毛髮上都有白、灰和黑色斑紋，因此形成雜斑狀毛皮。具有一小塊深灰色鬃毛，頸部、腹側和腿都有部分染有紅色，下巴和腹部則是白色或淡黃色。

背部有深色縱紋

灰色毛皮具雜斑

頸部染有紅色

腹部白色或淡黃色

北美洲、中美洲及南美洲

| 社群型態：成對 | 妊娠期：51-63日 | 每胎幼仔數：1-10 | 食物： |

| 科：犬科 | 學名：*Chrysocyon brachyurus* | 野生現況：瀕危風險低 |

鬃狼 (Maned Wolf)

因為擁有深色修長的四肢，有時也被形容為踩高蹺的紅狐，黑色的腳看起來就像穿了長襪一樣。毛皮紅黃色，頸背到背部之間有一道深色斑紋，鬃毛挺立，口鼻部深色。長而多毛的尾巴大都為深色，但也可能是淺色甚至白色。棲息在開闊的草原或灌木區，常見牠從植被中探出頭來，尋查獵物或潛在危險。在清晨、薄暮和夜間活動，食物種類繁多，包括兔、鳥、鼠、蛆蟲、螞蟻，以及果實和漿果等植物。鬃狼也會獵殺小牲畜，特別是家禽，在某些地區被視為有害動物而遭獵殺；但也有人視為寵物飼養。雌雄組成一夫一妻的對偶，彼此分享領域，每年 5 月或 6 月交配；但其他時間很少成對出現。

體型： 體長 1.2-1.3 公尺，尾長 28-45 公分。

分布： 南美洲中部及東部。活動於各種開闊的棲地，包括草原、灌木區和農業地區。

附註： 在伐林初期可能會受惠，但人類將大量土地轉作農耕用途，使鬃狼喪失棲地，導致嚴重負面影響。疾病是鬃狼另一項主要的生存威脅。

南美洲

紅黃色●
毛皮

穿越草原
鬃狼奔馳的速度不快，修長的四肢主要是為了適應棲地中的高草原環境。

狼嗥
鬃狼常在夜間發出多種聲音。爭奪領域時，會發出如狗吠般的典型嗥叫聲。以喉音吼叫不僅能嚇阻入侵者，也可能有助於同領域的對偶間保持音訊聯繫。

四肢下方的黑色「長襪」

| 社群型態：獨居 | 妊娠期：62-66日 | 每胎幼仔數：1-5 | 食物： |

鬃毛挺立

耳朵大

深色口鼻

腿部有如高蹺

| 科：犬科 | 學名：*Pseudalopex culpaeus* | 野生現況：地區性常見 |

寇巴俄狐（CULPEO FOX）

這是一隻強壯有力的大型狐，灰色毛皮有雜斑，頭部、頸部和耳朵帶有紅色。人類為獲取毛皮，並防止牠獵食羊和家禽等牲畜，而大量設陷捕殺。也以嚙齒動物、兔子、鳥類、鳥蛋，和季節性的果實、漿果等為食；食物豐盛時，會將多餘食物埋藏起來，或塞在倒木或岩石下儲存。儘管大規模伐林活動會使某些種（如灰狐）受惠，但對寇巴俄狐則會造成損害。

體型：體長 60-120 公分，尾長 30-45 公分。

分布：南美洲西部的安地斯山脈和巴塔哥尼亞地區。活動於山區和彭巴草原上。

頭部黃褐色

背部和肩部毛皮灰色，且具雜斑

尾巴蓬鬆，末端黑色

南美洲

| 社群型態：成對 | 妊娠期：55-60日 | 每胎幼仔數：3-8 | 食物： |

| 科：犬科 | 學名：*Cerdocyon thous* | 野生現況：常見 |

食蟹狐（CRAB-EATING FOX）

廣泛分布於多種棲地，在分布範圍內個體變化頗大，不過背部毛皮多為灰棕色，腹部白色。臉部、耳朵和腿部略帶紅色，尾端、耳尖和腿部後側則為黑色。通常以一夫一妻配對；為夜行性掠食動物，以海邊和淡水螃蟹為食，也攝取其他多種食物。偶爾會遭農場或牧場人員槍殺，或因毛皮而遭獵殺。

體型：體長 64 公分，尾長 29 公分。

分布：南美洲北部及東部。活動於草原、溫帶森林及低海拔熱帶林。

毛皮灰棕色

南美洲

耳朵末端黑色

臉部紅棕色

腿部後側黑色

| 社群型態：群居 | 妊娠期：52-59日 | 每胎幼仔數：3-6 | 食物： |

科：犬科	學名： *Otocyon megalotis*	野生現況：常見

大耳狐（ BAT-EARED FOX ）

因具有可達 12 公分長的大
耳朵而得名。臉部小且具
獨特的黑色「面罩」，口鼻
部尖，耳朵末端黑色。牙齒比
大部分犬科動物小得多，但多了
8 顆臼齒，牙齒總數可達 48 顆，
是非有袋動物之冠。但在繁殖與社
群習性上，仍與典型狐類無異。

體型：體長 46-66 公分，尾長 23-
34 公分。

分布：東非及南非。活動於開闊草
原、半沙漠區及森林邊緣。

附註：以白蟻和糞金龜為主食，可
能是犬科家族中，唯一大幅放棄哺
乳類獵物的成員。

蝙蝠般的大耳朵

毛皮灰黃色

臉部
小，口
鼻部尖

腹部淡
黃棕色

非洲

社群型態：多變	妊娠期：60-75 日	每胎幼仔數：1-6	食物：

科：犬科	學名： *Atelocynus microtis*	野生現況：地區性常見

小耳犬（ SMALL-EARED DOG ）

耳朵圓短有如狸（見 226 頁），又稱為「小耳狐」。
毛髮極短，毛皮柔軟如絲；背部深灰到黑色，
腹部則為濃淡不一的褐灰色。主要
為夜行性動物，據說喜歡獨
居，會像貓一樣在森林底
層潛行。可能以嚙齒動物
和一些植物為主食。

體型：體長 72-100 公
分，尾長 25-35 公分。

分布：亞馬遜河流域。
活動於熱帶林之中，
分布海拔最高可達
1,000 公尺。

毛皮深灰色
至黑色

狐尾般多毛
的尾巴

耳朵短而圓

南美洲

社群型態：獨居	妊娠期：不詳	每胎幼仔數：不詳	食物：

科：犬科	學名：*Nyctereutes procyonoides*	野生現況：地區性常見

狸 (Raccoon Dog)

又像浣熊又像狗，這種獨特的犬科動物臉上有一黑色「強盜面罩」，口鼻部白色，四肢黑亮，尾巴毛髮濃密。棕黑色的毛皮上染有濃淡不一的黃色，尾巴上側大都是黑色。為夜行性動物，會沿著河岸、湖畔或海岸覓食；食物種類繁多，從鳥類、小型哺乳動物到果實都有。兩兩成對，或與臨時性的家庭成員共同生活。在日本相當普遍，但在中國部分地區已經絕種；自從引進歐洲之後，已在某些地區迅速擴散。擅長爬樹，這點與多數犬科動物不同。是唯一會冬眠的犬科動物，會在秋天大量進食，使體重增加多達 50%。

體型：體長 50-60 公分，尾長 18 公分。

分布：歐洲、中亞、北亞及東亞。活動於溫帶林地及具有林蔭的河谷。

歐亞大陸

人工育種

白色毛皮的狸是人工培育品種，由於毛皮廣受歡迎，因此許多國家都有人工培育。在前蘇聯時代圈養的狸經野放後，現已形成野生族群。

● 身體具棕黑色毛髮

● 黑色面罩

● 口鼻部白色，鼻子黑色

腿部具 ●
黑色短毛

社群型態：多變	妊娠期：60-65 日	每胎幼仔數：4-12	食物：

科：犬科	學名：*Canis dingo*	野生現況：地區性常見

澳洲野犬（DINGO）

有人認為牠是家犬的亞種，或說是其祖先灰狼（見230頁）的亞種，也有人視為獨立的物種，不過澳洲野犬很可能是在過去1萬年中，從家犬演變而成今日能在野外生存的野犬。毛皮顏色由赭棕到深紅薑色，胸部、腳和尾端有不規則白色斑紋。有繁殖力的成犬常組成穩定的犬群，較為年長的成員會以咬掐或抵制等方式，教導後輩明白自己的位階。優勢母犬會殺害從屬者的幼仔。

體型：體長72-110公分，尾長21-36公分。
分布：澳洲。活動於沙漠、草原、熱帶林及溫帶森林、森林邊緣。
附註：可與家犬交配，在澳洲某些地區，有1/3的野犬即為兩者的混種。澳洲野犬會捕殺牲畜、傳播狂犬病，因此被視為有害動物。

口鼻部有白色斑塊

澳洲

毛皮赭色到薑紅色

尾巴毛髮濃密，末端白色

社群型態：群居	妊娠期：63日	每胎幼仔數：1-10	食物：

科：犬科	學名：*Canis latrans*	野生現況：常見

草原狼（COYOTE）

淡黃色的毛皮上具有雜斑，耳朵外側、腿部和腳呈黃色，腹部灰色或白色，肩部、背部和尾巴則染有黑色。對棲息環境和食物種類的適應力很強，為機會主義掠食者，擅長潛行偷襲，以獵捕叉角羚、鹿、山羊、牲畜等為食，也撿食腐屍和垃圾；還常以快速彈跳方式追捕傑克兔。過去曾被視為獨居性動物，但其實也會組成繁殖對偶，或在遇到大型獵物時，集結成小型狩獵隊。草原狼獨具特色的夜嗥，通常是用來向鄰居宣告牠的所在或領域位置。

體型：體長70-97公分，尾長30-38公分。

北美洲、中美洲

分布：北美至中美洲北部。活動於草原、溫帶森林、凍原、山區和都會區。

頸背部黑色

口鼻部長

腹部灰色或白色

尾巴黑色

社群型態：多變	妊娠期：63日	每胎幼仔數：6-18	食物：

科：犬科	學名：*Canis simensis*	野生現況：嚴重瀕危

衣索比亞狼（ETHIOPIAN WOLF）

舊名「獅鼻胡狼」，具有紅黃色毛皮，但雌性與幼仔色澤較淺；喉嚨、頸部和胸部都有白色斑塊。白天獨自覓食，清晨、正午和晚間則聚集成 2-12 隻的嘈雜群集，互相問候。

體型：體長 1 公尺，尾長 33 公分。

分布：衣索比亞高原。活動於開放的高沼地和草原。

附註：在衣索比亞高原的食物鏈中扮演關鍵角色，僅剩的 3 個族群如今面臨了疾病的威脅，以及家犬和牲畜的競爭。另一個數量銳減的因素在於草原遭過度啃食，導致獵食對象——囓齒動物的減少。

耳朵大
口鼻部瘦長
毛皮略呈紅色
尾巴後半段黑色

非洲

社群型態：群居	妊娠期：60 日	每胎幼仔數：2-7	食物：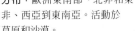

科：犬科	學名：*Canis aureus*	野生現況：常見

亞洲胡狼（GOLDEN JACKAL）

毛皮會隨季節與分布區而有所變化，但通常是淡金黃色或末梢棕色的黃色毛髮，體側紅褐色，腹部薑黃色或近乎白色。為雜食性動物，常組成有領域性的繁殖對偶，互相合作狩獵，成功率高。鄰近人類棲所時是完全夜行的動物；在食物豐盛的地區，群集成員可多達 20 隻。幼仔在安全的巢穴中由父母、兄姊和其他年輕的成熟個體照顧。

體型：體長 60-110 公分，尾長 20-30 公分。

分布：歐洲東南部、北非和東非、西亞到東南亞。活動於草原和沙漠。

頭部紅棕色
耳朵薑黃色
背部灰色至黑色

歐亞大陸、非洲

社群型態：成對	妊娠期：63 日	每胎幼仔數：1-9	食物：

| 科：犬科 | 學名： *Canis mesomelas* | 野生現況：常見 |

黑背胡狼
(BLACK-BACKED JACKAL)

也稱為「銀背胡狼」，這種薑黃色的胡狼背部和肩膀上有黑色鞍形斑紋，尾巴黑而多毛。出現在多種生態環境中，從大城市郊區到納米比亞沙漠都有。雌雄成對生活，於白天和晨昏覓食，或夜間在鄰近人類棲所處覓食，食物種類頗多。會攻擊羊群和小牛，因此在非洲部分地區被視為有害動物。幼仔在巢穴中由父母及年長手足照顧；有時會利用廢棄白蟻丘或土豚洞作為巢穴。

體型：體長 45-90 公分，尾長 26-40 公分。

分布：東非及南非。活動於草原、沙漠和都會區。

附註：雌雄終生配對，以團隊方式狩獵。

耳朵突出

背部具黑色鞍形斑紋

身體紅棕色

非洲

| 社群型態：成對 | 妊娠期：60 日 | 每胎幼仔數：1-8 | 食物： |

| 科：犬科 | 學名： *Canis adustus* | 野生現況：不詳 |

側帶胡狼 (SIDE-STRIPED JACKAL)

毛皮灰黃色，腹部顏色較淡，尾端白色，體側常有黑白條紋，但不太明顯。食物種類比其他胡狼更雜，包括嚙齒動物、鳥類、蛋、蜥蜴、昆蟲、垃圾、腐肉和植物等。和紅狐（見 218 頁）一樣，會在城市附近覓食，也曾出現在森林邊緣和耕牧混合的農場上。

體型：體長約 65-81 公分，尾長約 30-41 公分。

分布：中非、東非和南非。活動於潮濕的疏林草原、熱帶森林與農場地區。

附註： 20 世紀初曾因犬瘟熱流行而大量死亡。

毛皮灰黃色

不明顯的黑白側紋

尾端白色

非洲

| 社群型態：成對 | 妊娠期：57-70 日 | 每胎幼仔數：3-6 | 食物： |

科：犬科	學名：*Canis lupus*	野生現況：受威脅

灰狼（GREY WOLF）

家犬的祖先，也是犬科家族中體型最大的成員。以 8-12 隻個體組成具有
複雜社會組織的狼群或家族，因此能成為成功的獵食者。狼群的社會階
級非常明確，並以一對終生配對的優勢對偶為領導中心。狼群
會巡邏廣大的領域，用氣味加以標示，並以嗥叫聲宣告主權，
狼嗥可傳達超過 10 公里遠，警告其他狼群不要越界，也藉
此避開衝突。強壯結實的身體，敏銳的聽覺和嗅覺，
也是灰狼成為優秀掠食者的要件。濃密的毛皮多
為灰色，但也可能有從近乎純白
到紅、棕和黑色等多種變化。以
鹿、美洲麋鹿、馴鹿等大型有蹄
動物為主食，但也會吃家畜、腐肉
和垃圾。幼仔出生後 1 個月斷奶，
開始由成狼餵食經過反芻的碎肉。食
物充足的健壯小狼在 3-5 個月大時，就
能與狼群同行，1 年內即可選擇離開狼群。

北美洲、格陵蘭、
歐亞大陸

銳利的長牙

體型：體長 1-1.5 公尺，尾長 30-51 公分。
分布：北美、格陵蘭、歐洲及北緯 15 度以北
的亞洲地區。活動於荒郊野外或偏遠地區，但若人
類棲所有豐盛的食物，則會接近人煙。
附註：原是世界上分布最廣的野生哺乳動物之一，
但因人類認定牠本性兇殘的誇大觀點，而在許多分
布地遭受大規模屠殺。

毛髮濃密，藉
以保持體溫

「狼」多勢眾

共同狩獵使狼能擊倒多種獵物，甚至是體重達 10
倍的獵物。捕獲獵物時，狼群成員須等到優勢對
偶吃飽後，才能獲得屍肉。

狼群成員排
隊等待進食

社群型態：群居	妊娠期：61-63 日	每胎幼仔數：1-11	食物：

犬科家族

現代家犬（*Canis familiaris*）和灰狼的基因相似，
只有 2 點明顯不同，一是家犬的牙齒較小而密集，
二是腦部約比狼腦小 1/3。狼的大腦學習中心裡用
來繪製領域地圖的功能區，在定居於人類生活環
境的家犬身上已經失去運作功能；相對地，家犬
的腦部學習中心裡，用來學習適應其他生物（主
要是人類）的區域則在尺寸和效率上都有增加。

腿部長而有力

毛皮灰色至
白色、紅色、
棕色或黑色

腳和爪大

| 科：犬科 | 學名：*Speothos venaticus* | 野生現況：受威脅 |

叢林犬（BUSH DOG）

外表像貂；以家族為群居單位，成員最多 10 隻。為日行性掠食者，會
獨自獵食底棲鳥類及蹄鼠等囓齒動物；也會成群合作獵捕水豚等較大
型動物，甚至進入水中攻擊。夜間在地穴棲
息，公犬會帶食物回窩給授乳中的母犬。

體型：體長 57-75 公分，
尾長 12.5-15 公分。

分布：中美洲
到南美洲北部及
中部。活動於熱
帶森林及潮濕的疏林
草原上。

附註：是社群性最高的小
型犬類。

中美洲、南美洲

臉部像貂

身材修長

尾巴小
而粗

腿部短
而結實

| 社群型態：群居 | 妊娠期：67 日 | 每胎幼仔數：1-6 | 食物： |

| 科：犬科 | 學名：*Cuon alpinus* | 野生現況：受威脅 |

亞洲豺犬（DHOLE）

也稱為「亞洲野犬」，體型大，毛皮黃褐色或深紅色，尾巴毛髮
濃密且色澤更深。具有領域性，群集以大家族為單位，成員可
多達 25 隻，會和幼犬共同棲息在窩巢中，幼仔以
成犬反芻的食物為食，離開窩巢後仍然如此。

體型：體長 90 公分，尾長 40-45 公分。

分布：南亞、東亞及東南亞。活動於熱帶、溫帶
及山區的濃密森林中。

附註：分布廣泛，但活動範圍和數量都面臨縮減。

耳朵圓

亞洲

毛皮黃褐色
到深紅色

腿部短

| 社群型態：群居 | 妊娠期：60-62 日 | 每胎幼仔數：3-9 | 食物： |

科：犬科	學名： *Lycaon pictus*	野生現況：瀕臨絕種

非洲豺犬（AFRICAN WILD DOG）

曾經廣布於非洲多種生態環境中，如今只剩下少數不完整的族群。為獅子和鬣狗等大型動物的狩獵對象，但主要威脅仍來自人類的設陷捕殺、槍殺或汽車意外撞死；此外也因棲地漸失，以及家犬帶來的狂犬病與犬瘟熱等疾病，而面臨多重威脅。毛皮上有多變的斑紋，和黑、白、灰及黃色等各種螺旋色斑，因此拉丁學名意為「彩斑狼」。可能是犬科家族中社群性最高的動物，犬群中的成犬和幼犬數量可多達 30 隻以上。會發出迴盪不已的呼嚕聲，呼叫走失的成員，或發出輕柔的鳴聲表示順從。

體型：體長 76-110 公分，尾長 30-41 公分。

分布：非洲亞撒哈拉地區，特別是坦尚尼亞和南非。活動於灌木區、山區和沿海地區。

附註：目前非洲豺犬的生存大幅仰賴積極的保育活動。

非洲

保護非洲豺犬
為拯救非洲豺犬免於滅絕，科學家將豺犬麻醉，安裝無線電項圈，藉以追蹤行跡，並收集體型、體重、血液樣本的基因分析等相關資料。

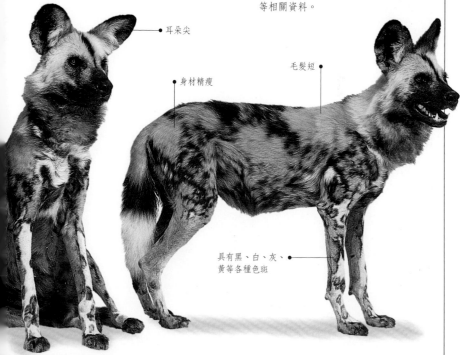

耳朵尖

身材精瘦

毛髮短

具有黑、白、灰、黃等各種色斑

社群型態：群居	妊娠期：69-73 日	每胎幼仔數：10-12	食物：

食肉動物：熊

熊 科家族共有 8 個成員，無論外型或身體比例都很相似。牠們的體格強大壯碩，四肢粗壯有力且具大型爪子，頭部龐大，耳朵小，眼睛小且視力差，口鼻部長，嗅覺靈敏。

雖然屬於食肉動物，但其實多半爲雜食性。然而也有例外，例如北極熊就幾乎只以鮮肉爲食、眼鏡熊和亞洲黑熊以草食爲主，至於大貓熊，則是個不折不扣的純素食主義者。

熊多半獨來獨往，北方族群會以冬眠度過寒冬。由於體型龐大、強壯有力，加上偶爾會襲擊牲畜，具攻擊性，在撫育小熊期間更是如此，因此長期遭人類追捕。除了其中 2 個成員外，所有熊族都或多或少面臨了生存危機。

科：熊科	學名：*Ursus americanus*	野生現況：瀕危風險低＊

美洲黑熊（AMERICAN BLACK BEAR）

雖名爲黑熊，其實毛色有黑色到黃褐、棕或金色等多種變化，太平洋海岸甚至有獨特的灰藍色個體。很能適應各種生態環境，但大都出現在具濃密森林的地區。擅長爬樹，會用具有抓握力的嘴唇摘取果實、嫩芽、漿果與核果。能以有力的前掌和彎爪挖開倒木、移動石塊，以尋找昆蟲來吃，甚至會闖進戶外小屋或汽車內，搜括人類留下的食物。會運用複雜的肢體動作進行溝通。打呵欠、迴避目光或低頭等動作，都能用來裁定社會階級，進而降低肢體衝突的可能。

體型：體長 1.3-1.9 公尺，體重 55-300 公斤。

分布：阿拉斯加、加拿大、美國和墨西哥。活動於溫帶森林、針葉森林及山區之中。

附註：美洲黑熊已成功地適應了人類的存在，極少攻擊人類，因爲牠會盡量避開衝突。

嘴唇具抓握力

耳朵大而挺立

身材中型到大型

四肢強而有力

北美洲

社群型態：獨居	妊娠期：6 週	每胎幼仔數：1-5	食物：

科：熊科	學名：*Ursus maritimus*	野生現況：瀕危風險低

北極熊（POLAR BEAR）

是體型最大的食肉動物之一，也是游泳與潛水健將，具有許多適應水中生活的方法，包括保護毛內部中空並充氣，以增加浮力；鼻孔可在水中閉合，使牠能屏息突襲毫無警戒的獵物。主要獵物包括環紋海豹、鬚海豹及菱紋海豹，採取偷偷跟蹤，或在海豹呼吸孔前靜候等方式狩獵。當食物稀有時，能夠長時間斷食，尤其當牠因浮冰融化而被迫上岸時，也能以海藻、苔蘚和漿果等為食長達 5 個月。

獵鯨
北極熊以海豹為主食，但也有能力獵捕更大型的水生哺乳動物，如海象，甚至一角鯨。圖中的北極熊正試圖獵捕白鯨。

體型：體長 2.1-3.4 公尺，體重 400-680 公斤。

分布：北美、格陵蘭、挪威及俄羅斯等地區的極圈地帶。活動於鄰近海洋的極地冰層上。

附註：是嗅覺最發達的熊科動物，能在 1 公里外，察覺到位在冰雪下方 90 公分深的海豹呼吸孔。

平直的「羅馬人」側面

舌頭黑色

頸部較長

帶爪的腳掌上有部分毛髮，以增加冰上抓地力

北極地區

社群型態：獨居	妊娠期：9 週	每胎幼仔數：1-4	食物：

科：熊科	學名：*Ursus arctos*	野生現況：瀕危風險低 *

棕熊（Brown Bear）

體格龐大、強健有力，是熊科家族中分布最廣的成員。體型隨食物種類和棲息環境而大有不同。棕熊又分為許多品系，包括北美灰熊、科迪亞克熊、阿拉斯加棕熊、歐亞棕熊、敘利亞棕熊、西伯利亞棕熊、滿洲棕熊及北海道棕熊，所有棕熊的肩膀都有肌肉形成獨特的「肩部隆起」，前掌有長爪能挖掘植物根部和鱗莖，臉部側面曲線內凹，耳朵小。毛皮多為深棕色，但也有從金黃到黑色等變化。保護毛長，末梢白色，因而形成灰白交雜的外觀。雌雄間的體長差異不大，但雄性體重可達到雌性的 2 倍。以草食為主，95% 的食物內容來自草類、根部、鱗莖、塊莖、漿果及核果，但也愛吃魚類及昆蟲。在溫暖的季節會大量進食，以增加重量，為漫長的多眠進行準備。

體型：體長 2-3 公尺，體重 100-1,000 公斤。

分布：北美、北歐及亞洲。在草原、乾燥沙漠、濃密的溫帶及針葉森林、山區中活動。

附註：棕熊需要廣闊的曠野才能生存，棲地的破壞已使棕熊數量嚴重減少。也面臨非法盜獵，以獲取身體器官作為傳統醫藥之用，特別是熊膽。

北美洲、歐洲、亞洲

濃密的毛皮多為深棕色，也有從金黃到黑色等變化

偵查環境
棕熊有時會用後肢挺身站立，以確認可能的食物來源或潛在危險。和一般所知不同的是，這個姿勢並不具攻擊性。熊極少攻擊人類，只在驟然相遇時才會發動攻擊。

四肢短而有力

愛吃魚
雖然棕熊以草食為主，但有些棲息在海岸地區的族群會在鮭魚逆流洄游產卵時，用掌擊或利牙捕食大量鮭魚。

社群型態：獨居	妊娠期：9 週	每胎幼仔數：1-4	食物：

耳朵小

頭部寬大

前掌的爪無
法回縮

| 科：熊科 | 學名： *Ursus thibetanus* | 野生現況：受威脅 |

亞洲黑熊（ASIATIC BLACK BEAR）

外型和習性都與美洲黑熊（見234頁）相似，常在林間出現，覓食核果與果實。全身黑色，胸部有一塊黃白色斑紋，耳朵有簇毛，尾巴短。許多棲地遭人類開發成農場，因此會劫掠農作物，有時還會殺害人類。

體型：體長1.3-1.9公尺，體重100-200公斤。

分布：南亞和東南亞、中國東北部、俄羅斯遠東地區及日本。活動於森林坡地。

附註：因身體器官可作地方藥材而遭獵殺。

口鼻部色澤較淡 •

胸部斑紋 •
黃白色

後肢強壯有力，能挺立行走 •

亞洲

| 社群型態：獨居 | 妊娠期：8個月 | 每胎幼仔數：1-3 | 食物： 🌿 🍑 🐟 🌾 🐜 |

| 科：熊科 | 學名： *Helarctos malayanus* | 野生現況：瀕臨絕種 |

馬來熊（SUN BEAR）

又稱為「狗熊」或「蜜熊」，是個難以捉摸的夜行性動物，體格健壯、外型似犬。以樹棲為主，會用手臂抱住樹幹，再以牙齒及長爪抓住樹枝，把自己強拉到樹上；利用彎曲的樹枝築成簡陋窩巢來睡覺。會用爪子挖開腐爛倒木或蜂窩，尋找蠕蟲和蜂蜜，或將長達25公分的舌頭伸入裂隙中，舔食這類食物；有時還會將雙手輪流插入白蟻穴中，再伸出來舔食手上的白蟻。黑色到灰色或鏽紅色的毛皮短而光滑，胸前有一片U字型或圓形的乳白色斑紋；口鼻部短，且顏色較淡。頸部皮膚鬆垮，因此即使遭對手從背部箝制攻擊，仍能轉身迎擊。

體型：體長1.1-1.4公尺，體重50-65公斤。

分布：東南亞。活動於低海拔闊葉雨林之中。

附註：在熊科家族8個成員之中，馬來熊的體型最小，最適合棲息於熱帶。

口鼻部短而色淺 •

乳白色的U字型「太陽斑紋」 •

毛皮光滑平順 •

爪子長而彎曲 •

亞洲

| 社群型態：獨居 | 妊娠期：96日 | 每胎幼仔數：不詳 | 食物： 🌿 🐜 🐟 ❄ 🐁 |

| 科：熊科 | 學名：*Melursus ursinus* | 野生現況：瀕臨絕種 |

懶熊（SLOTH BEAR）

毛皮雜亂不整齊，耳朵四周、頸部和肩膀的毛髮長，是長相極為獨特的一種熊；常出沒於有螞蟻、白蟻和果實等主食的環境中。會用長達 8 公分的前爪挖開昆蟲的窩巢，然後關閉鼻孔，噘起嘴唇，從沒有門牙的缺口吸食獵物。和其他熊種一樣，會用後腿站立，偵測四周環境。

體型：體長 1.4-1.8 公尺，體重 55-190 公斤。

分布：印度次大陸。活動於草原、荊棘叢和熱帶森林之中。

附註：面臨棲地喪失、人類獵殺取食器官、幼仔遭人捕捉作為表演動物等威脅。

耳朵具長毛

口鼻部白色

胸部具 Y、O 或 U 型等白色寬紋

亞洲

| 社群型態：多變 | 妊娠期：6-7 個月 | 每胎幼仔數：2-3 | 食物：🐜 🍎 ❀ ● 🌿 |

| 科：熊科 | 學名：*Tremarctos ornatus* | 野生現況：受威脅 |

眼鏡熊（SPECTACLED BEAR）

眼鏡熊是南美洲唯一的熊類，又稱「安地斯熊」，在當地民間傳說和神話中占有重要地位。非常擅於攀爬，從前分布於多種生態環境中，如今只局限在食物最豐富的雲霧林帶。這種以草食為主的熊擁有巨大的顎骨，因此能啃食最粗硬的植物。因眼睛四周具有環狀淺色斑紋而得名。

體型：體長 1.5-2 公尺，體重 140-175 公斤。

分布：安地斯山脈。活動於海岸地區、乾草原和森林中。

附註：為南美洲僅次於貘的第二大陸生哺乳動物，也是重要的種子傳播者。

毛皮黑色至深紅棕色

淺色的圓形眼圈

南美洲

口鼻部最短的熊

前肢比後肢長

| 社群型態：獨居 | 妊娠期：7-8 個月 | 每胎幼仔數：1-4 | 食物：🌿 🍎 🐌 🐜 🐾 🐦 |

| 科：熊科 | 學名：*Ailuropoda melanoleuca* | 野生現況：嚴重瀕危 |

大貓熊（GIANT PANDA）

這種桶狀體型的熊具有明顯的雙色調，因此極易辨認，耳朵、橢圓形眼斑、鼻頭、肩背部及四肢均爲黑色，其餘部位爲白色。頭部大、耳朵挺立、眼睛小如珠。中國人又稱之爲「大熊貓」或「白熊」，幾乎只以竹子爲食，可說是食物種類最嚴格的哺乳動物。攝取 30 餘種竹子的各個部位：春天吃新筍，夏天吃綠葉，冬天吃竹莖。具有肉食性哺乳動物的單一胃部和較短的消化道，偶爾也會吃腐肉。一般爲獨居性；於黃昏和清晨進食，並在覓食區內的竹叢中睡覺。沒有嚴格的領域性，偏好避開正面衝突，會用體味、尿液和爪痕標記活動範圍。母貓熊在繁殖期會發出嗚咽聲、咩咩聲和吠叫聲（已確認的貓熊叫聲共有 11 種）；雄性會爲了爭取發情的雌性而彼此追逐打鬥。雄性有時會殺害新生幼仔。

體型：體長 1.6-1.9 公尺，體重 70-125 公斤。

分布：中國西部（有 25 個不同族群分布於 3 個省分中）。活動於溫帶、熱帶或山區的竹林中。

附註：不同於多數熊類，牠在冬天並不冬眠。

假拇指

六指「手」
肉墊狀的假拇指能屈曲，而與真拇指（第 1 趾）相對，以幫助抓握竹莖和竹葉。

粗糙、具油質的外毛皮，毛髮可達 10 公分長

瀕危的貓熊
人工圈養的貓熊超過 100 隻，但牠們所生下的幼仔只有 30% 能夠存活。野生族群多半小而分散，且基因不健全。儘管法規嚴格（最高可處死刑），但仍遭盜獵。建立龐大的保護區可能是貓熊存活的唯一希望。

| 社群型態：獨居 | 妊娠期：97-181 日 | 每胎幼仔數：1-2 | 食物：🌱 |

黑色耳朵

中國

白色臉龐

前肢強壯
有力

後腿及臀部
不如前肢強壯

食肉動物：浣熊

臉 上帶著「強盜」面具、尾巴有環節、大膽而忙碌的生活型態、機會主義覓食者的習性、能適應各類食物，這些屬於北美浣熊的特徵，也正是浣熊科動物的典型寫照。

這個家族有 20 種成員，包括狗、北美節尾浣熊、蜜熊和南美節尾浣熊，全都分布於美洲森林，唯一的例外是亞洲的小貓熊，有些分類法將牠和大貓熊一起歸類為只有 2 個成員的貓熊科。

浣熊科家族通常為夜行性，在非繁殖季節會維持獨居生活。具有修長的身體和尾巴，口鼻部尖，臉部寬，小耳朵呈圓形或尖形。腿部較短，具蹠行步態，即行走時腳底與地面接觸，一如熊和人類。所有浣熊都具有銳利的爪，且善於攀爬。

科：浣熊科	學名：*Ailurus fulgens*	野生現況：瀕臨絕種

小貓熊（LESSER PANDA）

也稱為「紅貓熊」，這種小型食肉動物的毛皮為紅棕色至深栗色，臉頰和口鼻部略帶白色，眼睛上方也有白斑。頭部又大又圓，耳朵大而尖，耳朵邊緣白色。主要在地面活動，但也會用可半回縮的爪子爬樹，冬天還會在高高的樹上曬太陽。為獨居性動物，但幼仔最多可跟隨母親達 1 年之久。以夜行為主，並會利用排泄物、尿液，以及氣味如麝香的肛門腺體分泌物來標記領域。

體型：體長 50-64 公分，尾長 28-50 公分。

分布：南亞及東南亞。活動於偏遠的高海拔竹林中。

附註：因棲地破壞及狩獵而遭受嚴重威脅。

亞洲

身體紅棕色至深栗色

眼睛上方有白斑

腳底多毛

口鼻部白色

尾巴有深淺相間的環紋

社群型態：獨居	妊娠期：114-145 日	每胎幼仔數：1-5	食物：

科：浣熊科	學名：*Bassariscus astutus*	野生現況：不詳

北美節尾浣熊（RINGTAIL）

身材苗條、動作靈活，又稱「節尾貓」或「蓬尾浣熊」，毛皮灰棕或淡黃色，尾巴具醒目的黑白環紋，眼睛有黑眼圈，口鼻部和眉毛皆為白色。是很有效率的夜行性狩獵者，利用吠聲或高頻的長聲尖叫進行溝通。

體型：體長 30-42 公分，尾長 31-44 公分。

分布：美國中部和西部到墨西哥南部。活動於沙漠、森林及山區。

北美洲

附註：行動非常敏捷，後腳能夠轉動 180°，因此異常靈活。

背部毛皮灰棕色至淡黃色

身材苗條

尾巴具明顯的黑白環紋

社群型態：獨居	妊娠期：51-60 日	每胎幼仔數：1-4	食物：

科：浣熊科	學名：*Procyon lotor*	野生現況：常見

北美浣熊（COMMON RACCOON）

又稱馬帕奇（Mapache），即西班牙文的浣熊。適應力驚人，從沙漠、林地到都會區等各種棲地都有分布。黑色的「強盜面罩」似乎反映了這種吵雜動物的機會主義習性。牠會攀爬、挖掘，甚至用前爪開啟牲畜欄舍的門。

體型：體長約 40-65 公分，尾長 25-35 公分。

分布：加拿大南部到中美洲地區。活動於沙漠、熱帶林、溫帶林及針葉林、鄰近河湖處及都市地區。

附註：雙手具有處理食物的能力。

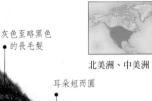

北美洲、中美洲

灰色至略黑色的長毛髮

耳朵短而圓

黑色眼斑

社群型態：獨居	妊娠期：60-73 日	每胎幼仔數：1-7	食物：

科：浣熊科	學名：*Procyon cancrivorus*	野生現況：常見

食蟹浣熊（CRAB-EATING RACCOON）

體型和大型貓差不多，毛皮短而粗糙，頸部毛髮向前傾。爲夜行性的雜食動物，於溪流、沼澤、湖泊和海岸邊覓食，用手指在水中感覺獵物的位置。不僅擅長在水邊尋找獵物，還能輕鬆出入水中。雖然是陸棲動物，卻在樹洞中築集。

體型：體長45-90公分，尾長20-56公分。

分布：哥斯大黎加東部，和鄰近的巴拿馬到阿根廷北部及烏拉圭。活動於接近水域的地區。

中美洲、南美洲

黑色面罩

棕色或灰色毛皮具雜斑

社群型態：獨居	妊娠期：60-73日	每胎幼仔數：2-4	食物：

科：浣熊科	學名：*Nasua nasua*	野生現況：地區性常見

赤豹（SOUTHERN RING-TAILED COATI）

也稱爲長鼻浣熊，在墨西哥稱爲堤戎（Tejón），在中美洲稱爲皮索特（Pizote），毛皮有紅棕色到黃棕或灰棕色。白天會聚集成10-20隻的嘈雜群集一同覓食，用末端白色的長吻部尋找食物，也會在群集四周「站哨」，注意掠食者蹤跡。能發出多種聲音，運用輕柔的呼聲、吠叫聲、哨聲和吱吱聲等，以及尾部動作來進行溝通。

體型：體長40-70公分，尾長32-70公分。

分布：美國西南部、墨西哥、中美洲及南美洲。活動於沙漠、森林、水邊及紅樹林沼地。

耳朵短而圓

尾巴具環紋，尾端漸細

吻部瘦長

北美洲、中美洲及南美洲

社群型態：多變	妊娠期：10-11週	每胎幼仔數：2-7	食物：

科：浣熊科	學名：*Potos flavus*	野生現況：瀕臨絕種 *

蜜熊（KINKAJOU）

毛皮淡金棕色或黃褐到深灰棕色；由於具備了有力的捲尾、爪子，以及有肉墊但無毛的腳底，因此成為非常靈巧的爬樹專家。這種夜行性食肉動物會在樹冠層活動，以便仔細尋找食物，並在樹洞或灌木叢中築巢。蜜熊能發出多種叫聲，用來宣示領域、吸引異性配偶或嚇阻掠食者。

體型：體長 39-76 公分，尾長 39-57 公分。

分布：墨西哥南部到南美洲。活動於鄰近濕地及紅樹林沼地的熱帶森林。

頭部圓而寬

毛茸茸的身體

毛皮淡金黃色到灰色

具抓握力的捲尾

腳有爪，腳底具肉墊

北美洲、中美洲及南美洲

社群型態：獨居	妊娠期：112-120 日	每胎幼仔數：1	食物：🍎❄✳🐜🐁

科：浣熊科	學名：*Bassaricyon gabbii*	野生現況：瀕危風險低 *

南美犬浣熊（BUSHY-TAILED OLINGO）

這種身材苗條、外型像貓的浣熊，毛皮為灰棕到淺灰色，喜歡棲息於各種森林，特別是雲霧林帶。在樹林中行動敏捷自如，能用有爪無毛的腳掌握住枝幹，並以不具抓握力的尾巴保持平衡；尾巴有模糊環紋。主要在夜晚活動，極少下到地面，於樹冠層覓食，並蜷曲在枝幹上或樹洞中棲息。為獨居動物，但在繁殖期間，雌雄會彼此大聲呼叫，也會成對出現。

體型：體長 36-42 公分，尾長 37-49 公分。

分布：中美洲到南美洲北部地區。活動於熱帶雨林及山區之中。

附註：對伐林和森林的人為干擾非常敏感，對空曠地區或次生林則適應不良。

毛皮灰棕色至淡棕色

棕色大眼睛

毛髮蓬鬆的長尾巴

中美洲、南美洲

社群型態：獨居	妊娠期：73-74 日	每胎幼仔數：1	食物：🐛🐁❄

食肉動物：貂、鼬

身材修長纖細，肢體靈活柔軟，四肢略短，耳朵小，眼睛如珠，牙齒銳利，感官靈敏，全是貂科動物的典型特徵。

貂科家族有 67 個成員，體型大小變化多端，小至最小型的食肉動物小鼬（能蜷曲於人類雙掌上），大到白鼬和臭鼬，乃至可與大狗匹敵的大水獺及狼貛。此外，生活型態也因物種不同而各有所異，例如有陸棲的林鼬、也有樹棲的貂；有會挖地穴的貛，也有半水生的水貂，以及幾乎完全水生的水獺。

貂科動物四肢的五根趾頭都有爪，在食肉動物中實屬少見。牠們尾巴旁的腺體會分泌麝香氣味，藉以標示領域。全球除了澳洲、南極洲和東南亞某些地區外，各地都有貂科成員的蹤影。

科：貂科	學名：*Mustela putorious*	野生現況：地區性常見

歐洲雪貂（EUROPEAN POLECAT）

為人類馴養的地中海雪貂始祖，曾因毛皮而極富價值。具有淡黃至黑色的長毛，下方可見乳黃色的內毛皮，臉上有面罩般的黑色斑紋橫過雙眼。頭小而扁，耳朵圓，吻部鈍。身體修長柔軟，可輕鬆穿過狹小通道；能輕靈奔跑、攀爬及游泳，以追捕多種獵物。這種夜行性掠食者的視力不佳，因此必須仰賴嗅覺與聽覺狩獵。主要獵物是兔子，常進入兔窩中獵食；其他獵物則包括小型嚙齒動物、鳥類和兩生類。相對地，牠自己則是狐和猛禽的獵物，並且因為會對獵場獵物和家禽造成威脅，而遭獵場看守者設陷捕捉。雄貂體型比雌性大許多，且會防禦獨占的領域，不過領域範圍可能會與雌貂重疊。遭受威脅時，會從肛門腺分泌令人退避三舍的氣味。

體型：體長 35-51 公分，尾長 12-19 公分。

分布：歐洲。活動於林地、森林、人工林、農場、沼澤及河岸地區。

歐洲

友善的地中海雪貂
人類馴養為寵物的雪貂（圖中為冬天的淺色冬毛），即由歐洲雪貂繁衍而來。

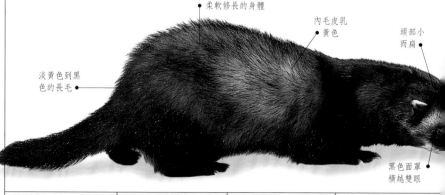

● 柔軟修長的身體

● 內毛皮乳黃色

● 頭部小而扁

● 淡黃色到黑色的長毛

● 黑色面罩橫越雙眼

社群型態：獨居	妊娠期：40-43 日	每胎幼仔數：5-8	食物：

科：貂科	學名：*Mustela nigripes*	野生現況：嚴重瀕危

黑腳貂（BLACK-FOOTED FERRET）

為全球最稀有的哺乳動物之一，毛皮黃褐色，有明顯的黑色面罩，四肢和尾端黑色。這種夜行性動物不僅以草原犬鼠為主食，還利用其地穴作為窩巢。1990年代，由於草原犬鼠遭人類趕盡殺絕，致使野生的黑腳貂幾乎絕種。

體型：體長 38-41 公分，尾長 11-13 公分。

分布：北美洲西部。活動於草原犬鼠分布範圍內的開闊草原、乾草原及灌木叢。

附註：人類圈養繁殖了約 190 隻的小族群，並在美國懷俄明州野放，有些已在野外開始繁殖。

北美洲

眼睛四周有黑色面罩

毛皮黃褐色

尾端黑色

四肢黑色

社群型態：獨居／成對	妊娠期：42-45 日	每胎幼仔數：3-6	食物：

科：貂科	學名：*Mustela erminea*	野生現況：地區性常見

白鼬（STOAT）

是分布廣泛的典型貂科動物，身材纖細、吻部尖、眼睛和耳朵小、四肢短。日夜都會活動，只要有獵物和可供棲息的掩蔽處就能生存。在氣候較溫暖的地區，背部毛皮為赤褐色至薑棕色，腹部乳白色，腹背之間界線分明；北方族群則在冬天轉為近乎純白，以便在雪地中具有保護色。

體型：體長 17-24 公分，尾長 9-12 公分。

分布：北美洲及歐亞大陸。活動於凍原、溫帶和針葉森林，以及山區。

附註：因具有白色冬毛而得名「掃雪鼬」。

北美洲、歐亞大陸

身材修長

尾端黑色

耳朵小

社群型態：獨居	妊娠期：28 日	每胎幼仔數：4-9	食物：

科：貂科	學名：*Mustela nivalis*	野生現況：地區性常見

歐洲鼬（Weasel）

貂科家族中體型最小、分布最廣的成員之一，適應力佳，因此能出現在各種棲息環境中。身材修長纖細，背部、四肢和尾巴為深棕色或紅褐色，腹部白色。頭部小，相對之下圓耳朵顯得較大；頸部長。各地的歐洲鼬在體型上變化很大，通常北方族群體型較大，且毛皮會在冬季轉為白色。日夜都會活動，每次活動以 10-45 分鐘為一回合，與休息交替進行；每天必須攝取達體重 1/3 重量的食物，才能維持生命。是獵食小鼠和田鼠的專家，偶爾也獵捕鳥類，狩獵時主要仰賴視覺與嗅覺，能準確咬住獵物頸部，給予致命一擊。受威脅時會發出嘶嘶聲或尖叫聲，並從肛門腺體釋出強烈惡臭，但這種氣味也可用來和同類進行溝通。

體型：體長約 16.5-24 公分，尾長約 3-9 公分。

分布：北美洲、歐洲至北亞、中亞及東亞地區。活動於多種生態環境，包括凍原、乾草原、半沙漠區、開闊森林、農場以及草地。

附註：在極度低溫下，積雪層具有隔離酷寒的效果，因此歐洲鼬在厚層積雪下不停地獵食，藉此度過嚴冬。

頭部小而扁

頸部瘦長

背部、四肢及尾巴毛皮為紅褐色至深棕色

喉嚨到下腹部毛皮白色

四肢短而小，每個腳掌都有 5 根趾頭

社群型態：獨居	妊娠期：34-37 日	每胎幼仔數：1-7	食物：

頭部和身體纖細，
因此能夠進出囓齒
● 動物的巢穴

頭部小，
● 耳朵比例大

北美洲、歐亞大陸

眼窩小而淺

頭顱小

犬齒大而 ●
銳利，猶如
獠牙

獨居主義者

歐洲鼬為獨居動物，會在其他動物遺棄的
裂縫、樹根或地穴中築巢；每隻鼬都擁有
數個窩巢，並以獵物的毛皮或羽毛鋪墊。

扁平的頭顱

歐洲鼬的頭部扁而深長。門牙
小，邊緣銳利的臼齒能切斷獵
物的軟骨與肌腱。

尾端不像白鼬
● 那樣呈黑色

尾巴與身
● 體同色

幼仔

歐洲鼬的幼仔出生後，即由母
親單獨照顧約9-12週。母鼬在
鋪有柔軟材料的繁殖窩中生
產，每胎約可產下1-7隻幼
仔。成熟雄性體長比雌性長約
1/4，體重更可達2倍重。

| 科：貂科 | 學名：*Mustela vison* | 野生現況：地區性常見 |

美洲水貂（ AMERICAN MINK ）

毛皮深棕色到近乎黑色，但每 10 隻約有 1 隻會是銀灰色，此外養貂場也培育出多種不同色澤的水貂。為機會主義掠食者，於夜間、黃昏和黎明獵食各種小型動物，如鼠、兔、蛙、魚、蝦和潮間帶的蟹。雖然在水邊活動，但並不十分擅長游泳，且因其眼睛不太能適應水中環境，因此會先從水面觀察獵物位置，才進行追擊。會發出多種聲音，包括尖叫聲和嘶嘶聲，繁殖季則以咯咯聲呼叫異性。交配過程常在兩性具攻擊性的遭遇中展開。雄性會先從領域與自己重疊的雌性開始尋找配偶，然後才找外圍的雌性。雌性的領域範圍通常為 1-3 公里，雄性則為 2-5 公里。雌性會獨自撫育幼仔，在植物根部或石塊築成的巢穴中哺乳達 5-6 星期。

體型：體長 30-54 公分，尾長 14-21 公分。

分布：北美洲、南美洲南部、歐洲及亞洲。活動於湖泊、河流及海岸邊。

附註：遭人類獵取其華麗的毛皮達數百年，20 世紀初更被引進歐洲的養貂場。逃離養貂場的水貂建立了野生族群，但因為對原生動物造成威脅，特別是歐洲水田鼠（見 164 頁），而被視為有害動物。

北美洲、南美洲、歐亞大陸

耳朵小

下巴有白色斑紋

內毛皮濃密

毛皮深棕色

外毛皮粗糙、色澤較深

水邊生活

美洲水貂具半水生的生活型態，深色保護毛可以防水，使毛皮在水中不會浸濕。腳上有不完整的蹼，因此在陸地和水中都能獵食。

| 社群型態：獨居 | 妊娠期：40-75 日 | 每胎幼仔數：3-6 | 食物： |

科：貂科	學名：*Mustela lutreola*	野生現況：瀕臨絕種

歐洲水貂（EUROPEAN MINK）

嘴唇四周有
白色細紋

體型比美洲水貂（見對頁）略小，兩者間的親緣關係並不緊密，但習性與外型卻很相似。歐洲水貂毛皮通常爲深棕色至近黑色，嘴唇邊有一圈白色細環紋。雄性體型可比雌性大 85％ 之多。這種以夜行爲主的掠食者，能在水中和陸地上獵食水田鼠、魚、蛙、螯蝦及水鳥。雖然面臨美洲水貂等外來種的威脅，但少有天敵。受威脅時，肛門腺體會釋出令人作嘔的分泌物。

體型：體長 30-40 公分，尾長 12-19 公分。

分布：西班牙北部、法國西部、白俄羅斯及俄羅斯。活動於湖泊、流速緩慢的河流，特別是鄰近或流經樹林的河流。

附註：爲歐洲最嚴重瀕危的哺乳動物，目前由人工圈養繁殖中。

歐洲

毛皮深棕
色至近黑色

尾巴略顯
蓬鬆多毛

社群型態：獨居	妊娠期：40-43 日	每胎幼仔數：4-5	食物：

科：貂科	學名：*Poecilogale albinucha*	野生現況：瀕危風險低 *

非洲白頸鼬（AFRICAN STRIPED WEASEL）

非洲

前頸白色

身體修長柔軟，全身黑色，但前額到頸部有白色斑塊，此斑塊在頸部分裂爲 2 條白紋，每條白紋又於背部和體側再各自分成 2 條，4 道白紋最後在白色多毛的尾部匯聚。前腳的爪子比後腳爪長，可用來挖掘地穴。於夜間覓食，獵物以小型囓齒動物爲主，能利用準確撕咬獵物頸部的技術，捕獲與自己體型相當的獵物。遭遇狐、貓或貓頭鷹等掠食者時，則會拱起背部，從肛門腺體噴出惡臭液體以自衛。

體型：體長約 25-35 公分，尾長約 15-23 公分。

分布：中非至南非。活動於降雨較豐的草原地區。

社群型態：獨居	妊娠期：32 日	每胎幼仔數：1-3	食物：

科：貂科	學名： *Vormela peregusna*	野生現況：受威脅

虎貂（MARBLED POLECAT）

英文俗名意思是「花斑貂」，貂如其名，黑色的
毛皮上，散布著白色或黃色斑點及條紋。臉部因
眼睛周圍的明顯黑色面罩而獨具特色，腹部則為
黑色。身體修長柔軟，四肢短；頭部小而扁，吻
部鈍，耳朵圓。受威脅時，會捲起尾巴展示警告
色，並釋放惡臭。虎貂會把囓齒動物的巢擴築為
自己的窩，在夜間及晨昏外出狩獵。

體型：體長約 33-35 公分，尾長約
12-22 公分。

分布：歐洲東南部到中國西部。活動
於乾燥開闊的乾草原及半乾燥區。

附註：因棲地喪失，以及乾草原上囓
齒動物等主要獵物的消失，而遭受生
存威脅。

歐亞大陸

受威脅時，蓬鬆
多毛的尾巴會揚
捲到身體上方

眼睛四周
有黑色面罩

腹部黑色

社群型態：獨居	妊娠期：56-63 日	每胎幼仔數：4-8	食物：

科：貂科	學名： *Martes foina*	野生現況：常見

白胸貂（BEECH MARTEN）

白胸貂已適應人類的存在，會撿食垃圾，或在農舍四周狩獵，也會以囓齒動
物、鳥類及果實為食。身體不長但腿長，具有濃密的棕色毛皮，喉嚨還有白
色的「領結」狀斑紋。又稱為「石貂」，是典型的獨居動物，築巢於岩縫、
樹洞、囓齒動物的舊巢或鄰近人類棲所的戶外小屋等。白胸貂是完全夜行性
的動物。

體型：體長 42-48 公分，尾長 26 公分。

分布：南歐及中歐、中亞。活動於落葉性的林地、多岩的坡地以及接近人類
棲所處。

歐亞大陸

毛髮長而濃密

尾巴毛髮蓬鬆

頭部
楔形

社群型態：獨居	妊娠期：30 日	每胎幼仔數：12	食物：

科：貂科	學名：*Martes flavigula*	野生現況：瀕臨絕種

黃喉貂（ YELLOW-THROATED MARTEN ）

是個敏捷的爬樹專家，能用爪子抓握枝幹，並藉尾巴保持平衡；也能在地面跳躍相當遠的距離。這種食肉動物體型中等，毛皮橘黃到深棕色，喉嚨有乳黃色「圍兜」，尾巴黑而多毛。頭部呈楔形，耳朵大而圓。夜間於樹上和地面獵食，也會爬到樹上躲避危險；受驚擾時會釋放難聞的氣味。為鷹類和其他食肉動物的獵食對象，偶爾也會為人獵捕以獲取毛皮。

體型：體長 48-70 公分，尾長 35-45 公分。

分布：印度到東南亞。活動於溫帶林及針葉森林。

毛皮深棕色至橘色

亞洲

耳多大而圓

具乳白色至黃色的喉斑

腿部長

社群型態：獨居	妊娠期：5-6 個月	每胎幼仔數：2-5	食物：

科：貂科	學名：*Martes zibellina*	野生現況：瀕臨絕種 *

黑貂（ SABLE ）

數百年來遭人類大量捕殺以獲取毛皮，如今在許多國家皆列入保育。具有濃密的棕黑色毛皮，喉嚨有模糊的淡棕色斑紋，腿部長，具有可半回縮的利爪，尾巴蓬鬆多毛。和其他貂科成員一樣，地面行動快速而靈活；儘管體型適合攀爬，但除了躲避危險之外，極少爬到高處。會占據舊巢穴作為主要的窩穴，在落葉松林中生活的族群，領域範圍會比其他松林棲息者為大。白天晚上都會活動。

體型：體長 32-46 公分，尾長 14-18 公分。

分布：東北亞及日本北部群島。活動於溫帶森林及針葉林（特別是落葉松林及松林）。

附註：在歐洲已幾近絕種，但又重新引入歐俄繁殖，作為毛皮養殖及狩獵之用。

頭部楔形

亞洲

喉嚨具有模糊淺斑

濃密的棕黑色毛皮

社群型態：獨居	妊娠期：25-45 日	每胎幼仔數：3-4	食物：

科：貂科	學名：*Martes pennanti*	野生現況：瀕危風險低 *

漁貂（FISHER）

漁貂其實虛有其名，因爲牠獵食的是陸棲動物，如嚙齒
動物、豪豬、松鼠和兔子等，狩獵行動不分晝夜。爲中
型食肉動物，鼻子楔形，耳朵圓；毛皮深棕色，頭部和
肩膀的毛髮具光澤，濃密多毛的尾巴和四肢都是黑色。
行動敏捷，善於攀爬，偏好在高枝上撫育幼仔，但也會
在岩石堆、植物根部、樹木殘幹及灌木叢中築巢。

體型：體長 47-75 公分，尾長 30-42 公分。

分布：加拿大及美國北部。活動於針葉林及闊葉林中。

附註：每年有 5-13 萬隻漁貂遭人類設陷阱捕殺，以獵
取毛皮。伐林所造成的棲地喪失也仍是主要威脅。

濃密的深棕
色毛皮

北美洲

腳和尾巴黑色

社群型態：獨居	妊娠期：11-12 個月	每胎幼仔數：1-5	食物：

科：貂科	學名：*Galictis vittata*	野生現況：瀕危風險低 *

白額貂（GREATER GRISON）

身體長而柔軟，頭部尖細，頸部靈活，腿和尾巴相對較短。淺灰
色的背部毛皮具有雜斑，口鼻部、喉部、胸部及前肢則爲黑色。
灰色頭冠上有一道白色寬紋自眼睛上方的前額穿越耳朵，向下延
伸到頸部兩側。通常獨居或成對活動，善於奔跑、攀爬和游泳，
受威脅時會釋放難聞的氣味。

體型：體長 47-55 公分，尾長 14-20 公分。

分布：墨西哥南部、中美洲及南美洲。活動於熱帶森林及草原。

附註：牠的近親小白額貂（*Galictis cuja*）分布於較南方的
溫帶緯度地區及高海拔地區。有時爲人類馴養，以
便控制嚙齒動物的數量。

北美洲、中美洲及
南美洲

淺灰色毛皮
帶有雜斑

尾巴粗短

腿部短

白色條紋從前
額延伸到耳朵

社群型態：獨居／成對	妊娠期：不詳	每胎幼仔數：2-4	食物：

科:貂科	學名:*Ictonyx striatus*	野生現況:地區性常見

非洲紋貂（ZORILLA）

全身黝黑，背部有4條呈扇形散開的白色條紋，又稱為「非洲鼬」或「條紋鼬」，外型猶如小型臭鼬（見256頁）。行為也和臭鼬相似，例如受到掠食者威脅時，會從肛門腺體噴出惡臭，揚起尾巴或用後腿站立起來，並發出嘶嘶叫聲或尖叫聲。會用圓鈍的吻部在落葉堆中探索，再用前掌長爪挖掘地底的昆蟲為食。為夜行性動物，通常在樹木裂隙或其他動物廢棄的洞穴中棲息，或自行在鬆軟的土壤中挖掘地穴。以陸棲為主，但偶爾也會爬樹。

體型:體長28-38公分，尾長20-30公分。
分布:非洲撒哈拉沙漠南方。活動於草原、沙漠及熱帶森林。

頭部到尾部有四條白紋

非洲

腹部和四肢黝黑

社群型態:獨居	妊娠期:36日	每胎幼仔數:2-3	食物:

科:貂科	學名:*Gulo gulo*	野生現況:受威脅

狼獾（WOLVERINE）

這種大型鼬科動物體格粗壯如熊，能在雪地上大步行走，獵物小自兔、鳥類和小鼠類，大至鹿、麋鹿等。也會撿食馴鹿屍體，藉由強壯的顎來啃碎冰凍的肉和骨頭，因此又有「老饕」（Glutton）之稱。為獨居性動物，窩穴位於植物根部及岩石堆中，晝夜都會活動。

體型:體長65-105公分，尾長17-26公分。
分布:加拿大、美國西北部、北歐、東北亞。活動於凍原及針葉林中。
附註:在貂科家族中，體型僅次於大水獺（見265頁）。

北美洲、歐亞大陸

眼睛小

腳掌寬大，有利於雪地活動

社群型態:獨居	妊娠期:30-50日	每胎幼仔數:1-6	食物:

| 科：貂科 | 學名：*Mephitis mephitis* | 野生現況：常見 |

條紋臭鼬（Striped Skunk）

條紋臭鼬具有臭鼬屬動物的典型特徵：吻部小而尖，四肢短，尾巴蓬鬆多毛。毛皮黑色，口鼻部上方有 1 條白色細紋，背部有 2 道較寬的條紋從頭部延伸到尾巴。和所有臭鼬一樣，牠的行動緩慢，全靠身上的警告色和噴液（見右頁），保護自己免受角鴞、鷹隼、草原狼、美洲大山貓、狐和犬等掠食者攻擊。適應力強，在人工整地後的農業區可生存良好，因為較大型的掠食者已遭人類驅離。為夜行性動物，食物種類多視生態環境和食物數量而定。通常單獨行動，但家族成員和其他個體常會聚集在位於岩堆、廢棄地穴或建築物的共用多窩中。能發出多種聲音以進行溝通，如嘶嘶聲、嗥叫聲、長聲尖叫及輕柔的咕咕聲。繁殖期間，雄性會用有氣味的噴液和雌性取得聯繫。雌性以乾枯禾草和雜草築巢；幼仔會在母親身邊停留 1 年以上。

體型：體長 55-75 公分，尾長 17.5-25 公分。

分布：加拿大中部到墨西哥北部。活動於有樹木或灌木的溫帶森林、農場及都會區。

附註：這種臭鼬在美國是狂犬病的主要帶原者，加上活動範圍緊鄰人類及牲禽，因而引起關切。

北美洲

毛皮黑色

頭部小而尖

| 社群型態：獨居 | 妊娠期：60-77 日 | 每胎幼仔數：5-6 | 食物： |

四處覓食

雜食性的條紋臭鼬會四處
漫步，尋找昆蟲、小型哺
乳動物、魚類、甲殼類、
果實、穀物、腐肉和垃圾
等食物。有時還會挖開蜜
蜂窩和黃蜂巢，甚至在垃
圾桶中翻找食物。

背部具白
色條紋

臭氣沖天

條紋臭鼬的學名源自拉丁文的「有
毒氣體」。受到掠食者威脅時，會以
前腳站立，抬高臀部，將惡臭的液體
自肛門射出，掠過頭頂噴向敵人，最
遠可達3公尺。

尾巴蓬鬆多毛

科：貂科	學名： *Conepatus humboldti*	野生現況：受威脅 *

阿根廷臭鼬（ PATAGONIAN HOG-NOSED SKUNK ）

南美洲

兩側各有 1 條白色條紋延伸到尾部。結實的身體呈黑色或紅棕色，頭部小，尾巴蓬鬆多毛。鼻頭具寬肉墊，以便在夜間搜尋食物；獵物以昆蟲為主，但幾乎什麼都吃。和其他臭鼬一樣，會在岩堆下、地穴或灌木叢中，構築隱密的安全棲所；受威脅時，也會從肛門腺體噴出惡臭液體。能運用多種聲音進行溝通，包括輕柔的喝啾聲、長聲尖叫及噪叫等。

體型：體長約 25-37 公分，尾長約 30-57 公分。

分布：智利南部及阿根廷。活動於有林木、灌木的地區及農場。

附註：和其他貂科成員一樣，就算發生激烈打鬥，也不會向同類互噴臭氣。

明顯的鼻墊

白色條紋

尾巴蓬鬆多毛

社群型態：獨居	妊娠期：42 日	每胎幼仔數：2-4	食物： 🕷 🐀 🦎 🦗 🐌 🐁

科：貂科	學名： *Spilogale putorius*	野生現況：瀕危風險低 *

花斑臭鼬（ EASTERN SPOTTED SKUNK ）

北美洲

醒目的黑白色調是在警告貓頭鷹、草原狼和狐等掠食者，牠會排放臭氣熏天的液體，有時還可倒立噴出。每隻臭鼬的白色斑紋各有不同，但額頭和尾巴末端通常是白色。這種行動緩慢的雜食性動物，以各種小型動物、昆蟲和植物為食，也會在垃圾堆中翻找食物。花斑臭鼬比條紋臭鼬（見 256 頁）更活躍、警覺性較高，且更具夜行的本能。雖然大都獨自行動，但冬天時，會有多達 8 隻臭鼬共享一地底巢穴的情形；也會爬到樹上築巢。

體型：體長 30-34 公分，尾長 17-21 公分。

分布：美國東部到中部，及墨西哥東北部。活動於草原及溫帶森林中。

附註：受威脅時，有時會把身體弓成馬蹄形，朝侵略者射出惡臭液體。

尾巴毛髮最長

具明顯的黑白斑點與條紋

額頭有白色斑塊

社群型態：獨居	妊娠期：42 日	每胎幼仔數：3-6	食物： 🌿 🐛 🕷 🐁

| 科：貂科 | 學名：*Taxidea taxus* | 野生現況：常見 |

美洲獾（AMERICAN BADGER）

外型與獾（見 261 頁）相似，但體型較小，灰色長毛有雜斑，腹部略黃，黑色的臉部兩側有明顯的新月形白色斑紋。美洲獾是獨居的夜行性掠食者，也是挖洞高手，能用粗壯的爪子挖出藏在地穴的囓齒動物，如草原犬鼠及其他地棲松鼠。雖然不會冬眠，但天氣酷寒時也會躲在地底數日。少有天敵，受攻擊時會展現兇猛的行為。

體型：體長 42-72 公分，尾長 10-16 公分。

分布：加拿大西南部、美國中部到墨西哥北部。活動於土質鬆軟的地區，如草原、灌木及溫帶森林。

附註：具透明的瞬膜（第三眼瞼），以便在掘土時保護眼睛。

臉部白紋從鼻子延伸到肩部

背部灰毛粗糙蓬亂

北美洲

| 社群型態：獨居 | 妊娠期：42 日 | 每胎幼仔數：2-3 | 食物： |

| 科：貂科 | 學名：*Melogale personata* | 野生現況：瀕危風險低 |

緬甸鼬獾（BURMESE FERRET BADGER）

身體和鼬一樣修長而柔軟，體型比其他獾小，毛皮深棕色或灰色，尾巴蓬鬆多毛。臉頰有白色或黃色斑紋，兩眼之間以及頭頂到肩膀間都有淺色條紋。和其他獾不同的是，緬甸鼬獾有時也會爬樹，因為牠的腳墊具有隆起，可增加抓握力。於夜間、清晨及黃昏覓食，以昆蟲、蝸牛、鳥類、小型哺乳動物和植物為食，利用巨大的牙齒咬碎有殼軟體動物及昆蟲。受威脅時會用長爪掘土，並啃咬攻擊者，或射出惡臭液體。

體型：體長 33-43 公分，尾長 15-23 公分。

分布：印度東北部、尼泊爾、緬甸、泰國和東南亞。活動於有林木的坡地及開闊的草原上。

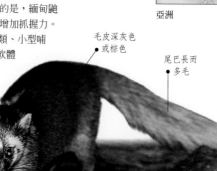

亞洲

毛皮深灰色或棕色

尾巴長而多毛

| 社群型態：獨居 | 妊娠期：57-80 日 | 每胎幼仔數：1-5 | 食物： |

科：貂科	學名： *Mellivora capensis*	野生現況：瀕危風險低 *

蜜獾（HONEY BADGER）

也稱爲瑞特爾（Ratel），可能爲荷蘭語「蜂窩」的譯音。身材粗壯，背部
銀灰色，其他部位爲黑色或深棕色。蜜獾以蜂蜜和蜜蜂幼蟲爲食，也吃蠕
蟲、白蟻、蠍子、野兔和豪豬等多種獵物。會挖掘大型地穴，或棲息在岩
石裂隙和樹根下的洞穴中。會兇悍擊退掠食者，
有時也會釋出令人作嘔的氣味自衛。

體型：體長 60-77 公分，尾長約 20-
30 公分。

分布：亞撒哈拉地區、西非、中東
及印度。活動於草原、沙漠、森林
及山區。

附註：蜜獾和示蜜鳥（*Indicator indicator*）
有獨特的共生關係，示蜜鳥會將蜜獾引
到蜂巢所在，等待蜜獾打破蜂巢，雙方
便能共享蜜蜂幼蟲和蜂蜜。

非洲、亞洲

頭部寬

身體背部
銀灰色

社群型態：多變	妊娠期：5-6 個月	每胎幼仔數：1-4	食物：

科：貂科	學名： *Arctonyx collaris*	野生現況：瀕危風險低 *

豬獾（HOG-BADGER）

因吻部似豬鼻而得名，下顎有突出的門牙及犬齒，可用
來翻尋地上的蠕蟲和植物。毛皮灰色至略黃色，臉部和
耳朵白色，兩側有明顯黑色條紋從鼻子越過眼睛延伸到
耳朵。會挖掘複雜的地道系統，有時也利
用岩石堆及巨石下的裂隙作爲棲所。會依
季節變化攝取不同食物，運用敏銳的嗅覺
搜尋果實、塊莖和小型動物。被逼上絕路
時會展開兇猛的攻擊，有時則遁入地底逃
命。爲虎、豹的獵食對象；臉部的黑白條
紋可能具有警告掠食者的功能。

體型：體長約 55-70 公分，尾長約 12-17
公分。

分布：印度東北部到中國，以及東南亞。
活動於低地叢林及有林木的低矮坡地。

亞洲

結實的楔
形身體

耳朵白色

背部灰色
至黃灰色

社群型態：群居	妊娠期：6 週	每胎幼仔數：2-4	食物：

| 科：貂科 | 學名：*Meles meles* | 野生現況：地區性常見 |

貛（Eurasian Badger）

貛與其他貂科動物最大的不同之處，在於親族共同生活，這可能是獵物分布不均時的最佳方法。牠的體格結實，腿部短，頭小而尖，頸部短，四肢粗壯，尾巴小巧。為夜行性雜食動物，食物種類隨季節和數量而有所變化，但以蚯蚓為主食，會在潮濕的夜晚，趁蚯蚓自洞中探出頭時加以吸食。也捕食昆蟲、蜥蜴、蛙類、小型哺乳動物、鳥類和鳥蛋，也攝食果實及腐肉，有時還會用有力的前爪從蜂巢中挖出黃蜂，或從兔窩中抓出兔子。貛的視力不佳，因此必須藉由發達的嗅覺和聽覺來尋找食物的所在。會積極防衛領域，阻止其他家族入侵，防禦範圍可達 50-150 公頃大。幼貛是老鷹、貓頭鷹、狼和狼貛的捕食對象，而成貛則面臨人類的捕殺。

貛群
貛群中約有 6 隻個體，包括 1 隻優勢雄性、1 隻或數隻雌性，還有幼仔。龐大的地下穴室和通道保持得非常乾淨，在代代相傳下逐漸擴張。

體型：體長 56-90 公分，尾長 12-20 公分。
分布：歐洲到東亞。活動於林地及乾草原。
附註：臉部白色條紋在個體間略有差別，這可能有助於親族成員辨認彼此，或具有保護色功能。

背部灰棕色

腹部黑色

前爪強
而有力

吻部瘦長

歐亞大陸

| 社群型態：群居 | 妊娠期：7 週 | 每胎幼仔數：2-6 | 食物： |

科：貂科	學名：*Lutra lutra*	野生現況：受威脅

歐亞水獺（EUROPEAN OTTER）

又稱「歐亞河獺」，全身為均勻棕色，喉部色澤較淺，頭部扁，吻部寬，眼睛與耳朵小。為適應水生生活而演化出瘦長身材、防水的毛皮、有蹼的腳，以及肥厚扁平的尾巴，既可增加推進力，又具有舵的功能。雖然大都在夜晚、清晨及黃昏活動，但海岸地區族群卻以白天的活動力較強。巢穴位於4-20公里長的河岸領域內，隱藏在岸邊植被或挺水植物的根部下方；會以氣味和排泄物標示領域範圍。以獨居為主，但在繁殖期會組成為期2-3個月的臨時性對偶。幼仔哺乳期為3個月，但可與母親生活超過1年。歐亞水獺利用多種聲音進行溝通，並利用腺體分泌的氣味，顯示個體的身分與狀態。

體型：體長57-70公分，尾長35-40公分。

分布：歐亞大陸的凍原南部。活動於鄰近河岸、湖泊和海岸地區。

附註：屬於保育動物。過去因毛皮、保護漁業及狩獵運動而遭捕殺，如今則因水污染及河岸整地、灌溉和水上運動等各項活動，而面臨更多威脅。

歐亞大陸

眼睛小

耳朵圓短，相當獨特

身體修長柔軟

口鼻部寬大

喉嚨色澤較淡

| 社群型態：獨居 | 妊娠期：：60-70日 | 每胎幼仔數：2-3 | 食物： |

敏銳的觸鬚

毛皮防水

尾巴扁平，功
能如舵

水生獵物

歐亞水獺是真正水、陸兩棲的掠食
者。以魚類為主食，具有靈敏硬挺
的觸鬚，能夠察覺獵物行動所引起
的水流。也以鰻魚、其他水生動物
及鳥類為食。

身體流線型，
四肢短

保護毛長
而濃密

優秀的潛水夫

非常擅長游泳與潛水，每次可短暫
潛水 5-30 秒。特別容易因河川棲地
消逝而遭受威脅；有時則因陷入漁
網而致死。

科：貂科	學名：*Lontra canadensis*	野生現況：瀕危風險低 *

北美水獺（NORTH AMERICAN RIVER OTTER）

是水陸兩棲的游泳與潛水高手，眼睛能適應水底環境，身體修長柔軟，腳有蹼，尾巴扁平，功能如舵。背部毛皮如天鵝絨般光滑，呈灰棕或紅色至黑色，腹部為銀色或灰棕色，喉嚨和臉頰色澤較淡。

體型：體長 66-110 公分，尾長 32-46 公分。

分布：加拿大及美國。活動於河川、溪流、湖泊和沿海沼澤區。

附註：可能是所有水獺中數量最多的種類。

北美洲

頭部小

喉嚨和臉頰色澤較淡

毛皮光滑柔軟

社群型態：獨居	妊娠期：60-70 日	每胎幼仔數：不詳	食物：

科：貂科	學名：*Aonyx capensis*	野生現況：瀕危風險低 *

非洲無爪水獺（AFRICAN CLAWLESS OTTER）

游泳高手，身體修長柔軟，毛皮淡棕色至深棕色，臉頰斑紋略白。後腳有蹼，且第 3 趾和第 4 趾上有小爪；前腳沒有爪子，但趾頭能抓握並處理獵物。

體型：體長 73-95 公分，尾長 41-67 公分。

分布：非洲亞撒哈拉地區，但沙漠地區除外。活動於淡水或海水棲地。

附註：為非洲 2 種水獺中體型較大的一種。

非洲

尾巴扁平

毛皮深棕色

無爪的趾頭近似手指

社群型態：群居	妊娠期：不詳	每胎幼仔數：2	食物：

科：貂科	學名：*Amblonyx cinerea*	野生現況：瀕危風險低 *

東方小爪水獺（ORIENTAL SHORT-CLAWED OTTER）

與其他水獺有兩點不尋常之處，一是牠的短爪沒有突出於帶蹼的腳底肉墊之外，二是不以魚類為主食，並且具有適合磨碎軟體動物的寬大牙齒。喜歡玩耍、群聚，約 12 隻聚集成群，藉由喧鬧聲和氣味保持聯繫。

體型：體長 45-61 公分，尾長 25-35 公分。

分布：印度到馬來西亞及中國東南部。活動於河流、小溪、河口及海岸沿線。

附註：為最小型的水獺。

亞洲

四肢短

身體柔軟

腳扁平有蹼

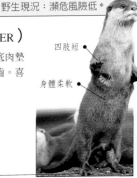

社群型態：多變	妊娠期：60-64 日	每胎幼仔數：1-6	食物：

科：貂科	學名：*Pteroneura brasiliensis*	野生現況：瀕臨絕種

大水獺（GIANT OTTER）

曾經廣泛分布於亞馬遜河流域，如今數量大幅減少。牠的四肢短、腳趾有完整的蹼、尾巴扁平且基部寬闊，因此擅長游泳與潛水。粗硬的觸鬚和敏銳的視力有助於在水中追蹤獵物。和其他水獺一樣，具有光滑濃密的短毛皮。背部爲濃棕色，下巴、喉嚨和胸部有乳白色斑點匯聚形成的「圍兜」。以 5-9 隻個體組成嘈雜的群集，會共同獵食以餵養幼仔。受驚擾時會發出許多聲音，也會成群進抵禦掠食者，以保護幼仔。

體型：體長 1-1.4 公尺，尾長 45-65 公分。

分布：南美洲北部及中部。活動於低地熱帶森林、河流及湖泊。

附註：最大型的貂科動物，主要面臨棲地喪失和水質污染的威脅。

南美洲

觸鬚粗而濃密

背部為濃棕色

眼睛大而突出

尾巴基部相當肥厚

四肢短，趾間有蹼

社群型態：群居	妊娠期：65-72 日	每胎幼仔數：2	食物：

科：貂科	學名：*Enhydra lutris*	野生現況：瀕臨絕種

海獺（SEA OTTER）

爲最小型的海洋哺乳動物，在海中生活與覓食，食物種類獨特，包括鮑魚、海膽和蚌殼。在水底的視力非常良好，尾巴如舵，毛皮的濃密程度居所有動物之冠，因此能有效保持體溫。肺部是同等體型陸棲動物的 2 倍大，使牠能潛水達 30 公尺深。

體型：體長 55-130 公分，尾長 13-33 公分。

分布：北太平洋（堪察加半島至加州中部）。活動於海岸沿線。

附註：曾因毛皮而遭獵殺，如今依法列入保育。

北太平洋

頭部毛皮淡黃色

毛皮長而濃密

後腳形似鰭狀肢

社群型態：群居	妊娠期：4 個月	每胎幼仔數：1	食物：

食肉動物：靈貓科動物

靈 貓科家族包括了麝貓、靈貓、獴、狐獴以及其他同科動物，總計有76種成員，外型近似貓科（貓）和貂科（白鼬）等動物的綜合體，但靈貓科動物不僅更爲原始，而且口鼻部較長，牙齒也較多。

典型的靈貓科動物一身修長，從細長的口鼻部到長尾巴皆然。牠們的感官敏銳，動作敏捷鬼祟，食物種類繁多；但有些靈貓較偏好肉食，會像貓一樣偷襲獵物。分布範圍包括南歐、非洲各地及南亞地區，活動於森林、沙漠和疏林草原。通常爲夜行性動物；以陸棲爲主，但也擅長爬樹，其中犎貓甚至過著幾乎完全樹棲的生活型態，儘管如此，同樣身爲靈貓科成員的水麝貓卻是半水棲動物。

麝貓和獴身上，常有縱向排列的斑點作爲保護色；獴類則若非全無花紋，就是具有條紋。這個家族的另一項特徵，是具有會分泌氣味的肛門腺體，可用來標示領域；麝貓的腺體分泌物即爲人類採集作爲香水的基本原料。

科：靈貓科	學名：*Genetta genetta*	野生現況：常見

小斑獴（SMALL SPOTTED GENET）

也稱爲「歐洲獴」，身材修長，外型像貓，尖形的臉部具有醒目斑紋，身體有斑點，尾巴有環紋。行動敏捷，非常善於攀爬，爪子可半回縮，背部鬃毛能挺立豎起。爲雜食性動物，在夜晚、清晨及黃昏獵食，因爲會襲擊農場的牲禽，而被視爲有害動物。雄性的活動範圍比雌型大，會以氣味、尿液及排泄物標示領域範圍。築巢於洞穴或濃密灌木叢內糾纏的根部中。

體型：體長 40-55 公分，尾長 40-51 公分。

分布：西歐、西非、東非及南非。活動於林地、疏林草原及草原。

歐洲、非洲

尖形臉部具醒目斑紋

尾巴具環紋

社群型態：獨居	妊娠期：70日	每胎幼仔數：2-3	食物：

| 科：靈貓科 | 學名： *Prionodon pardicolor* | 野生現況：稀有 |

斑點靈貓（ORIENTAL LINSANG）

身材修長的食肉動物，能在森林中如水銀般「流動」於枝幹之間，行動異常優雅敏捷，攀爬時用可回縮的爪子抓握樹枝，並用尾巴平衡及煞車。爲夜行性獨居動物，大眼睛具夜視力；棕橘色毛皮上有深色斑點，尾巴有環紋。在地面與樹上活動的頻率相等，睡覺時尾巴會纏繞在身上。擅長偷襲獵物，會一口咬住獵物頸部，加以捕殺。

體型：體長 37-43 公分，尾長 30-36 公分。

分布：東亞、南亞及東南亞。活動於坡地和山區森林，及較低海拔的灌木及森林中。

附註：雄性體型爲雌性的 2 倍大。

亞洲

身體具斑點 • 　　　　耳朵大

毛皮橘黃色 •

| 社群型態：獨居 | 妊娠期：不詳 | 每胎幼仔數：2-3 | 食物： |

| 科：靈貓科 | 學名： *Viverra tangalunga* | 野生現況：常見 |

馬來麝貓（MALAYAN CIVET）

和其他靈貓科動物一樣，毛皮上有許多縱向排列的深色斑點，最特別的是頸部有黑白相間的環紋，腹部白色，四肢和腳爲黑色，尾巴約有 15 條環紋。背脊的黑色鬃毛有時會豎立起來；爪子可半回縮，以利爬樹。爲夜行性動物，偶爾會在樹上活動，但大都在森林底層覓食，尋找馬陸、大蜈蚣、蠍子以及小鼠等小型哺乳動物。

體型：體長 62-66 公分，尾長 28-35 公分。

分布：印尼、菲律賓、馬來西亞和婆羅洲。活動於低海拔熱帶森林及鄰近的農作區。

身體具黑色斑紋及斑點 •

亞洲

尾巴具環紋 •

腿部黑色 •

| 社群型態：獨居 | 妊娠期：不詳 | 每胎幼仔數：不詳 | 食物： |

| 科：靈貓科 | 學名：*Paradoxurus hermaphroditus* | 野生現況：常見 |

狸貓（PALM CIVET）

毛皮灰棕色，背部有深色斑點及黑色條紋。尾巴大而蓬鬆多毛，臉部和歐洲雪貂（見 246 頁）一樣具深淺斑紋形成的面罩。爲夜行性動物，適應力強，是優秀的爬樹高手，大都棲息在樹上，有時也會在屋頂上休息。喜歡吃果實，尤其是無花果，但也以芽包、禾草、昆蟲、小型動物乃至家禽爲食。

體型：體長 43-71 公分，尾長 40-66 公分。

分布：南亞及東南亞、中國南部。活動於森林，以及人類棲所四周。

附註：特別喜歡發酵過的棕櫚汁，故又稱「棕櫚貓」。

亞洲

臉上有深淺斑塊形成的面罩●

背部具黑色條紋●

尾巴大而蓬鬆多毛●

| 社群型態：獨居 | 妊娠期：不詳 | 每胎幼仔數：2-4 | 食物： |

| 科：靈貓科 | 學名：*Arctictis binturong* | 野生現況：常見 |

貍貓（BINTURONG）

會在樹枝間小心翼翼地活動，尋找果實、嫩芽、小型動物、鳥類及昆蟲爲食；是除了蜜熊（見 245 頁）之外，唯一尾巴具有抓握力的食肉動物。耳朵具有明顯的長簇毛，背部的黑色毛皮粗糙雜亂，且末梢呈淡黃色。具有可半回縮而略彎的短爪，腳踝以下赤裸無毛；穿梭在林冠層時，以腳底活動。常蜷曲在隱蔽的枝幹上，甚至能保持這種姿勢進食。以夜行爲主，利用氣味標示領域。

體型：體長 61-96 公分，尾長 56-89 公分。

分布：印度東北部、尼泊爾、不丹及東南亞。活動於濃密的熱帶林、半常綠林及落葉林。

雜亂的黑色毛皮●

亞洲

耳尖●簇毛長

口鼻部●小而尖

| 社群型態：獨居 | 妊娠期：92 日 | 每胎幼仔數：1-3 | 食物： |

| 科：靈貓科 | 學名： *Cynictis penicillata* | 野生現況：常見 |

黃獴（Yellow Mongoose）

這種中等體型的獴色澤多變，南部族群毛色較黃，北部族群偏灰色。毛皮具雜斑，尾巴末端白色。具長爪，會自行挖掘地穴，或接收狐獴及地松鼠的地穴系統，甚至可能和這些動物共處一室。黃獴通常以小家族爲群集單位，由一對繁殖配偶、其幼仔和未達繁殖期的年輕成獸共同組成。以白蟻、螞蟻、甲蟲等昆蟲爲主食，但也獵食鳥類、卵、蛙類及囓齒動物。

體型：體長23-33公分，尾長18-25公分。

分布：西南非及南非。活動於開闊的草原及半沙漠灌木區。

頭部楔形

毛皮黃色至灰色

外觀具灰斑

非洲

| 社群型態：群居 | 妊娠期：45-47日 | 每胎幼仔數：2-4 | 食物： |

| 科：靈貓科 | 學名： *Helogale parvula* | 野生現況：常見 |

侏儒獴（Dwarf Mongoose）

爲體型最小的獴，濃密的棕色毛皮上帶有紅色或黑色雜斑，前腳具爪。以2-20隻個體組成群集，常環繞著白蟻丘活動，並由雄性站在高處偵查掠食者的蹤跡。利用白蟻丘覓食及棲息，待食物耗盡便遷往他處。這種獴會把卵蛋或具硬殼的甲蟲砸向石頭，摔破後再進食。

體型：體長18-28公分，尾長14-19公分。

分布：東非及中非。活動於草原、疏林草原的灌木叢及林地。

附註：犀鳥會獵食侏儒獴所漏失的昆蟲，並在掠食者出現時，警告侏儒獴。

非洲

體格粗壯

耳朵小而圓

棕色毛皮，具紅色或黑色雜斑

| 社群型態：群居 | 妊娠期：53日 | 每胎幼仔數：最多6隻 | 食物： |

科：靈貓科	學名：*Mungos mungo*	野生現況：常見

條紋獴（BANDED MONGOOSE）

這種機會主義覓食者生性活潑，體格健壯，毛皮棕灰色，背部有明顯的深色橫紋。生活在潮濕環境的族群色澤較深，乾燥環境的族群色澤較淡。以15-40隻個體聚集成群，常將白蟻穴擴築以居。白天覓食時，常以嘰喳聲與夥伴保持聯繫；以昆蟲為主食，也會把蛋往石塊上砸破以便取食。

體型：體長 30-45 公分，尾長 15-30 公分。

分布：東非及中非，撒哈拉沙漠以南。活動於林地及疏林草原。

附註：有時也被人當寵物飼養。

臀部約有 12
● 條橫紋

毛皮棕
● 灰色

尾巴覆滿粗糙毛
髮，尾端尖細 ●

非洲

社群型態：群居	妊娠期：2 個月	每胎幼仔數：1-4	食物： 🐜 ● 🐁

科：靈貓科	學名：*Cryptoprocta ferox*	野生現況：瀕臨絕種

馬島長尾狸貓（FOSSA）

馬達加斯加島上最大型的食肉動物，毛皮紅棕至深棕色，頭部似貓，眼睛突出，耳朵圓形。銳利的短爪可以回縮，肛門腺體會釋放難聞的強烈氣味。擁有掠食動物典型的強健顎骨和牙齒。日夜都會活動，跳躍與攀爬動作敏捷，過去專門獵捕各種狐猴，如今也會偷襲與獵殺豬隻、家禽和其他牲畜。為獨行性食肉動物，每隻個體獨占超過 4 平方公里的廣大領域，因此物種密度很低。在動物園的繁殖狀況良好。

體型：體長 60-76 公分，尾長 55-70 公分。

分布：馬達加斯加島。活動於未受干擾的熱帶森林之中。

附註：局限分布於馬達加斯加島上，因此嚴重受到森林棲地迅速消失的威脅。也因常攻擊牲畜而遭獵捕。

紅棕色
短毛

耳朵圓

馬達加斯加

銳利的短
爪可回縮 ●

社群型態：獨居	妊娠期：3 個月	每胎幼仔數：2-3	食物： 🦌 🦃

科：靈貓科	學名：*Suricata suricatta*	野生現況：常見

狐獴（Meerkat）

非洲

也稱爲「沼狸」，毛皮銀棕色帶有雜斑，特徵是下半身背面有8道明顯的深色橫紋。耳朵小而尖，眼睛有深色眼圈，鼻子尖，尾巴修長、尾端黑色。爲了適應地穴生活，在地底時能封閉耳朵，並具長爪可挖掘土壤及翻找食物。於白天活動，社群性高，群集內個體數可達30隻，共同棲息在經過拓寬的地松鼠洞穴系統中。雄性會用氣味標示領域，並負責驅逐其他群集的成員。黎明時分從地穴探頭出現時，會以後腿站立，面向太陽以便取暖。以昆蟲爲主食，群集一起覓食時，有些成員會負責站崗守衛，注意鷹隼和其他猛禽的蹤跡。哨兵通常站在土堆或草叢中的高處，以吱吱咯咯的叫聲發出警告；若是更尖銳的叫聲或咆哮聲，表示情況相當危急，此時整個群集會立即潛入地底。交配動作在假性打鬥中進行，幼仔則在食物豐盛的雨季出生。
體型：體長 25-35 公分，尾長 17-25 公分。
分布：非洲西南部。活動於半沙漠的矮灌木及林地中，特別是多石塊的開闊地區。

鼻子尖

毛皮銀棕色

腹部色澤較淡

後腿能夠挺直站立

眼睛具深色眼圈

社群型態：群居	妊娠期：11 週	每胎幼仔數：2-5	食物：

食肉動物：鬣狗與土狼

土狼只有單一品種，鬣狗則有 3 種，儘管兩者的外表與狗極為相似，事實上卻與其他食肉動物如麝貓、獴和貓科動物等，擁有較為接近的親緣關係。

這 4 種動物都屬於鬣狗科，由於前肢比後肢長，致使背部後斜，因而具有極為獨特的側身輪廓。鬣狗家族成員的其他共同特徵包括頭部大、耳朵大、身體和四肢健壯，且除了斑點鬣狗之外，全都具有延展到背部的鬃毛。

鬣狗的顎和牙齒非常有力，通常與家庭成員共同生活，是掠食及食腐動物。體型較小的土狼則為獨居動物，以舔食螞蟻和白蟻為食。

土狼與鬣狗都是夜行性動物，也都分布於非洲的疏林草原以及半乾旱的棲息環境中，其中條紋鬣狗的分布範圍更擴張到亞洲南部。

科：鬣狗科	學名：*Hyaena hyaena*	野生現況：瀕危風險低

條紋鬣狗（STRIPED HYENA）

這種外表像狗的中型食肉動物具灰色或淺棕色毛皮，喉嚨有深棕色或黑色斑塊，兩側有 5 或 6 道垂直條紋下到腹側。鬃毛從頸部延伸到尾巴，最後併入蓬鬆而黑白交雜的尾毛中，遭遇掠食者威脅時，鬃毛就會豎起。前半身發育良好，後半身的側身曲線向下傾斜。以撿食其他掠食者獵殺的獵物為生，能利用巨大的臼齒和強健頸骨啃碎骨頭，也獵殺犬類、綿羊、山羊和家禽，並會攝食無脊椎動物、蔬菜及果實。

體型：體長 1.1 公尺，尾長 20 公分。

分布：西非、北非和東非，以及西亞到南亞。活動於開闊的棲息環境，或林木稀少的疏林草原，但遠離氣候嚴酷的沙漠、高海拔地區及森林。

非洲、亞洲

頸部鬃毛能豎起

喉嚨具深棕色或黑色斑塊

前肢具黑色橫紋

後肢發達有力

社群型態：獨居	妊娠期：84 日	每胎幼仔數：1-5	食物：

科：鬣狗科	學名：*Parahyaena brunnea*	野生現況：瀕危風險低 *

棕鬣狗（BROWN HYENA）

具有蓬鬆雜亂的深棕色至黑色毛髮，在 14 公里外就能聞到腐肉氣味，活動範圍比其他鬣狗更深入沙漠地區。具有典型鬣狗的強健顎骨及銳利牙齒，因此能啃食各種動物屍體，從納米比沙漠海岸的小海豹，到喀拉哈里沙漠的南非跳鼠，來者不拒。會組成擁有共同領域的鬆散群集，領域大小視食物多寡而變化。

體型：體長 1.3 公尺，尾長 21 公分。

分布：非洲南部，主要為庫南河及三比西河（Kunene-Zambezi）下游流域。活動於偏遠的棲地，如乾旱的草原、沙漠及山區。

毛皮深棕色至黑色

非洲

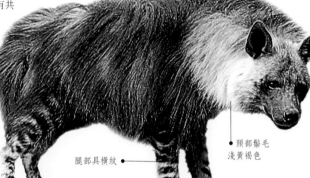

頸部鬃毛淺黃褐色

腿部具橫紋

社群型態：多變	妊娠期：97 日	每胎幼仔數：1-5	食物：

科：鬣狗科	學名：*Proteles cristatus*	野生現況：瀕危風險低 *

土狼（AARDWOLF）

體型比鬣狗小，幾乎只以白蟻為食，特別是在地面覓食的草白蟻，因此是鬣狗科家族的特異分子。毛皮淺黃至黃白色，後半身曲線下斜，肩部的鬃毛遇到威脅時會豎起，以便加大體型。身體兩側各有 3 道垂直條紋，前半側和後半側則有斜紋。前排牙齒和鬣狗相似，但臼齒很小，因此食物須待吞入胃部後方可磨碎。

體型：體長 67 公分，尾長 24 公分。

分布：東非及南非。活動於林地、疏林草原及沙漠。

耳朵挺立

身體具 3 道垂直黑紋

毛皮淡黃色至黃白色

附註：土狼肉在某些地區被視為佳餚。

非洲

社群型態：獨居	妊娠期：90 日	每胎幼仔數：2-4	食物：

科：鬣狗科	學名：*Crocuta crocuta*	野生現況：瀕危風險低

斑點鬣狗（Spotted Hyena）

鬣狗科中體型最大的成員，外型有如一隻大狗，毛皮淡黃棕色至灰棕色，並具有斑點。身上斑點最初爲黑色，隨年齡增長轉爲棕色，最後完全褪去。頭部大，顎骨強健；後腿比前腿短，致使背部後斜；尾巴短，尾端叢生的黑色毛髮使牠的特色更加突顯。毛髮粗糙剛硬，鬃毛向前傾，受到刺激時則會豎起。由雌性領導親族群集，沙漠群集的成員最多5隻，但活動於肥沃的疏林草原區的群集，成員可多達50隻以上。雌性體型比雄性大約10%，且生殖器官大而外露，因此常被誤認成雄性生殖器。群集成員共享窩巢及如廁區，彼此用叫聲聯繫，來聯合防衛面積達40-1,000平方公里的領域，不僅以氣味標示領域，還會巡守領地邊界。爲強而有力的狩獵者，會成群獵殺有蹄類等大型獵物；單獨行動時，則會獵捕野兔、地棲鳥類和沼澤中的魚。吃相狼吞虎嚥，一次能吞食達體重1/3重的食物。

體型：體長1.3公尺，尾長25公分。

分布：西非到東非及南非。活動於半沙漠地區、疏林草原及林地。

附註：鬣狗惡名昭彰的「尖笑聲」，是對群集中長輩表示服從的聲音。

非洲

耳朵短而圓

顎部強健

黑色口鼻部，形似狗

毛皮淡黃棕色至灰棕色，具斑點

頭部大

前腿長

母子關係

斑點鬣狗的幼仔由母親獨自撫育。小鬣狗出生時全身黑色，幾個月大後才會變色。優勢幼仔控制吸吮母乳的權利。幼仔2-3個月大後則轉移到公共窩巢，接受任何授乳期的雌性哺乳。

爪子鈍，且無法回縮

社群型態：群居	妊娠期：110日	每胎幼仔數：1-3	食物： 

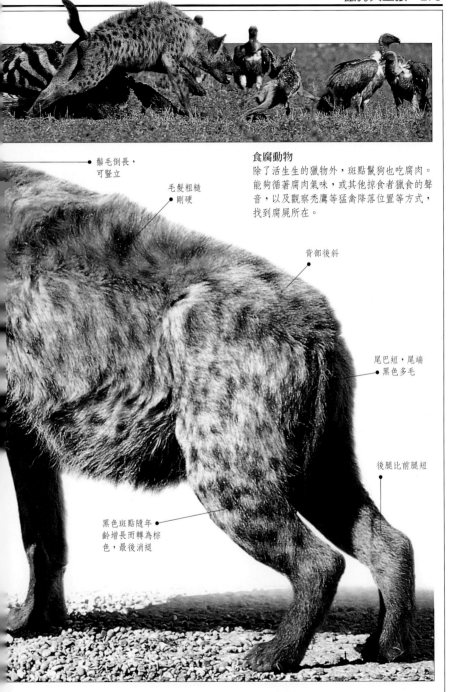

鬃毛倒長，
可豎立

毛髮粗糙
剛硬

食腐動物
除了活生生的獵物外，斑點鬣狗也吃腐肉。
能夠循著腐肉氣味，或其他掠食者獵食的聲
音，以及觀察禿鷹等猛禽降落位置等方式，
找到腐屍所在。

背部後斜

尾巴短，尾端
黑色多毛

後腿比前腿短

黑色斑點隨年
齡增長而轉為棕
色，最後消褪

食肉動物：貓科動物

在 哺乳動物各家族中，成員之間相似的程度，以貓科家族的 38 個成員為最。牠們大都是夜行性的獨居動物，行動鬼祟，擁有閃電般的反應能力，是掠食動物的最佳典範。

典型貓科動物的特徵包括臉部圓形、口鼻部短、嘴寬度、眼睛大、耳朵尖、牙齒銳利、身體輕柔、四肢有力，而且感官靈敏。

貓科動物廣泛分布於歐亞大陸、非洲及美洲，從山區到沙漠及沼澤區都有牠們的蹤跡。其中所謂的「大貓」包括了 7 種動物：虎、獅（是貓科中少見的群居動物）、獵豹、美洲豹、花豹、雪豹及雲豹。

傳統上，所有的「小型貓」全歸類於貓屬，不過有些專家也將牠們畫分成幾個不同的屬別。

科：貓科	學名：*Felis silvestris*	野生現況：瀕危風險低 *

野貓（WILD CAT）

外表很像體型較大、毛髮較長（冬天尤其如此）的虎斑貓，顏色有從赭色到灰棕等多種變化。於夜間、清晨及黃昏活動，白天會在樹洞、灌木叢或岩石裂隙等多處窩巢中休息。

體型：體長 50-75 公分，體重 3-8 公斤。

分布：歐洲、西亞及中亞、非洲。活動於混生林中。

附註：據推測，家貓的始祖即為其非洲亞種：非洲野貓（*Felis silvestris libyca*）。

歐洲、亞洲及非洲

前額具有垂直條紋

毛髮長而濃密

社群型態：獨居	妊娠期：63-68 日	每胎幼仔數：1-8	食物：

科：貓科	學名：*Felis chaus*	野生現況：瀕危風險低 *

叢林貓（JUNGLE CAT）

擁有更為貼切的別名「沼澤貓」或「蘆葦貓」，因為牠會在沼澤、河岸及池塘周遭狩獵，且多為鄰近人類棲所的地區。體型纖細，四肢修長，毛皮為黃灰或棕灰到紅褐色，身上沒有任何斑紋，尾巴則有黑色環紋，尾端呈黑色。會在濃密的植被或廢棄的窩巢中休息，日夜都會活動。

體型：體長 50-94 公分，體重 4-16 公斤。

分布：東北非、西亞至東南亞。活動於接近水邊的濃密林地中。

毛皮沒有斑紋

非洲、亞洲

尾巴有環紋，末端黑色

社群型態：獨居	妊娠期：66 日	每胎幼仔數：3-5	食物：

| 科：貓科 | 學名：*Felis margarita* | 野生現況：瀕臨絕種＊ |

沙貓（SAND CAT）

能適應極度乾旱的環境，所需水分非常少，多半攝取自食物中所含的水分；腳掌多毛、爪子短，適合在沙丘上行走。毛皮淡黃棕色至灰色，眼角有一道紅棕色條紋橫越臉頰。沙貓會在沙地上挖掘地穴，供白天休息之用，而在夜間及晨昏獵食沙鼠、跳鼠、其他齧齒動物、蜥蜴及蛇類。

體型：體長 45-57 公分，體重約 1.5-3.5 公斤。

分布：北非、西亞、中亞及南亞。活動於乾燥多沙的環境。

耳朵位置較低

非洲、亞洲

毛皮淡黃棕色

尾巴末端黑色

腿部具條紋

腳掌寬大

| 社群型態：獨居 | 妊娠期：59-67 日 | 每胎幼仔數：2-4 | 食物： |

| 科：貓科 | 學名：*Felis jacobita* | 野生現況：瀕臨絕種＊ |

南美山貓（ANDEAN CAT）

也稱為「安地斯山貓」，體型小而強健，具有濃密的銀灰色毛皮，背部有棕色或橘黃色垂直條紋，腹側有斑點，腿部及尾巴有深色條紋，尾巴長而蓬鬆多毛。生活在林線以上的高度，習性鮮為人知。

體型：體長 58-64 公分，體重 4 公斤。

分布：南美洲西部（安地斯山脈）。活動於海拔 3,000-4,000 公尺以上乾燥多岩的地區。

附註：不像其他貓科動物因人類獵殺或棲地喪失而直接面臨生存危機，其威脅是來自主要獵物（絨鼠及大絨鼠等齧齒動物）的迅速消失。

南美洲

長尾巴蓬鬆多毛

尾巴具黑色環紋

毛皮柔軟濃密

| 社群型態：獨居 | 妊娠期：不詳 | 每胎幼仔數：不詳 | 食物： |

科：貓科	學名： *Felis serval*	野生現況：瀕危風險低 *

藪貓（SERVAL）

外型像隻小獵豹般，身材苗條，四肢修
長，黃色毛皮有深色斑點，頭部及背部
斑點常串聯成長條狀。耳朵大而圓，尾
巴有數條黑色環紋、末端黑色。雄性體
型多半比雌性大。偏好棲息在濕地周邊
的蘆葦中，獵食鼠、鳥、魚、蛙，及蝗
蟲等大型昆蟲。通常於黃昏獵食，利用
修長的四肢和頸部，將頭部抬高露出草
叢，以偵查獵物蹤跡。發現獵物時，能
跳躍 1 公尺高、4 公尺遠，用前爪捕獲
獵物。會利用尖銳的叫聲進行溝通，也
會發出咆哮聲和咕嚕聲。

體型：體長約 60-100 公分，體重約 9-
18 公斤。

分布：西非、中非及東非。活動於有植
被的河岸與溪邊。

附註：會捕食蝗蟲和鼠類，但很少攻擊
牲禽，因此對農場有益。由於活動地區
集中於河岸，因此容易暴露在遭受
獵殺的危險中，也易因棲地喪
失而面臨威脅。

慘遭獵殺
由於藪貓在南非農作地區遭到
無情的殺害，如今在當地非常
稀有。有人類棲息的地區已不
再有藪貓的行蹤。

頭部
有縱紋

嘴巴四周
毛色較淡

黃色毛皮上
有深色斑點

尾巴有環紋，
末端黑色

腿部纖
細修長

腿部有
深色橫紋

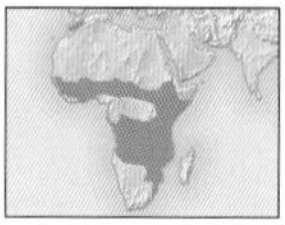

非洲

社群性態：獨居	妊娠期：73 日	每胎幼仔數：2	食物：

| 科：貓科 | 學名：*Felis viverrinus* | 野生現況：瀕危風險低 |

漁貓（FISHING CAT）

亞洲

身材比例與麝貓相似，身體修長結實，但四肢極短。為半水棲掠食動物，專門獵食魚、蛙、蛇、水生昆蟲、蟹、螯蝦及貝類。不過，漁貓只在行為上偏向水棲，在生理構造上，牠的趾間僅略為有蹼，牙齒也不適合捕捉滑溜的獵物。會用腳掌把獵物舀出水面，也經常潛水，有時還會突然從水鳥下方浮出水面。橄欖灰色的毛皮具有雜斑，全身布滿深棕色斑點。

體型：體長 75-86 公分，尾長 8-14 公斤。

分布：印度到東南亞。活動於湖畔、河岸及溪邊，以及紅樹林沼澤和濕地地區。

附註：將濕地填平成農耕區的行為，已對傍水而生的漁貓造成負面影響。

深色條紋從前額延伸到頸部

四肢短

毛皮具深棕色斑點

| 社群型態：獨居 | 妊娠期：63 日 | 每胎幼仔數：1-4 | 食物： |

| 科：貓科 | 學名：*Felis planiceps* | 野生現況：受威脅 |

扁頭貓（FLAT-HEADED CAT）

體型比家貓略小，生活在河流、湖泊、沼澤及渠道附近。為半水棲的掠食動物，除了魚類之外，也捕食小蝦、蛙、囓齒動物及小型鳥類。趾間的蹼不完整，爪子無法完全回縮，上排前臼齒大而尖銳，適合捕捉滑溜的獵物。這種貓最突出的特徵在於狹窄狹長的頭顱，前額扁平，耳朵小且位置低。深棕色的毛皮帶有銀色光澤。

體型：體長 41-50 公分，體重 11/2-2 公斤。

分布：東南亞。活動於鄰近河邊的森林、沼澤及灌溉渠道四周。

耳朵小

雙眼距離近

棕色毛皮帶有銀色光澤

亞洲

| 社群型態：獨居 | 妊娠期：56 日 | 每胎幼仔數：不詳 | 食物： |

科：貓科	學名：*Felis marmorata*	野生現況：受威脅*

雲貓（MARBLED CAT）

外型就像一隻小雲豹（見288頁）。毛皮有從棕灰到鮮黃或紅棕色等變化，身體兩側有黑邊深色大斑塊。腹部和四肢具全黑斑點，長尾巴上的斑塊及尾端均爲黑色。生活習性鮮爲人知，一般認爲是半樹棲的夜行性動物。主要獵物有鳥類、松鼠及鼠類，可能也獵食蜥蜴與青蛙。

體型：體長45-53公分，體重2-5公斤。

分布：印度東北部至東南亞。活動於熱帶森林。

附註：生存受到人類干擾與棲地喪失的影響。

亞洲

兩側有深色斑塊

耳朵短

四肢具黑色斑點

尾巴長而多毛

社群型態：獨居	妊娠期：81日	每胎幼仔數：1-4	食物：

科：貓科	學名：*Felis wiedi*	野生現況：受威脅*

美洲小豹貓（MARGAY）

樹棲的特技專家，是貓科動物中唯一後腳能轉動180º的成員，這使牠能像松鼠一樣倒掛身體，頭下尾上地從樹上降落。背部毛皮黃棕色，腹部白色，全身具有排成直線的深色斑點，斑點中央色澤較淡。外型近似美洲豹貓（見對頁），但體型較纖細，尾巴也較長。以樹棲獵物爲食，包括鼠類、松鼠、樹懶幼仔、鳥類、蠕蟲和蜘蛛。

體型：體長46-79公分，體重2.5-4公斤。

分布：北美洲南部至中美洲及南美洲。活動於熱帶雨林。

附註：由於美洲豹貓數量銳減，美洲小豹貓已成爲毛皮市場中的熱門商品。

斑點中央色澤較淺

北美洲、中美洲及南美洲

耳朵大

尾巴長

體型修長

社群型態：獨居	妊娠期：76-85日	每胎幼仔數：1	食物：

科：貓科	學名：*Felis pardalis*	野生現況：瀕危風險低＊

美洲豹貓（OCELOT）

具有典型的貓科動物生活習性，環境適應能力強。棲地範圍廣泛，從潮濕的森林到乾燥的灌木叢區，只要有濃密植被可供遮蔽，就有牠們的蹤跡。以陸棲為主，但也會攀爬、跳躍及游泳，白天會在樹洞或樹枝上休息。為夜行性掠食動物，獵物種類繁多，包括囓齒動物、鳥類、蜥蜴、魚、蝙蝠、小鹿、猴、犰狳、食蟻獸及烏龜。

體型：體長 50-100 公分，體重 11.5-16 公斤。

分布：美國南部到中美洲及南美洲。活動於熱帶雨林、草原及沼澤地區中。

附註：1960 及 1970 年代，每年約有 20 萬隻美洲豹貓在毛皮交易中喪生。如今在大部分地區已受到保護，儘管現在又面臨伐林威脅，族群數量已開始增加。

北美洲、中美洲及南美洲

美麗的毛皮
美洲豹貓黃褐至紅灰色的毛皮上，具有獨特的花瓣狀深色斑紋。臉頰上有 2 道黑色條紋，尾巴也有環紋。

成串的「花瓣」狀斑紋

臉頰有黑色條紋

腹部略白

腿部內側具橫紋

毛皮短而濃密，如天鵝絨般柔軟光滑

社群型態：獨居	妊娠期：79-85 日	每胎幼仔數：1-3	食物：

科：貓科	學名：*Felis rufus*	野生現況：瀕危風險低 *

美洲大山貓 (Bobcat)

尾巴短得像是被剪過似的，所以英文俗名為 Bobcat
(bob 意即「剪短」)。毛皮顏色變化介於淡黃色和棕色
之間，具有深棕色及黑色的斑點與條紋。外表和
歐亞大山貓 (見對頁) 相似，但體型較小，四肢更
修長，耳朵的簇毛較不明顯，或完全沒有簇毛；耳朵
背面有明顯黑斑。和歐亞大山貓一樣，有一圈長毛從耳
朵延伸到臉頰。分布的棲地比歐亞大山貓更多樣化。為夜
行性陸棲動物，但能輕鬆爬樹；白天則在灌木叢、中空的
樹幹或岩縫中休息。通常會無聲無息地跟近獵物，再以閃
電般的速度躍出襲擊。以兔子和鳥類為主食，但冬天時也會
獵捕鹿等較大型哺乳動物。

體型：體長 65-110 公分，體重 4-15.5 公斤。

分布：加拿大南部、美國及墨西哥。活動於沙漠、灌木叢、混
生林地及針葉林中。

附註：偶爾會陷入陷阱或遭人獵殺，在俄亥俄谷地、密西西
比河谷上游及大湖區南部的族群多半已遭滅絕。

北美洲

多變的斑點
毛皮斑點密度不
一，有時全身布
滿明顯斑點，
有時僅腹部
有斑點。

耳朵略有簇毛

臉頰
多毛

毛皮淡黃色
至棕色

四肢小而修長

短尾
巴黑色

斑點密
度多變

社群型態：獨居	妊娠期：60-70 日	每胎幼仔數：2-3	食物：

科：貓科	學名：*Felis lynx*	野生現況：瀕危風險低 *

歐亞大山貓（EURASIAN LYNX）

原本棲息於混生森林，但因人類的出現與捕殺，而被迫遷移到開闊林地和多岩山區。毛皮非常濃密，紋路比其他貓科動物更多變，主要有3種類型：以條紋為主、以斑點為主（如下圖）及素色無紋路。底色有從紅棕或黃灰色到近乎白色等多種變化。腹部通常白色，耳朵有明顯的黑色簇毛，尾巴末端黑色。有如「雪鞋」般的大腳掌在冬季時濃密多毛，使牠能在雪地上行走。夏天的毛髮較短，而且有明顯斑紋；冬天毛髮較長。能獵殺體型比牠大 3、4 倍的獵物，以鹿、山羊及綿羊等有蹄動物為主要獵食對象；但若這些獵物數量稀少時，也會獵捕鼠兔、野兔、嚙齒動物和鳥類等為食。

體型：體長 0.8-1.3 公尺，體重 8-38 公斤。
分布：北歐至東亞。活動於混生森林及乾草原。
附註：雖然已受保育計畫保護，但農人的獵殺與頻繁的交通意外，使牠在西歐仍屬稀有。此外，雄性幼仔的存活率很低，可能是基因問題所致。

歐亞大陸

頸部及胸部白色

毛皮濃密

西班牙大山貓

瀕臨絕種的西班牙大山貓（*Felis pardina*）體型為歐亞大山貓的一半，分布於歐洲西南部。

毛皮黃灰色

毛皮斑點樣式多變

耳朵上有明顯黑色簇毛

眼睛大

腳掌大

腹部白色

腿部較長

社群型態：獨居	妊娠期：67-74 日	每胎幼仔數：1-4	食物：

科：貓科	學名：*Felis caracal*	野生現況：瀕危風險低 *

獰貓（CARACAL）

棲息在乾燥的矮樹叢區，因此也稱為「沙漠山貓」，毛皮大都為紅棕色，下巴、喉嚨和腹部白色，眼睛到鼻子間有黑色細紋。耳朵特別尖，耳朵背面黑色，且具有黑色長簇毛。素以垂直彈跳的能力知名，常能跳躍達 3 公尺高，揮掌將飛鳥「拍」下。為夜行性動物，攀爬和跳躍能力極佳，是同體型貓科動物中速度最快的成員。會偷偷跟蹤獵物，然後迅速衝出或躍起捕殺獵物。具有領域性，會以尿液標示領域。通常獨自行動，但有時會由成貓和幼仔組成小型群集。以岩縫、濃密的植被或豪豬的窩穴作為窩巢。

體型：體長 60-91 公分，體重 6-19 公斤。

分布：非洲、西亞、中亞及南亞。活動於林地、疏林草原及矮樹叢中。

非洲、亞洲

獵人的夥伴
獰貓外表看似兇惡，其實很容易馴服，因此在印度及伊朗有時會成為獵人的助手。

耳朵長，具
黑色簇毛 •

• 身材修長

下巴白色 •

社群型態：獨居	妊娠期：69-81 日	每胎幼仔數：1-6	食物：

科：貓科	學名：*Felis aurata*	野生現況：瀕危風險低 *

非洲金貓 (AFRICAN GOLDEN CAT)

棲息在熱帶雨林中，習性鮮爲人知；毛皮有灰色至紅棕色多種變化，有些具淺色斑點，有些則全身色澤均勻一致；臉頰、下巴和腹部爲白色。體型中等，四肢修長，腳掌大，頭部小，雄性體型多半比雌性大。日夜都會活動，以陸棲爲主，但偏好鄰近水邊的地區。主要獵物有嚙齒動物、蹄兔、小羚羊和鳥類等，通常會先潛行接近獵物，再以突襲方式加以捕殺。

體型：體長 61-100 公分，體重 5.5-16 公斤。

分布：西非及中非。活動於森林和山區。

耳朵醒目突出

頭部小

毛皮紅棕色

非洲

社群型態：獨居	妊娠期：不詳	每胎幼仔數：不詳	食物：

科：貓科	學名：*Felis yagouaroundi*	野生現況：瀕危風險低

懶貓 (JAGUARUNDI)

吻部尖、身材修長、四肢短，這樣的外型較像貂而不像貓；棲息於森林的族群毛皮爲黑色，乾燥灌木叢區的族群則呈淺灰棕色或紅色。夜行習性不如其他貓科動物強烈，於晨昏狩獵，且大都在地面覓食。

體型：體長 55-77 公分，體重 4.5-9 公斤。

分布：美國南部到南美洲。活動於低地森林及灌木叢中。

附註：不僅遭人類獵殺，棲地也遭破壞。

頭部小而扁平

長尾巴毛髮濃密

北美洲、中美洲及南美洲

社群型態：獨居	妊娠期：70-75 日	每胎幼仔數：1-4	食物：

| 科：貓科 | 學名：*Puma concolor* | 野生現況：瀕危風險低 |

美洲獅（PUMA）

英文別名 Panther、Cougar、Mountain Lion 指的全是美洲獅；雖然體型比某些「大貓」還大（約和獵豹一樣大），在分類學上卻與「小型貓」較接近。身體相當長，頭部小，臉部短，毛皮為均勻淡黃色。四肢強健有力，後腿比前腿長。在整個分布區中，美洲獅最重要的獵物是鹿，特別是騾鹿與麋鹿。牠會悄悄地潛近獵物身邊，然後跳到獵物背上，或衝上去抓住獵物。得手後拖到隱蔽地點飽餐一頓，然後用落葉殘枝把剩餘屍體掩蓋起來，留待日後食用。行動敏捷，能跳躍離地 5.5 公尺高，也擅長游泳，但並不喜歡下水。大都單獨行動，個體間會互相迴避，只在交配期間有短暫的接觸。除了雌性撫育幼仔的期間之外，通常沒有固定巢穴，但有時會利用濃密的植被、岩縫或山洞作為臨時棲所。美洲獅無法其他貓科動物一樣吼叫，因此以咆哮、嘶聲和鳥鳴般的叫聲溝通，交配過程中則會發出近似人類尖叫般的恐怖聲音。

體型：體長 1.1-2 公尺，體重 67-105 公斤。

分布：北美洲西部及南部、中美洲及南美洲。活動於山區針葉林、低地熱帶森林、沼澤、草原、乾燥的灌木區，或其他任何具有豐富植被及獵物的地區之中。

附註：環境適應力極佳，在西半球除了人類以外，美洲獅是當地原生哺乳動物中自然分布範圍最廣泛的動物。

北美洲、中美洲
及南美洲

毛皮為均勻的
● 淡黃褐色

明顯突出的
● 大耳朵

幼仔身上
● 有斑點

後腿強
健，善於跳躍

花斑幼仔

美洲獅的幼仔在 6 個月大之前，身上布滿斑點。牠們在 6 星期大時開始吃肉，一隻誕生於春天的幼仔，到了秋天就能和母親一起獵食，冬天就能獨自狩獵。但在此之後，仍會在母親身邊多留幾個月。

| 社群型態：獨居 | 妊娠期：90-96 日 | 每胎幼仔數：1-6 | 食物： |

強壯的顎
和牙齒

生存受到威脅
自從歐洲殖民地開拓者來到美洲後，美洲獅
便遭到大量獵殺；此外，在人類伐林以
作農耕之用的地區，族群數量也
大幅減少。

腹部淡黃褐色

耳朵小
而圓

頭部特別小

前腿比後腿短

腹部龐大

腳掌比例
相當大

科：貓科	學名： *Neofelis nebulosa*	野生現況：受威脅

雲豹（CLOUDED LEOPARD）

為體型最小的「大貓」，毛皮黃褐色、灰或銀色，因具有鑲黑邊的深色雲朵狀斑紋而得名。前額和四肢也有斑點，尾巴則有環紋。人類對這種難以捉摸的神秘大貓所知不多，但一般認為以樹棲為主，會在高枝上躲避危險、休憩或潛近獵物。攀爬技術可與許多小型貓匹敵，能頭部朝下地從樹上跑下來，或以背部朝地面的姿勢，在水平的樹枝間移動。

體型：體長 60-110 公分，體重 16-23 公斤。

分布：南亞、東南亞及東亞。活動於熱帶及溫帶森林、山區及草原。

附註：因棲地喪失及人類大量獵殺而面臨生存威脅。

亞洲

黑色「雲朵」

尾巴具環紋，基部有斑點

社群型態：獨居	妊娠期：93 日	每胎幼仔數：1-5	食物：

科：貓科	學名： *Uncia uncia*	野生現況：瀕臨絕種

雪豹（SNOW LEOPARD）

淺灰色或乳煙灰色的毛皮上，布滿花瓣狀深色斑紋，是這種毛茸茸的大貓最明顯的特徵。和花豹（見 290 頁）一樣，獵物的種類繁多。大都在白天活動，特別是清晨與黃昏；以山洞或岩縫為巢穴。

體型：體長 1-1.3 公尺，體重 25-75 公斤。

分布：中亞、南亞及東亞。活動於山區及高山草地上。

附註：因毛皮而遭獵殺；也因獵物減少及牲畜入侵草原等因素，而遭受威脅。

頸部具實心斑點

頭部小

身體具大型花瓣狀斑紋

尾巴具環紋

腹部白色

亞洲

社群型態：獨居	妊娠期：90-103 日	每胎幼仔數：1-5	食物：

科：貓科	學名：*Panthera onca*	野生現況：瀕危風險低

美洲豹（JAGUAR）

美洲地區唯一的「大貓」，外型和花豹（見 290 頁）相似，但花瓣狀的斑塊中間顏色較深，且身材較為矮胖，體格結實強健，頭部寬大，四肢粗壯有力。背部中央有一排長形斑塊，可能合併成一實心條帶。常有全身黑化的個體，但只要光線明亮，仍可見其斑紋。棲息在有水的環境中，如常態性的沼澤區，或季節性氾濫的森林。善於游泳，甚至會獵捕鱷魚等水生獵物；不過多半是在陸地上狩獵，以潛行、埋伏等方式捕殺獵物，且會把獵物拖到隱蔽處進食。獨行並具有領域性，以尿液及在樹上留下爪痕等方式標示領域；利用多種聲音與同類進行溝通，包括吼聲、咕嚕聲及喵聲。

體型：體長 1.1-1.9 公尺，體重 36-160 公斤。

分布：中美洲至南美洲北部。活動於熱帶森林、疏林草原、矮樹叢及濕地。

附註：儘管已受到法律保護，毛皮的獵取量也大幅減少，但仍因棲地喪失，及在牧牛場上狩獵而遭獵殺等因素，而面臨與日俱增的危機。

中美洲、南美洲

身體中線上有長形斑塊

花瓣狀斑紋及斑點

美洲豹毛皮有淺黃到紅黃色及紅棕色等變化，肩膀、背部及腹側有黑色環紋或花瓣狀斑紋。頭部、頸部、四肢及腹部則有黑色斑點。

頭部寬大，斑點較小

體格結實有力

腹部白色或淡黃色

尾巴比花豹短

社群型態：獨居	妊娠期：93-105 日	每胎幼仔數：1-4	食物：

科：貓科	學名： *Panthera pardus*	野生現況：瀕危風險低

花豹（Leopard）

廣泛分布於多種棲息環境，不僅外表變化很多，對獵物的偏好也各有不同。隨棲地不同，身體顏色也有所變化，沙漠地區的族群可呈淺黃色，草原地區族群則呈深黃色。獵物則從糞金龜等小型生物，到體型比牠大許多的羚羊，種類變化多。1隻大型獵物可供給花豹2星期所需的食物量，但牠們大都每3天狩獵一次，撫育幼仔的母花豹狩獵頻率則加倍。龐大的頭部具有強壯顎骨，因此有能力捕殺並肢解獵物。強壯的肩膀及前肢使牠成為攀爬高手，常把獵物拖到樹上立即享用，或儲藏起來留待日後食用；在樹上進食不僅不受干擾，獵物也不會遭鬣狗及胡狼等食腐動物搶奪。花豹通常獨自擁有特定的活動區，並會抵禦其他個體入侵，但雄性的領域範圍可能包含1或多隻雌性的領域。雖為獨居性動物，但曾有報告顯示雄性在交配後，仍與雌性同行，並協助撫育幼仔。花豹比老虎更能適應人類的存在，常為了獵食而出現在大城鎮附近數公里範圍內。儘管遭受許多威脅，仍成功存活下來。

體型：體長0.9-1.9公尺，體重37-90公斤。

分布：西亞、中亞、南亞、東亞、東南亞及非洲。活動於低地森林、山區、草原、灌木叢區及半乾燥沙漠。

附註：因其掠食行為及美麗的斑點毛皮而遭獵殺，也因棲地喪失及獵物的減少而面臨威脅。

非洲、亞洲

毛皮為乾草色
或淡灰黃色至
● 赭色或栗色

臀部有花瓣狀 ●
深色斑紋

● 尾巴具環紋

社群型態：獨居	妊娠期：90-105日	每胎幼仔數：1-6	食物：

樹上生活
花豹通常於夜間活動，
白天則在樹上或濃密的
植被中休息。對撫育幼
仔的雌性來說，大型樹
木不僅能使小豹避開危
險，也提供母豹為幼仔
儲藏食物的地方。

斑點隱
約可見

黑豹
花豹有時會有「黑化」
現象，皮膚及毛髮上
出現大量黑色素，但
斑點仍隱約可見。

頭部有黑
色小斑點

頸部肌
肉強韌

前肢肌肉
強健有力

腹部白色

| 科：貓科 | 學名：*Panthera tigris* | 野生現況：瀕臨絕種 |

虎（TIGER）

為體型最大的貓科動物，橘紅色毛皮上，有鮮明的黑色條紋及白色斑紋，極易辨認。雖然有 8 種亞種，但在 1950 年代就有 3 種絕種，其他 5 種亞種如今全瀕臨絕種，有些更是嚴重瀕危。體型、毛皮、顏色及斑紋均視亞種不同而有所變化。分布範圍最遠曾西至土耳其東部，如今只有零散的小族群分布在印度到越南之間、西伯利亞、中國和蘇門答臘等地。棲息於多種環境，從熱帶森林到冰天雪地的乾草原都有，但基本的需求相同：要有濃密的植被掩護、鄰近水邊、獵物充足。每次進食需要 40 公斤的肉食量，會在 3-6 天內持續回到捕獲的大型獵物所在進食。主要獵物為鹿與豬，有些地區的族群也獵捕牛、猴、鳥、爬行類及魚類。雖然是獨居動物，但也會成群行動，公虎有時還會與母虎及其幼仔共同棲息、進食。孟加拉虎（*Panthera tigris tigris*，如圖）是最常見的亞種，具有典型的虎皮：深橘色毛髮，腹部、臉頰和眼睛四周白色，身上具有獨特的黑色條紋，使牠在叢林高長的草叢中擁有保護色。其他尚存亞種為馬來虎（*P. t. corbetti*）、華南虎（*P. t. amoyensis*）、蘇門答臘虎（*P. t. sumatrae*）及西伯利亞虎（*P. t. altaica*）。

體型：體長 1.4-2.8 公尺，體重 100-300 公斤。

分布：南亞及東亞。活動於熱帶森林、常綠林、紅樹林沼地、草原、疏林草原及多岩地區。

附註：在大多數地區已受到保護，但仍因毛皮及身體器官而持續遭受非法盜獵。目前有多項保育計畫負責監測並保護老虎族群。

亞洲

鮮明的黑色條紋

長尾巴具環紋

| 社群型態：獨居 | 妊娠期：93-111 日 | 每胎幼仔數：1-6 | 食物： |

西伯利亞虎

西伯利亞虎（*Panthera tigris altaica*）是現今體型最大的貓科動物，分布於西伯利亞及滿洲地區。擁有所有亞種中色澤最淺的毛皮，長而濃密的毛髮可供禦寒。如今嚴重瀕危，族群數量可能僅剩 150-200 隻。

耳朵大而圓 ●

● 頭部比例大

眼睛四周
● 白色

● 觸鬚長而靈敏

頸部白色
● 或乳白色

蘇門答臘虎

蘇門答臘虎（*Panthera tigris sumatrae*）也名列嚴重瀕危動物名單。族群數量從 1970 年代的 1,000 隻，減少到在野外只有約 400 隻，圈養數量則約 194 隻。

爪子銳利，
可回縮 ●

| 科：貓科 | 學名：*Panthera leo* | 野生現況：受威脅 |

獅（LION）

在通常偏好獨居的貓科動物中，這種「大貓」顯得非常獨特，會以具血緣關係的母獅及其幼仔組成群集，這種獅群擁有長期的社群關係，並能延續數代。獅群再加上 2-3 隻無親緣關係的雄獅，或 4-5 隻有親緣關係的雄獅，就形成組織鬆散的聯盟，共同防衛廣大領域，以抵禦其他雄獅聯盟的入侵。雄獅會與該領域中的母獅群交配，並維持 2-3 年的關係，直到前來挑戰的雄獅群將之驅逐為止。獅子狩獵時會低身潛行，並善用遮蔽物，時而匍匐前進，時而靜止等待。獅群成員合作狩獵，以扇形的隊伍包抄攻擊斑馬、牛羚、飛羚及水牛等大型獵物。雄獅會讓同居的母獅負責狩獵，但自己卻享有優先食用獵物的權利。毛皮顏色有淡黃褐及銀灰色，到黃紅及深赭棕色等多種變化；雄獅具有極易辨認的壯觀鬃毛。

體型：體長 1.7-2.5 公尺，體重 150-250 公斤。

分布：非洲、南亞。活動於綠草蓊鬱的平原、疏林草原、開闊林地及矮樹叢。

附註：因人類活動範圍的擴張及大肆捕殺，而遭受嚴重威脅；除印度西北部戈爾森林（Gir Forest）的族群外，獅子在亞洲已完全絕種。

頭部比
例較大

非洲、亞洲

幼獅

幼仔出生時，有些雙眼即已張開，3 個月大後便跟隨母親四處行走，11 個月大開始練習獵食，此時獅群中的母獅也常開始生產下一胎，並互相撫育彼此的幼仔。

母獅無鬃毛

雄獅鬃毛為黃色、棕色或紅棕色，並隨年紀增長而加深

毛皮為均勻的黃褐色

| 社群型態：群居 | 妊娠期：110-119日 | 每胎幼仔數：1-6 | 食物： |

科：貓科	學名：*Acinonyx jubatus*	野生現況：受威脅

獵豹（CHEETAH）

獵豹是陸地上奔馳速度最快的動物，爆發速度可超過時速 100 公里，時間約可維持 10-12 秒，因此如果獵物保持領先的時間夠長，必能死裡逃生；但若獵豹能追上獵物，即可利用高速衝力擊倒獵物，咬住頸部使之窒息而亡。主要獵物為小型及中型有蹄動物。撫育幼仔的母豹可能每天狩獵，獨行的成獸則約每 2-5 日狩獵一次。除獅子外，獵豹比所有「大貓」更具社群性，幼仔在 13-20 個月大後才離開母親，但也可以留滯更久的時間；兄弟之間有時會共同生活多年。獵豹具有瘦長的身體、修長的四肢、圓形的頭部，臉部有向下延伸的明顯黑色條紋。毛皮黃色，具有黑色小斑點，但棲息在沙漠的族群色澤較淺、斑點較小；斑點最大的是非洲東南部的亞種帝王獵豹。

體型：體長 1.1-1.5 公尺，體重 21-72 公斤。

分布：非洲及西亞。活動於草原及乾燥灌木區。

附註：人類活動帶來的環境改變，對獵豹的威脅比對其他大貓更甚。獵豹原生於阿拉伯半島到印度中部以及非洲大部分地區，但如今在亞洲除了西亞之外，已完全絕跡。

非洲、亞洲

臉部黑色條紋
非常明顯

毛皮具黑色
小斑點

毛皮為黃
褐色至淡黃
或灰白色

狩獵技術

獵豹會先潛行接近獵物，再從距離 70-100 公尺處發動攻擊，這和其他貓科動物的埋伏行為大不相同。

尾巴具黑
色環紋

四肢非常
修長

腹部淡黃
褐色至白色

社群型態：獨居／成對	妊娠期：90-95 日	每胎幼仔數：1-8	食物：

海豹與海獅

鰭 腳目動物有時也歸類在食肉目的亞目，共計有 34 種動物，分列為 3 科：海豹科（海豹）、海獅科（海獅與海狗）及海象科（單科單種的海象）。

牠們幾乎都有前突的口鼻部和一雙大眼睛，平滑且形似魚雷的身體和短脖子連成一體，四肢形狀如鰭。海豹的耳朵沒有外突的耳廓，後鰭向後方伸展，在陸地上是以蠕動或「隆背蠕行」的方式前進。海獅家族有明顯可見的耳廓，後鰭可轉動，因此能在陸地上搖擺前進。海象則幾乎全身無毛，並具有一對很長的長牙。

鰭腳目家族都是敏捷迅速的水底掠食動物，但每年繁殖季會回到陸地或浮冰上。世界各地的海洋都有海豹與海獅的蹤跡，但海象只分布於北極地區。

科：海獅科	學名：*Zalophus californianus*	野生現況：受威脅*

加州海獅（CALIFORNIAN SEA LION）

很少遠離海岸，經常進入海灣及河口尋找食物及棲所。雄性頭部有隆起，毛皮為深棕色；雌性和幼仔全身為均勻的褐色。能在 2 分鐘內潛到約 75 公尺深處，獵食成群的魚群。5-7 月繁殖季時，雄性會在沙灘上或岩石區潮水潭中爭奪小範圍地盤，在 2 星期後游回海中覓食，待重回陸地時，還得重新爭奪新地盤。

體型：體長可達 2.4 公尺，體重 275-390 公斤。

分布：加州及加拉巴哥群島（Galapagos Islands）。活動於海岸沿線地區。

附註：是海洋世界常見的表演動物，和海豚及黑猩猩一樣，顯然有能力學習了解人工語言。

北美洲、加拉巴哥群島

口鼻部似狗，具觸鬚

槳形的鰭腳 • 毛皮光滑

社群型態：多變	妊娠期：11 個月	每胎幼仔數：1	食物：

| 科：海獅科 | 學名： *Arctocephalus pusillus* | 野生現況：地區性常見 |

南非海狗（CAPE FUR SEAL）

耳廓明顯突出

口鼻部尖，且略為上翹

又稱「澳洲海狗」，共有 2 種亞種：分布於南非的亞種毛皮為較暗的灰棕色，潛水深度是澳洲亞種的 2 倍深。雄性在雌性上岸前，即展開地盤爭奪戰；雌性也會為了撫育幼仔而互相爭奪地盤。每當母親回到海中覓食數日時，幼仔會聚集形成幼兒區，一起玩耍等待。

後鰭腳可用來搖擺前進

體型：體長 1.8-2.3 公尺，體重 200-360 公斤。

分布：南非、澳洲東南部、塔斯馬尼亞島及巴斯海峽鄰近的小島群。活動於外海及海岸沿線。

附註：非洲納米比亞每年允許限量捕捉南非海狗，澳洲則於 1975 年起全面禁獵這種海狗。

非洲、澳洲

毛皮平順光滑

| 社群型態：多變 | 妊娠期：11³/₄ 個月 | 每胎幼仔數：1 | 食物： |

| 科：海獅科 | 學名： *Phocarctos hookeri* | 野生現況：受威脅 |

紐西蘭海獅（NEW ZEALAND SEA LION）

又稱「虎克海獅」，分布範圍僅限於紐西蘭南方幾個小島。雄性毛皮深棕色，臀部銀灰色，肩部有鬃毛；雌性和幼仔則是背部銀灰或棕灰色，腹部黃褐色。會遠離海岸 150 公里處覓食，也會深入內陸約 1 公里處，在崖壁或樹木間棲息。為機會覓食主義者，也是潛水高手，食物內容包括魚、烏賊、甲殼動物、企鵝乃至小海豹。雖然會組成密集的繁殖群集，但在海中則是單獨行動。

具耳廓或「外耳殼」

紐西蘭

口鼻部寬

體型：體長 2-3.3 公尺，體重 300-450 公斤。

分布：紐西蘭南部島嶼。活動於外海及海岸沿線。

附註：自史前時代起即因肉質、毛皮及油脂而遭獵殺，目前所有族群均受保護。

| 社群型態：多變 | 妊娠期：11³/₄ 個月 | 每胎幼仔數：1 | 食物： |

科：海獅科	學名：*Otaria byronia*	野生現況：受威脅 *

南美海獅（SOUTH AMERICAN SEA LION）

頭部龐大沉重，雄性的肩部和胸部有濃密鬃毛。毛皮為棕色，腹部顏色較淺或偏黃色，頸部和胸部特別粗壯，口鼻部寬大上翹。南美海獅並不遷徙，所以終年使用繁殖地（群棲地）作為棲息地。雌性在幼仔 1-2 個月大時，就會哄誘幼仔下水。

體型：體長 2.3-2.8 公尺，體重 300-350 公斤。

分布：南美洲西部、南部及東部，以及福克蘭群島。活動於海岸沿線和大陸棚，及較深的水域、河流與冰河四周。

口鼻部寬大上翹

頭部深棕色，毛髮多

雄性具濃密鬃毛

鰭腳形狀似槳

背部深棕色

南美洲

社群型態：多變	妊娠期：11³/₄ 個月	每胎幼仔數：1	食物：

科：海獅科	學名：*Callorhinus ursinus*	野生現況：受威脅

北方海狗（NORTHERN FUR SEAL）

雄性的毛皮為棕灰色，雌性和幼仔背部銀灰色，腹部紅棕色，且胸部有灰白斑紋。前鰭腳長，上面的毛髮就像剛好修剪到腕部；後肢可轉動，因此能夠搖擺行走。除了聖米格爾島（San Miguel Island）的族群之外，多半都會遷徙，雄性在 8 月開始向南行，每年會在海中待上 9-10 個月；雌性和幼仔則在 11 月才跟著南下。

體型：體長可達 2.1 公尺，體重 180-270 公斤。

分布：北太平洋（白令海至加州）。活動於亞北極區的海洋及海岸沿線附近的水域。

口鼻部短而尖，具長觸鬚

毛皮灰色

北太平洋

社群型態：多變	妊娠期：11³/₄ 個月	每胎幼仔數：1	食物：

科：海象科	學名：*Odobenus rosmarus*	野生現況：受威脅 *

海象（Walrus）

體型龐大壯碩，觸鬚濃密的口鼻部鈍而寬，且與粗壯的身體直接相連，身體在尾部又變得窄細；尾部皮膚呈網狀組織。前肢與海獅相似，後肢則近似海豹；粗糙的皮膚上布滿皺紋，呈灰色至淺褐色。雄性體型是雌性的 2 倍大，上犬齒長度也勝於雌性，幾乎可達 1 公尺長。海象能下潛 100 公尺深處超過 25 分鐘，並可利用具有感應神經的觸鬚和口鼻部，偵查獵物行蹤。在海床上吸食獵物時，會先用鼻子翻掘，並從口中噴出水柱，幫忙翻動泥沙。在陸地或浮冰上棲息時，會匯聚成多達 100 隻個體的群集，進入海底時，則分組成只有 10 隻的小群。繁殖期間，雄性會在雌性棲息的浮冰四周水域中，建立小範圍領域，並用長牙來防衛領土。在 4、5 月遷移到較溫暖的水域。

北極地區

集體日光浴
海象的血管在陽光下會擴張，以吸收大量熱能，導致短毛下的膚色呈玫瑰紅色。

體型：體長 3-3.6 公尺，體重 1.2-2 公噸。
分布：北冰洋（極圈地區）。活動於大陸棚淺水區及海岸沿線。

雄性的犬齒變成長牙

頭部小

皮膚粗厚，布滿皺紋

臀部漸窄

社群型態：群居	妊娠期：15 個月	每胎幼仔數：1	食物：

| 科：海豹科 | 學名：*Monachus monachus* | 野生現況：嚴重瀕危 |

地中海僧海豹（MEDITERRANEAN MONK SEAL）

這種極為稀有的動物具深棕色毛皮，因毛皮色澤酷似修士的僧衣而得名。頭部小、體格結實健壯；由於後鰭不能轉動，因此無法在陸地上行走。是海豹中陸地群居性最低的種類，以鬆散的小型群集或母子搭檔的組合活動。食物包括沙丁魚、鮪魚、海鰻和鯔魚等魚類，以及龍蝦和章魚。

地中海、黑海、
大西洋

體型：體長 2.4-2.8 公尺，體重 250-400 公斤。

分布：地中海、黑海、大西洋（非洲西北部）。活動於沿海地區。

附註：對觀光客活動所帶來的干擾很敏感。棲息在海岸洞穴中，因為洞穴的坍塌、過度捕魚、海洋污染及遭受病毒感染等問題，而面臨嚴重的生存威脅。

後鰭腳有
許多分支

口鼻部扁

身體結實強健

| 社群型態：多變 | 妊娠期：11 個月 | 每胎幼仔數：1 | 食物： |

| 科：海豹科 | 學名：*Lobodon carcinophagus* | 野生現況：常見 |

食蟹海豹（CRABEATER SEAL）

身體長而柔軟，銀灰色至黃棕色的毛皮上，有不規則的深色斑點與環紋；以磷蝦為主食，因此「食蟹」的名稱顯得頗為古怪。頭部小、口鼻部細長呈錐形，具有短而不明顯的觸鬚。這種典型海豹的耳朵不外露，且無法在陸地上行走。覓食時，能下潛到 40 公尺深處約 5 分鐘左右。

身體修長
呈流線型

南極、亞南極地區

體型：體長 2.2-2.6 公尺，體重 220 公斤。

分布：南極洲。活動於外海及海岸沿線。

附註：是數量最多、游泳速度最快的海豹。

頭部略小，
口鼻部尖長

| 社群型態：多變 | 妊娠期：11 個月 | 每胎幼仔數：1 | 食物： |

| 科：海豹科 | 學名： *Hydrurga leptonyx* | 野生現況：地區性常見 |

豹斑海豹（LEOPARD SEAL）

身體柔軟，銀色至深灰色毛皮上有不規則斑點，巨大的頭部形似爬行類，沒有前額，下顎既深且寬。身上最寬大的部位是肩膀；全身覆有毛髮，包括鰭腳在內。利用末端有爪的前鰭腳游泳，這在海豹科動物中很罕見。具有大犬齒，因此能獵食小型海豹、企鵝和其他鳥類。

體型：體長 2.5-3.2 公尺，體重 200-455 公斤。

分布：南極洲，特別是南半球高緯度地區。活動於極地和亞極地水域，以及成堆的大浮冰和島嶼上。

附註：為 4 種南極海豹中，體型最大的成員。

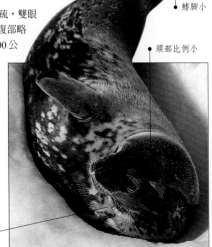

南極、亞南極地區

銀灰色毛皮上
有不規則斑點

頭部龐大

後鰭腳形似
槳，游泳時卻
派不上用場

腹部淺色

下顎深而寬

| 社群型態：獨居 | 妊娠期：11 個月 | 每胎幼仔數：1 | 食物： |

| 科：海豹科 | 學名： *Leptonychotes weddelli* | 野生現況：地區性常見 |

威德爾海豹（WEDDELL SEAL）

體積龐大，頭部和鰭腳小，口鼻部鈍，觸鬚短而稀疏，雙眼眼距小，唇線向上彎曲。背部毛皮為深銀灰色，腹部略白，且有不規則的深淺斑紋。擅長潛水，能下潛 500 公尺深，並停留在水底超過 1 小時。變形的上門牙適合在冰層下切割呼吸孔。這種海豹並不遷移，但會隨著浮冰移動。

體型：體長 2.5-2.9 公尺，體重 400-600 公斤。

分布：南極洲（極圈地區）。活動於外海以及海岸沿線。

附註：如今已受保護，禁止商業獵殺活動。名稱取自海豹獵捕者詹姆斯・威德爾（James Weddell）船長，他曾在 1820 年寫出與這種海豹遭遇的過程。

鰭腳小

頭部比例小

南極地區

毛皮有不
規則斑紋

| 社群型態：多變 | 妊娠期：10¼ 個月 | 每胎幼仔數：1 | 食物： |

科：海豹科	學名：*Mirounga leonina*	野生現況：地區性常見

南方象鼻海豹
（SOUTHERN ELEPHANT-SEAL）

雄性具有可充氣的象鼻型鼻子，因而得名。雌雄毛皮都是均勻的淺銀灰色至深銀灰色，頭部、口鼻部、頸及頸部都很寬大。雄性體重為雌性的4-5倍。在為期2個月的繁殖季節中，雄性面臨競爭對手時，會用下半身支撐以挺直身體，並大聲吼叫，同時將鼻子充氣示威，然後以頭部互相撞擊、摑打，戰鬥時間從幾秒鐘到半小時不等，因此雄性身上大都傷痕累累。獲勝的雄性即為「海灘之王」，可擁有20-40隻妻妾群，甚至曾有高達100隻雌性的紀錄。這種海豹習慣在外海活動，每年有10個月（繁殖期與換毛期除外）在廣大的海域中覓食。日夜不停地潛水，每次潛水可持續20-22分鐘，一生有90%的時間在水底度過。

體型：體長4.2-6公尺，體重2.2-5公噸。

分布：南極州。活動於浮冰區的北方，以及亞南極地區的島嶼四周。

附註：為體型最大的鰭腳目動物。

雌性特徵
鼻子鈍而多肉的母象鼻海豹會在幼仔出生後，繼續留在沙灘上，哺乳幼仔達19-23日，一步也不離開，體重會因而減輕達35%。

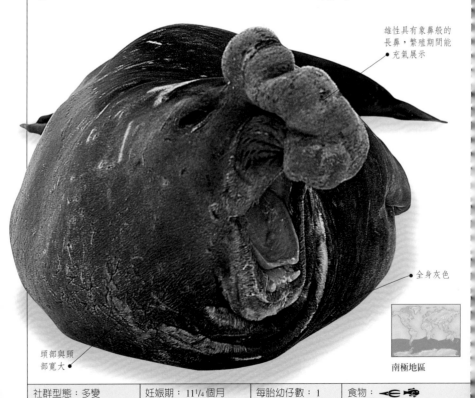

雄性具有象鼻般的長鼻，繁殖期間能充氣展示

全身灰色

頭部與頸部寬大

南極地區

社群型態：多變	妊娠期：11¼個月	每胎幼仔數：1	食物：

科：海豹科	學名：*Ommatophoca rossii*	野生現況：受威脅

羅氏海豹（ROSS SEAL）

為毛皮最短的海豹，顏色為深灰色至栗棕色，並具有寬大的深色條紋。口鼻部特別鈍，頭部寬，後鰭腳較長。群聚性比其他海豹低，在冰層上多半單獨行動，或母子成雙。是南極地區體型最小也最稀有的海豹，生活型態鮮為人知。

體型：體長 1.7-3 公尺，體重 130-215 公斤。

分布：南極地區，特別是羅斯海（Ross Sea）。活動於外海及海岸沿線。

南極地區

• 毛髮短而光滑

毛皮深灰色至栗色

社群型態：獨居	妊娠期：11 個月	每胎幼仔數：1	食物：

科：海豹科	學名：*Cystophora cristata*	野生現況：地區性常見

冠海豹（HOODED SEAL）

口鼻部相當多肉，甚至下垂到嘴巴。雄性威嚇對手時，會將鼻腔充氣擴張到頭部的 2 倍大，並從左鼻孔中吹出一層皮膜，有如紅汽球般。

體型：體長 2.5-2.7 公尺，體重 300-410 公斤。

分布：北大西洋到北冰洋。活動於外海及聚集成堆的浮冰層。

附註：是所有哺乳動物中最早斷奶的動物，只哺乳 4-5 日。

身上斑點分布不均 •

北大西洋、北極地區

鰭腳短而有稜角

社群型態：多變	妊娠期：11¹/₂ 個月	每胎幼仔數：1	食物：

科：海豹科	學名：*Halichoerus grypus*	野生現況：常見

灰海豹（GREY SEAL）

灰海豹共有 3 個族群：分布於大西洋西北部的族群體格較壯實，於 12 月到 2 月之間繁殖；大西洋東北部族群於 7-12 月繁殖；波羅的海族群則於 2-4 月間繁殖。雄性為灰棕色，雌性淺灰色。

體型：體長 2-2.5 公尺，體重 170-310 公斤。

分布：北大西洋及波羅的海。活動於外海及海岸沿線。

雄性毛皮棕灰色，具斑紋 •

北大西洋、波羅的海

鰭腳有毛

• 前鰭腳寬大

社群型態：多變	妊娠期：11¹/₄ 個月	每胎幼仔數：1	食物：

科：海豹科	學名：*Pagophilus groenlandicus*	野生現況：常見

菱海豹（HARP SEAL）

這種海豹臉龐寬大，眼距小，強健的爪子呈黑色，毛皮銀白色，背部有豎琴狀的深色弧形條紋。以鱈魚、胡瓜魚、鯡魚和其他魚類為食。遷徙時，會成群嘈雜地沿著成堆的大塊浮冰邊緣行進。雄性利用叫聲、在水中吹泡泡、在冰層下追逐雌性等方式追求配偶。雌性在可提供適當遮蔽的圓丘形粗糙冰層上撫育幼仔。

體型：體長 1.7 公尺，體重 130 公斤。

分布：北大西洋到北冰洋。活動於極地地區的外海及海岸沿線。

附註：因毛皮與脂肪而長期遭人獵殺。加拿大自 1987 年起禁止商業捕殺菱海豹。

北大西洋、北極地區

身體具黑色斑紋

頭部扁平而深長

後鰭腳較小

毛皮銀白色

鰭腳有毛

社群型態：多變	妊娠期：11 1/2 個月	每胎幼仔數：1	食物：

科：海豹科	學名：*Phoca sibirica*	野生現況：瀕危風險低

貝加爾海豹（BAIKAL SEAL）

體型比其他海豹小，是唯一完全生活在淡水環境的鰭腳目動物，但仍和棲息在海中的親族非常相似。毛皮暗棕灰色，體側色澤褪為黃灰色，具有大而有力的前鰭腳和爪子。大多單獨行動，但雌性會與同一隻雄性持續交配多年。交配過程在水中進行，每胎產一仔，幼仔出生 6-8 週後，就會脫去毛茸茸的白色毛皮，長出和成熟個體一樣的銀灰色毛髮。平均壽命 50-55 年，比一般海豹更長壽。夏天均勻地分布在貝加爾湖全區，冬天則遷移到該湖北側，停留到隔年初春。

體型：體長 1.2-1.4 公尺，體重 80-90 公斤。

分布：俄羅斯（貝加爾湖及其河川支流）。活動於淡水水域。

附註：自史前時代即為人類捕殺，至今仍因肉質和毛皮的商業價值而遭獵殺。

毛皮棕灰色

眼睛附近有深色斑紋

強壯的前鰭腳和爪子

亞洲

社群型態：獨居	妊娠期：9 1/2 個月	每胎幼仔數：1	食物：

| 科：海豹科 | 學名：*Phoca vitulina* | 野生現況：常見 |

麻斑海豹（Common Seal）

又稱「港灣海豹」，是分布最廣的鰭腳目動物，具有胖嘟嘟的身體，頭部小且像貓，前額小，鼻孔呈V字型。毛皮顏色從淺灰至深灰或棕色，全身遍布斑點、環紋及斑塊。各地區族群的繁殖期並不一致；幼仔幾乎在出生後1小時內，就能爬行與游泳。至少有5種亞種，其中一種翁加瓦海豹（Ungava Seal）棲息在加拿大魁北克省北部的淡水水域。

體型：體長1.4-1.9公尺，體重55-170公斤。

分布：北太平洋及北大西洋，從極地至溫帶地區。活動於湖泊、河流及海岸沿線。

附註：麻斑海豹所獵食的魚類中，有許多是商業捕魚目標，因此常陷入漁網而死。許多國家明訂，在魚類養殖區獵殺麻斑海豹為合法行為。

水中覓食

麻斑海豹會在海岸附近覓食，潛水深度不超過100公尺，時間約3-5分鐘。為機會主義覓食者，以鯡魚、砂鰻、蝦蝦虎魚、無鬚鱈、小鱈魚及甲殼動物等為食。

鰭腳短

眼睛大，位於頭部上方

觸鬚明顯

全身具明顯的斑點、環紋及斑塊

毛皮淺灰至深灰色或棕色

北太平洋、北大西洋

鰭腳具細長彎曲的爪子

| 社群型態：多變 | 妊娠期：11³/₄個月 | 每胎幼仔數：1 | 食物： |

象

長期以來，長鼻目家族中唯一仍然存活的象科動物，一直被認為只包含非洲象及亞洲象（印度象）這2種草食性動物。

如今，分布在非洲中西部濃密叢林中的非洲林象，在分類上已視為獨立物種，有別於常出現在東非至南非矮樹林、疏林草原和零星森林中的非洲象。

象非常容易辨認，因為牠們體型龐大，皮膚粗厚，幾乎無毛，頭部和耳廓巨大，具有活動自如的超級長鼻（由鼻子和上唇延伸而成），軀體龐大笨重，還有四條粗壯如柱的腿。

象的上門牙都會逐漸變長，但亞洲象成年母象的長牙並不會突出嘴巴。象群是由年長母象，即女家長所領導的家族群集。

科：象科	學名：*Elephas maximus*	野生現況：瀕臨絕種

亞洲象（ASIAN ELEPHANT）

亞洲象與其近親非洲象（見308頁）不同之處，在於牠的耳朵較小，且象鼻末端只有1個具抓握力的指狀外突。此外，牠的象牙較小，母象則沒有長牙，或長牙沒有突出嘴唇之外；有些公象也沒有長牙，當地人稱這種公象為「馬克那斯」(makhnas)。象會利用象鼻末端，並配合象牙和前腿來搜尋、選擇及摘取食物，最後才將食物放入口中。小象透過模仿和練習，學習採集食物所需的各種技能。象具有高度智商，生活在複雜的母系社會中，象群中有成年母象、其幼仔及小象，彼此關係緊密。年輕公象會組成單身漢群一起漫遊，而具有長牙的優勢公象可和母象群的成年母象交配。

體型：體長可達3.5公尺，體重2-5公噸。

分布：南亞及東南亞。活動於森林中接近水源處。

附註：棲地的喪失，以及象群傳統行進路線受到人為干擾，使族群數量受到負面影響。

背部凸起

半馴化動物

雖然亞洲象已和人類親密相處了數百年，卻從未成為完全馴化的家畜，時至今日，每代新任的工作象仍是自野地捕捉而來。

尾巴末端有黑色毛髮

社群型態：群居	妊娠期：可達22個月	每胎幼仔數：1	食物：

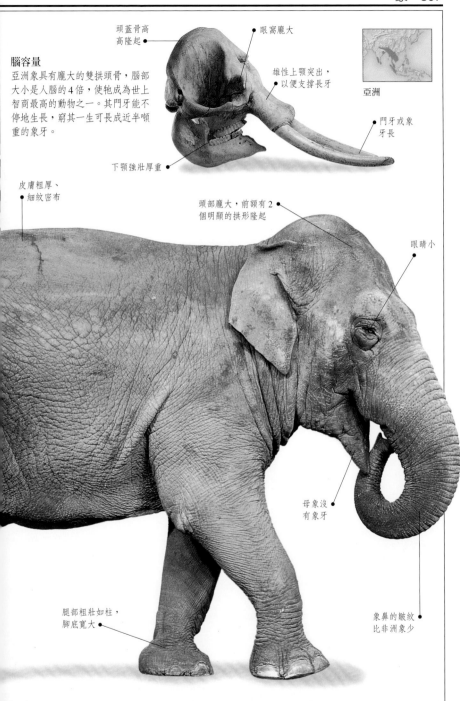

頭蓋骨高高隆起

眼窩龐大

雄性上顎突出，以便支撐長牙

亞洲

門牙或象牙長

腦容量
亞洲象具有龐大的雙拱頭骨，腦部大小是人腦的4倍，使牠成為世上智商最高的動物之一。其門牙能不停地生長，窮其一生可長成近半噸重的象牙。

下顎強壯厚重

皮膚粗厚、細紋密布

頭部龐大，前額有2個明顯的拱形隆起

眼睛小

母象沒有象牙

腿部粗壯如柱，腳底寬大

象鼻的皺紋比非洲象少

| 科：象科 | 學名：*Loxodonta africana* | 野生現況：瀕臨絕種 |

非洲象（AFRICAN ELEPHANT）

是目前地球上最大型的陸棲動物，也稱爲「叢林象」或「草原象」，正如這些名稱所示，非洲象能生活在從沙漠到高地雨林等多種棲地。一雙大耳朵比亞洲象（見 306 頁）的耳朵龐大許多，且雌雄都有向前突出的象牙；有時會用象牙來翻鬆富含礦物質的土壤，以便攝取這種土壤補充養分。公象不僅體重可達母象的 2 倍，象牙基部也較爲粗壯。每天要進食 20 小時，一日所吃的植物量可達體重的 5％。每天都要到水源地區飲水、泡澡、打滾。象群覓食的範圍廣闊，往往能使生態系統產生巨大變化，乾旱期尤其如此。和亞洲象一樣，都生活在母系社會中。

體型：體長 4-5 公尺，體重 4-7 公噸。
分布：非洲亞撒哈拉沙漠地區。活動於草原、沙漠、熱帶森林及濕地；鄰近湖泊與河流地區。
附註：非洲象（特別是具有長象牙的公象）的長牙即象牙主要來源，因此而遭到大量獵殺。

非洲

耳朵巨大，爲
所有生物之冠

身體龐大，略黑
的皮膚布滿皺紋

| 社群型態：群居 | 妊娠期：可達 22 個月 | 每胎幼仔數：1 | 食物： |

保護幼仔

小象易遭獅子等掠食動物攻擊，因此會留在母親身邊到 3、4 歲大。象群中其他母象（姊姊或雌性表親）也會保護小象。

不停地搧動大耳朵，以便降低體溫

象牙龐大而前彎

象鼻是由鼻子和上唇變形而成

腿部粗壯，腳底平坦

非洲林象

體型較小、體重較輕的非洲林象（*Loxodonta cyclotis*）生活在植被濃密的雨林深處，過去被視為非洲象的亞種，最近才鑑定為獨立物種。

蹄兔

演 化過程中一個難以理解的曲折變化，造就了蹄兔一族，其體型與外觀和小耳朵的兔子頗為相似，但從細部生理構造及基因組成來看，卻與原始有蹄動物的血緣更為接近。

蹄兔目動物共有 8 種成員，其中有些也稱為岩蹄兔或岩狸，分布於非洲與中東地區。有些蹄兔為樹棲動物，偏好獨居或生活在小群集之中；有些則偏好多岩的岩層出露區，且群居性較高。

所有蹄兔都是隨機覓食的草食性動物，食物內容會隨著季節變化及植物產量而有所更換。由於腳底腺體的分泌物可增加抓握光滑表面的能力，使蹄兔成為高竿的攀爬好手。相對於其他哺乳動物來說，蹄兔控制體溫的能力不佳，因此常會和爬行動物一樣，在陽光下溫暖身體，或是在陰影處降低體溫。

科：蹄兔科		學名：*Procavia capensis*		野生現況：地區性常見

南非蹄兔（ROCK HYRAX）

也稱為「岩蹄兔」，體格粗壯，毛髮短而濃密，背部灰色或灰棕色，腹部色澤較淡。以 4-40 隻群聚而居，其中包含 1 隻優勢雄性、其他雄性、雌性及幼仔。分布於多種棲息環境，偏好岩棚及峭壁等多岩地區，會在其間以禾草舖墊為巢。因肉質和毛皮而遭當地民眾獵殺。

耳朵小而圓
毛皮灰色或灰棕色
腹部淺色

體型：體長 30-58 公分，尾長 20-31 公分。

分布：南非、東非及西亞。活動於草原、沙漠、森林及坡地。

非洲、亞洲

社群型態：群居	妊娠期：7-8 個月	每胎幼仔數：1-6	食物：🖐🌿🔺

科：蹄兔科		學名：*Dendrohyrax arboreus*		野生現況：受威脅

樹蹄兔（TREE HYRAX）

毛皮灰棕色，腹部淡黃色，臀部有黃色斑塊。和粗壯的身軀相較之下，頭部、腿部和尾巴顯得很小。生活在樹林、矮灌木及攀緣植物之中，在樹洞中築巢，極少來到地面覓食。

耳朵小而圓
毛皮灰色至棕灰色

體型：體長 40-70 公分，尾長 1-3 公分。

分布：東非及南非。活動於熱帶森林及山區。

附註：因肉質和毛皮而遭到獵殺。

非洲

社群型態：多變	妊娠期：7-8 個月	每胎幼仔數：1-3	食物：🌿🍎🌾✳🌿

土豚

爲 管齒目動物的唯一物種，土豚經過特化後，只以螞蟻與白蟻爲食。傳統的生理研究顯示牠與蹄兔一樣，是大象等有蹄哺乳動物的近親，但新的基因研究正在挑戰這項理論。

土豚的視力不佳，主要利用嗅覺獵食。四肢強壯有力，且具有又長又直、如鏟子般的爪子，可用來快速掘土；前肢有 4 根趾頭，後肢則有 5 根趾頭。

土豚的牙齒非常特別，只有 20 顆前臼齒和臼齒，而且進食時多半是將獵物完整吞入腹中，所以很少用到牙齒。牙齒表面沒有琺瑯質，而是覆蓋著一層類似骨質的白堊。牙齒裡面則是具有無數圓柱形空洞的象牙質，這種「細管狀牙齒」即管齒目的名稱由來。

科：土豚科	學名：*Orycteropus afer*	野生現況：不詳

土豚（Aardvark）

這種夜行性動物也稱爲「食蟻熊」或「食蟻豬」，是掘土力最強的哺乳動物之一，能在 2-5 平方公里的活動範圍中，挖掘長達 10 公尺的地穴。喜歡吃螞蟻，尤其是在螞蟻數量最豐盛的夏季時節；但若螞蟻數量不足時，也會攝食白蟻。土豚還有個獨特處，是會用臼齒研磨某種特定的螞蟻，但對於其他的螞蟻和白蟻，則是整隻吞入腹中，由強韌有力的胃來研磨。土豚的背部明顯拱起，吻部、耳朵和尾巴都呈長錐形。鼻孔中的毛髮特別濃密，在挖掘食物時，有助於過濾塵土。

體型：體長 1.6 公尺，尾長 55 公分。
分布：非洲，撒哈拉沙漠以南。活動於開闊林地與草原。

非洲

罕見的拱形背部

耳朵呈明顯的長錐形

又長又粗的錐形尾巴

社群型態：獨居	妊娠期：243 日	每胎幼仔數：1	食物：🐜

海牛

由於身體龐大笨重，行動緩慢，且以海草和其他水生植物為食，因而稱為海牛。海牛目家族包括 3 種海牛和 1 種儒艮。

儘管海牛外型近似海豹，卻是唯一純粹素食的海洋哺乳動物，但也會棲息在河流和潟湖中。擁有非常厚的皮膚，前肢形狀似槳，尾巴扁平，眼睛小，口鼻部圓而多肉，上嘴唇靈活，可用來摘取食物。

3 種海牛分別分布於西印度群島、亞馬遜河流域及西非，儒艮主要的棲地則為印度洋。海牛目動物由於行動緩慢、性情溫和，且在海岸淺水區覓食，因此容易受到人類干擾的威脅。全目總計約有 13 萬隻個體，可能是哺乳動物各目中，個體數最少的物種。

科：儒艮科	學名：*Dugong dugon*	野生現況：受威脅

儒艮（DUGONG）

灰色至棕灰色的身體狀如魚雷，尾巴則呈新月形；為適應水中生活，「腳」演化成鰭，尾巴也為了增加水中推進力而變形。骨骼粗重，能提供潛水時所需的重量，使牠在水中的行動更為輕鬆。通常為日行性動物，每天視潮水與食物量變化，在沿岸和外海的小島間移動。某些地區的族群會進行較遠程的季節性遷徙，以追隨海草與藻類的生長，及避開寒冷的潮流，遷徙距離有時可達數百公里遠。群集成員會聚集在一起，以威嚇及撞擊等方式對抗虎鯨、鯊魚及鹹水鱷等大型掠食者。

體型：體長 2.5-4 公尺，體重 250-900 公斤。

分布：東非、西亞、南亞及東南亞、澳洲及太平洋島嶼。活動於熱帶淺水海岸。

附註：因肉質、油脂、皮革、牙齒與骨頭而遭大量獵殺。

非洲、亞洲、澳洲

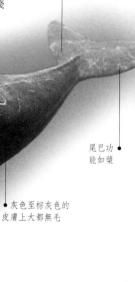

新月形尾巴

尾巴功能如槳

灰色至棕灰色的皮膚上大都無毛

短鰭形似槳

社群型態：群居	妊娠期：13-14 個月	每胎幼仔數：1	食物：

| 科：海牛科 | 學名：*Trichechus manatus* | 野生現況：受威脅 |

西印度群島海牛（WEST INDIAN MANATEE）

可能是最負盛名的海牛（另外 2 種海牛分別為亞馬遜海牛及西非海牛），皮膚灰棕色，腹部色澤較淺，且常有藻類寄生。和其他海牛目動物一樣，眼睛非常細小，沒有向外突出的耳廓。在食物豐富的地區或冬天前往溫水海域時，群集可從 2-20 隻擴增至 100 隻。海牛群沒有固定成員，個體來去自如，活動範圍廣布於淺水海岸、淡水及鹹水水域。大都利用觸覺進行溝通，包括觸摸、以鼻子撫觸和用身體摩擦等；也會在水中發出高頻率的尖叫聲和哨聲，通常用來進行母子間的聯繫，或警告夥伴危險將近。求偶時，聲音和觸覺都會派上用場，且會有數隻雄性共同追逐 1 隻雌性的情形。幼仔由母親負責撫育，其兄姐及雌性近親也可能會協助照顧。

體型：體長 2.5-4.5 公尺，體重 200-600 公斤。

分布：美國東南部至南美洲東北部。活動於熱帶淺水海岸、沿岸河流及海口，以及淡水河川。

附註：雖然已受到法律保護，但仍持續遭受盜獵、棲地喪失及水污染的威脅。

北美洲、中美洲及南美洲

覓食
這種海牛在水面到 4 公尺深的範圍覓食。會用鰭狀肢握住食物，再用靈活的嘴唇把食物送入口中。每日進食量可達體重的 1/4 重。

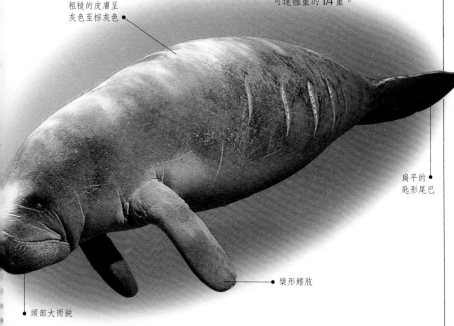

粗糙的皮膚呈灰色至棕灰色

扁平的匙形尾巴

槳形鰭肢

頭部大而鈍

| 社群型態：多變 | 妊娠期：12-13 個月 | 每胎幼仔數：1 | 食物： |

奇蹄動物：馬

除了馴化的馬和野馬之外，這個家族還包括了斑馬和驢子，如野驢和西藏野驢等。馬科家族共有 10 個成員，屬於奇蹄目動物。

馬科動物是奇蹄類家族中的「極簡主義者」，每隻腳只有 1 根趾頭，由堅硬的角質包覆成蹄。牠們的頭部大，顎骨長，配備了一系列的頰齒，可用來咀嚼草和其他植物。頸部和身體長而有力，四肢修長纖細，擁有極佳的耐力和速度，以便逃離掠食者的追擊。

大多數馬科動物生活在家族群集或大型馬群中，活動於開闊的棲地，如非洲和亞洲的草原及乾燥矮灌木區。許多品種是人類圈養繁殖、雜交而成，且已廣泛引進世界各地。

科：馬科	學名：*Equus ferus przewalskii*	野生現況：野外絕種

蒙古野馬（Przewalski's Wild Horse）

也稱爲「普茲華奇野馬」，體格相當壯碩，頸部粗壯，頭部大，四肢粗大。毛髮爲暗褐色，在夏天較短，冬季則不僅變長，顏色也變淡。和其他野生馬科動物一樣，成群結隊活動於廣大地區。典型的馬群由 1 匹年長母馬領導，另有 2-4 匹母馬及其幼仔，和 1 匹留守馬群邊界的種馬。

體型：體長 2.2-2.6 公尺，體重 200-300 公斤。

分布：自 1968 年後即在野外消失無蹤。過去原產於中亞及蒙古地區，活動於乾草原。

附註：在動物園、大牧場中仍然可見，相關單位已多次嘗試將牠重新引進蒙古地區。

亞洲

頸部有深棕色鬃毛

口鼻部白色，嘴唇及鼻孔邊緣黑色

毛皮暗褐色，腹部色澤較淡

尾巴長

腿部下方顏色明顯變深

社群型態：群居	妊娠期：333-345 日	每胎幼仔數：1	食物：

科：馬科	學名：*Equus africanus*	野生現況：嚴重瀕危

非洲野驢（AFRICAN WILD ASS）

灰色腿部具有多變的橫紋，毛皮在夏天爲黃灰色，冬天則轉成鐵灰色。生活在地面溫度超過50℃的多岩沙漠中，有各種方法可適應這種棲地，例如狹窄的蹄幫助牠站穩腳步、攀爬岩塊，但無法快速奔跑；從禾草到刺槐等各種植物均可作爲食物，且在缺水狀態下仍能存活數日。

體型：體長約2-2.3公尺，體重約200-230公斤。

分布：東非。活動於沙漠中。

非洲

短鬃毛稀疏但挺立

腹部白色

腿部橫紋多變

社群型態：群居	妊娠期：360-370日	每胎幼仔數：1	食物：🌱🌿

科：馬科	學名：*Equus hemionus*	野生現況：受威脅

亞洲野驢（ASIAN WILD ASS）

又稱「歐那格」，即希臘文的野驢。毛皮黃褐、黃或灰色，背部有一道鑲白邊的深色條紋。四肢下半部瘦長，因此能快速奔跑長程距離。雌性與幼仔會組成鬆散的游牧群集，未成熟的雄性則聚集成單身漢群。成熟雄性會踢咬競爭對手，以便占有繁殖領域。

體型：體長2-2.5公尺，體重200-260公斤。

分布：西亞、中亞及南亞。活動於多石的沙漠。

亞洲

毛皮黃褐色至灰色

頭部修長，鬃毛深色

腿部長

社群型態：群居	妊娠期：11-12個月	每胎幼仔數：1	食物：🌱🌿

科：馬科	學名：*Equus burchelli*	野生現況：瀕危風險低 *

巴氏斑馬（BURCHELL'S ZEBRA）

也稱爲「草原斑馬」，特徵是在腹側的大條紋之間，具有隱約可見的「陰影」斑紋。以1匹種馬、其妻妾群及數隻幼仔組成長期性的群集；經常與細紋斑馬、牛羚、褐馬羚及狷羚等其他動物相伴吃草。

體型：體長2.2-2.5公尺，體重175-385公斤。

分布：東非及南非。活動於疏林草原、稀疏林地及草原。

非洲

腹背均有寬大條紋

條紋可延伸到蹄部

社群型態：群居	妊娠期：360-396日	每胎幼仔數：1	食物：🌱🌿

科：馬科	學名：*Equus grevyi*	野生現況：瀕臨絕種

細紋斑馬（Grevy's Zebra）

非洲

又稱「格雷維斑馬」，是體型最大的斑馬，也是最大型的野生馬科動物。黑白相間的鬃毛挺立，身上的黑白條紋又窄又密，形成獨特的圖案，下至蹄部仍清晰可辨；腹部和尾巴基部為白色。相對於其他馬科動物（馬及驢）的勻稱色調，斑馬身上則是明顯的條紋，一般認為這種條紋具備特殊功能：可用來辨認族群個體，或調整體溫，或創造「暈眩」效果以困惑掠食者。此外，細紋斑馬的耳朵特別大而多毛，尾端也有長簇毛。雄性體型比雌性略大，犬齒也較大。雌性獨自撫育幼仔，常帶著幼仔和年齡較大的子女四處漫遊。母斑馬有時必須離開幼仔，獨自去找尋飲水，此時幼仔特別容易受到掠食者攻擊。細紋斑馬會組成鬆散的小群集一起吃草，並常與巴氏斑馬相伴吃草。能透過多種聲音進行溝通，包括一連串深沉的咕嚕聲，穿插哨音般的尖叫聲，或利用各種肢體語言溝通。常能以飛快的速度，逃脫獅子及鬣狗等大型掠食者的獵捕行動，若遭圍攻則以踢、咬反擊。

體型：體長 2.5-3 公尺，尾長 38-60 公分。

分布：衣索比亞西部、索馬利亞、蘇丹南部及肯亞北部。活動於乾燥沙漠及開闊草原。

鼻子略黑 ●

身體具明顯的
黑白相間條紋

尾端簇毛
● 較長

腹部白色，與 ●
巴氏斑馬不同

飲食清苦

細紋斑馬的食物內容為粗糙、多纖維的草和其他植物，因此進食時是利用上下犬齒切斷草葉；食物品質差，胃部小，顯示牠必須花許多時間進食。細紋斑馬會進行季節性遷移，從乾燥地區遷移到容易取得水與食物的地區。

社群型態：群居	妊娠期：390 日	每胎幼仔數：1	食物：🌿 🍃

社群組織

細紋斑馬的群集中既無固定成員,也無特定階級。繁殖種馬防衛的領域可達 15 平方公里,範圍之大居草食性動物之冠。雄性會與路過領域的雌性交配。

黑白相間的
鬃毛長而挺立

背部有狹窄的
白色區塊

條紋向下延
伸到蹄

奇蹄動物：犀牛

這個家族共有 5 種成員，全都瀕臨絕種，其中還有 3 種嚴重瀕危。犀牛家族中，成員之間的變異不大，都擁有龐大的身體，幾乎沒有毛髮，皮膚極厚且有皺摺；四肢短，耳朵呈管狀，眼睛小而視力差，具鼻角。

犀牛角並非真的角或骨頭，而是一團糾結的角蛋白（也是形成毛髮和蹄的成分）。非洲犀牛有 2 個角，而亞洲的 3 種犀牛之中，只有蘇門答臘犀牛有 2 個角。

印度犀牛和白犀牛分布於沼澤草原及疏林草原，以食草為主，另 3 種犀牛則棲息在森林中，啃莖葉為食。犀牛以獨居及夜行為主，公犀牛多半具有領域性。

科：犀牛科	學名：*Ceratotherium simum*	野生現況：瀕危風險低

白犀牛（WHITE RHINOCEROS）

為數最多的犀牛，曾廣布於非洲草原，近百年來數量驟減，但因保育有方，故而回復速度驚人。白犀牛也是體型最大的犀牛，粗厚的灰色皮膚上，除了腹側及前腿與身體相連處之外，少有皺摺。幾乎是純草食性動物，上唇堅硬寬直，能夠緊貼地面吃草，因此又稱「方唇犀牛」。雄性重量可比雌性多 500 公斤重，頸背部比雌性突出，或在肩膀有隆起，前角也比雌性大，可長達 1.3 公尺。性情溫和友善，會組成小群集，其中包括母子群及最多 7 頭的未成熟個體。成熟公犀牛大都獨來獨往，並以特定的動作來防禦約 1 平方公里的領域，必要時會以角爭鬥。只有優勢雄性才能在其領域範圍內進行交配，且須經多次嘗試才能成功交配。

體型：身長 3.7-4 公尺，體重可達 2.3 公頓。

分布：東北非及南非。東北部族群活動於林木較密集的草原，南部族群活動於乾燥的疏林草原。

附註：雖然南方白犀牛（*Ceratherium simum simum*）的生存必須倚賴保育工作，但因存有數個穩定族群，個體總數超過 8,500 頭，已是目前數量最多的犀牛。反觀北方白犀牛（*C. simum cottoni*），則總數恐怕不及 30 頭，因而列入嚴重瀕危動物名單中。

前角龐大

頭部深長

堅硬的方形嘴唇

非洲

社群狀態：群居	妊娠期：16 個月	每胎幼仔數：1	食物：🌱

以尿液標示領土
雄性會從後腿間噴出尿液，來標示約 1
平方公里大的領域。

母子成雙
母白犀牛每胎只產一隻獨生幼仔，幼仔會跟在母親身邊
3 年，直到母親生產下一胎為止。母子間會利用吱吱聲
進行溝通。

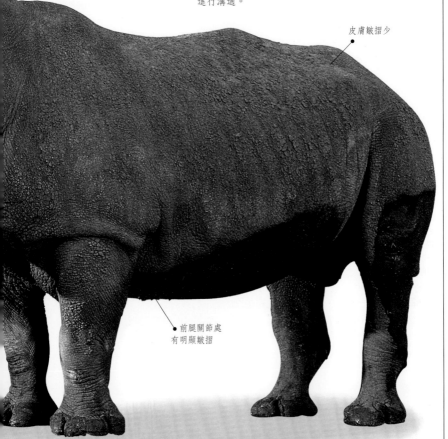

雄性頸背部有
● 明顯隆起

皮膚皺摺少

前腿關節處
有明顯皺摺

科：犀牛科	學名：*Diceros bicornis*	野生現況：嚴重瀕危

黑犀牛（Black Rhinoceros）

這種犀牛有 2 隻角，前角比後角還要大。和白犀牛（見 318 頁）不同的是，牠的肩膀沒有隆起，皮膚灰色，表面較為平滑，除了眼睫毛、耳朵末端和尾端的毛髮外，全身大致無毛。和所有犀牛一樣，牠的嗅覺敏銳、聽力良好，但視力差。以多種灌木和矮樹叢為食，大都在夜間和清晨進食，白天則在樹蔭下打盹，或在泥漿中打滾。通常獨自行動，並用大量的尿液與糞便標示領域範圍。有時會忍受同類或人類入侵地盤，但若遇挑釁或受激怒，則會突然用角截擊敵人。交配對偶彼此相處的時間很短，但幼仔會與母親同行到母親生產下一胎為止。

體型：體長 2.9-3.1 公尺，體重 0.9-1.3 公噸。

分布：非洲亞撒哈拉地區，剛果盆地除外。活動於沙漠到山區等多種棲息環境，但以具有林地的疏林草原為主。

附註：犀牛角可製作傳統藥材及匕首的手把，因而市場交易不輟，導致黑犀牛數量大幅減少，1970 年尚有 65,000 頭，到 1990 年代只剩 2,500 頭。

非洲

捲曲的上嘴唇
黑犀牛也稱為「鉤唇犀牛」，能利用末端尖且具抓握力的上唇，把小樹枝或嫩葉拉進嘴裡，再以強壯的臼齒加以咬斷。

前角長度可達 1.4 公尺

肩膀皮膚沒有皺摺

灰色身體龐大無比

上唇呈鉤狀

社群型態：獨居	妊娠期：15 個月	每胎幼仔數：1	食物：

| 科：犀牛科 | 學名：*Rhinoceros unicornis* | 野生現況：瀕臨絕種 |

印度犀牛
(INDIAN RHINOCEROS)

爲獨角犀牛，皮膚無毛，體側和臀部有鉚釘狀突起。皮革摺縫內的粉紅色皮膚會引來寄生蟲，但常有鷺鷥和牛椋鳥幫忙啄食蟲子。於夜間及晨昏覓食。

體型：體長可達 3.8 公尺，體重達 2.2 公噸。
分布：印度布拉馬普得拉河谷。活動於草原。

皮膚皺摺深

亞洲

| 社群型態：獨居 | 妊娠期：16 個月 | 每胎幼仔數：1 | 食物： |

| 科：犀牛科 | 學名：*Rhinoceros sondaicus* | 野生現況：嚴重瀕危 |

爪哇犀牛（ JAVAN RHINOCEROS ）

除了耳朵和尾端外，全身大致無毛。可能是全球最稀有的大型哺乳動物。以樹葉及竹子爲食，會將樹苗整棵拔起，或用體重壓倒植被。

體型：體長 3-3.5 公尺，體重可達 1.4 公噸。
分布：東南亞。活動於熱帶森林、紅樹林沼地及竹林。
附註：因棲地喪失及非法盜獵而數量大減。

厚重的深灰色皮膚

頸部皮膚皺摺呈「馬鞍」狀

東南亞

| 社群型態：獨居 | 妊娠期：16 個月 | 每胎幼仔數：1 | 食物： |

| 科：犀牛科 | 學名：*Dicerorhinus sumatrensis* | 野生現況：嚴重瀕危 |

蘇門答臘犀牛
(SUMATRAN RHINOCEROS)

也稱爲「亞洲雙角犀牛」，是體型最小、毛髮最多的犀牛。在夜間勤快地啃食莖葉，白天則在泥漿中打滾，以便保持涼快，並使皮膚覆滿泥漿，防止蚊蠅及其他昆蟲侵襲。

體型：體長 2.5-3.2 公尺，體重可達 800 公斤。
分布：東南亞。活動於山區雨林，特別是斜坡的原生林。

前角較大

肩膀皺摺明顯

皮膚皺紋極少

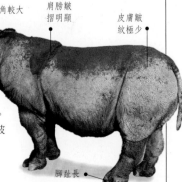

腳趾長

亞洲

| 社群型態：獨居 | 妊娠期：7-8 個月 | 每胎幼仔數：1 | 食物： |

奇蹄動物：貘

原 產於中美洲、南美洲及東南亞的 4 種貘（貘科），由於基本的生理結構在過去 3 千萬年間幾乎沒有變化，因此被視為「活化石」。

貘的外型像豬，相較之下四肢顯得相當瘦長，耳朵大而挺立，眼睛小而眼窩深。口鼻部長且活動自如，可用來掘食植物。

四種貘都棲息在森林中接近水源處，擁有結實的流線型身體，因此能在森林底層穿梭。為了保持涼爽或躲避掠食者，還能幾乎完全浸入水中數小時，用長鼻子伸出水面呼吸。

雖然貘屬於奇蹄動物，但後腳各有 3 根趾頭，前腳則有 4 根趾頭。

科：貘科	學名：*Tapirus pinchaque*	野生現況：瀕臨絕種

高山貘（Mountain Tapir）

是體型最小、也最多毛的貘，全身覆滿濃密的深棕色至炭黑色毛髮，嘴唇四周與圓耳朵的尖端鑲有白色毛邊。白天在森林或矮灌木中棲息，於夜間、清晨及黃昏覓食，以多種低矮的樹木和灌木為食。對霧林帶的樹木與植物來說，高山貘是重要的播種者，因為種子會隨其排泄物完整排出。

體型：體長 1.8 公尺，體重 150 公斤。

分布：南美洲西北部。活動於山區及草原。

附註：除了遭人類獵食外，身體各部位也運用在傳統醫藥中。

南美洲

吻部非常靈活，能夠選擇性啃食莖葉

毛茸茸的毛皮為深棕色至炭黑色

四肢短而健壯

體型如酒桶

社群型態：獨居	妊娠期：393 日	每胎幼仔數：1	食物：

| 科：貘科 | 學名：*Tapirus bairdii* | 野生現況：受威脅 |

中美貘（ BAIRD'S TAPIR ）

美洲體型最大的貘，毛皮深棕色，臉頰與喉嚨為淺灰黃色，耳朵有白邊。會利用哨音與幼仔聯繫，或警告同類遠離其領土。

體型：體長 2 公尺，體重 240-400 公斤。

分布：墨西哥南部至南美洲北部。活動於森林、濕地草原及沼澤。

美洲

棕色身體
喉嚨灰黃色

| 社群型態：獨居 | 妊娠期：390-400 日 | 每胎幼仔數：1 | 食物： |

| 科：貘科 | 學名：*Tapirus terrestris* | 野生現況：瀕危風險低 |

南美貘（ SOUTH AMERICAN TAPIR ）

具有剛硬的灰色毛皮，以及短而硬挺的狹窄鬃毛，喉嚨和胸部色澤較淡。擅長游泳，常潛入水中以躲避美洲獅及美洲豹等掠食動物的攻擊。和所有貘類一樣，幼仔出生時具有斑點及條紋，可作為林間活動的保護色。

體型：體長 1.7-2 公尺，體重 225-250 公斤。

分布：南美洲北部及中部的熱帶雨林、帶狀森林，偶爾出現在開闊的草原中。

南美洲

頸部鬃毛短而硬挺
上唇延伸成長鼻的一部分
四肢短
前腳具 4 根趾頭

| 社群型態：獨居 | 妊娠期：13 個月 | 每胎幼仔數：1 | 食物： |

| 科：貘科 | 學名：*Tapirus indicus* | 野生現況：受威脅 |

馬來貘（ MALAYAN TAPIR ）

體型最大的貘，也是舊大陸唯一的貘。醒目的黑白毛皮使牠的輪廓在森林樹蔭中顯得模糊不清，成為有效的保護色。以柔嫩的植物和落地的果實為食。

體型：體長約 1.8-2.5 公尺，體重 250-540 公斤。

分布：東南亞。活動於潮濕的熱帶雨林、沼地及草地。

亞洲

身體顏色不連續
吻部長而靈活
白色「鞍」形色塊

| 社群型態：獨居 | 妊娠期：390-407 日 | 每胎幼仔數：1 | 食物： |

偶蹄動物：野豬

家 豬、疣豬和野豬大都屬於雜食性動物，具有修長但末端平鈍、堅韌卻很敏感的吻部，可在泥土及落葉中翻掘食物。典型的豬耳朵突出，頭大，眼睛小，犬齒呈獠牙狀，酒桶型的身體相當壯實，四肢細瘦。

野豬科家族約有 14 個成員，其中也包括了由野豬繁衍而成的家豬。這群偶蹄動物的每隻腳都有 2 個主要蹄趾，兩側又各有 1 根側生的蹄趾。非洲及歐亞大陸各地的森林、沼澤及草原之中，都有各種豬的蹤跡，有些品種也已引進美洲、澳洲及紐西蘭。

多數種類的豬所形成的野豬群，是由一隻雌性和其幼仔組成，公豬則在繁殖季節加入野豬群中。

科：野豬科	學名：*Sus scrofa*	野生現況：地區性常見

野豬（WILD BOAR）

也稱為「歐亞野豬」，是分布範圍最廣泛的陸棲哺乳動物之一，也是家豬的祖先。毛髮剛硬，為深灰至黑色或棕色，脊椎部位有較長的鬃毛。雄性體型比雌性大，獠牙也較大。小野豬為淡棕色，背部及體側有較淺的條紋，可提供保護色，藏匿於濃密灌木叢中以草堆、苔蘚或落葉築成的巢穴。雌性常以 20 隻聚集成群，並對幼仔保護備至。能棲息在多種環境中，幾乎什麼東西都吃，奔跑速度快，也很會游泳。

體型：體長 0.9-1.8 公尺，尾長 30 公分。

分布：歐洲、亞洲及北非。活動於熱帶森林、溫帶森林及濕地。

歐亞大陸、非洲

毛髮短
● 而硬

長尾巴具
● 簇毛

臉部沒
● 有疣

社群型態：多變	妊娠期：100-120 日	每胎幼仔數：4-6 日	食物：

| 科：野豬科 | 學名：*Sus salvanius* | 野生現況：嚴重瀕危 |

侏儒豬（Pygmy Hog）

身材矮胖，尾巴短，是體型最小的野豬科成員，頭部和吻部呈錐狀，有利於在林下植物中穿梭行動。毛皮深棕色，腹部色澤較淡。雄性的上犬齒從嘴巴兩側略爲突出。雌雄都會在坑穴中鋪草築巢。雄性獨居，雌性則以4-6隻聚集成群。是一種獨特的寄生蟲——侏儒豬蝨的寄主。

體型：體長50-71公分，尾長3公分。
分布：南亞。活動於河邊草地。
附註：雖有法律保護，仍面臨盜獵及棲地喪失的威脅。

身體深棕色

四肢短

亞洲

| 社群型態：群居 | 妊娠期：100日 | 每胎幼仔數：2-6 | 食物： |

| 科：野豬科 | 學名：*Hylochoerus meinertzhageni* | 野生現況：瀕臨絕種＊ |

森林豬（Giant Forest Hog）

非洲最大型的豬，頭部龐大，眼睛下方和後方皮膚有2大塊疣狀突起，上下顎均有獠牙橫向長出。皮膚黑灰色，覆滿粗糙的黑色毛髮，年紀越增長，毛髮越稀疏。小豬色澤較淺，長大成熟時則加深爲棕色或黑色。森林豬不像其他豬那樣掘土覓食，而是啃食地面的草、莎草、灌木或農作物。

體型：體長1.3-2.1公尺，尾長30-45公分。
分布：西非、中非及東非。活動於亞高山地區、竹林、沼澤森林及疏林草原上。

臀部比下斜的肩膀高

獠牙較小

黑色毛髮長而粗糙

四肢短

非洲

| 社群型態：群居 | 妊娠期：151日 | 每胎幼仔數：2-11 | 食物： |

| 科：野豬科 | 學名：*Potamochoerus porcus* | 野生現況：地區性常見 |

叢林豬（BUSH PIG）

又稱「紅河豬」，奔跑速度快、游泳技術佳，
毛皮鮮紅色，背部有明顯白色條紋。又長又
尖的耳朵末端有明顯的簇毛，臉部有白色條
紋。社群性高，雄性會與妻妾群及幼仔共同
生活，並為牠們抵禦入侵者。搏鬥時非常兇
猛，會豎直背部鬃毛，然後互相繞圈子，以
便展現力量。小豬身上有斑點；母豬會為幼
仔挖掘淺地穴，鋪上草葉作為窩巢。

體型：體長 1-1.5 公尺，尾長 30-43 公分。
分布：西非與中非。活動於熱帶森林。

非洲

附註：對農業有害，因掠
食者減少與農作區增加而
受惠。

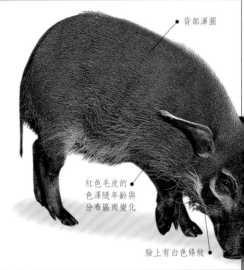

背部渾圓

紅色毛皮的
色澤隨年齡與
分布區而變化

臉上有白色條紋

| 社群型態：群居 | 妊娠期：4 個月 | 每胎幼仔數：1-8 | 食物： |

| 科：野豬科 | 學名：*Phacochoerus africanus* | 野生現況：地區性常見 |

疣豬（WARTHOG）

頭部大，四肢長，臉上有明顯突疣，深色的長鬃毛從頸背延伸到背
部中央，略為中斷後，又繼續延伸到臀部。跑步時，帶有簇毛的尾
巴會垂直豎起。常以具有肉墊的「腕
關節」跪在地面，用嘴唇或長門牙
啃食新生的嫩草尖端；旱季時
則會翻掘地底的莖幹及根
莖為食。會利用天然生成
或土豚所掘的地穴為巢，
藉以棲息、撫育幼仔或睡覺。

體型：體長 0.9-1.5 公尺，尾長
23-50 公分。
分布：非洲亞撒哈拉地區。活動
於草原、明亮的山區森林。
附註：是唯一能適應疏林草
原和草原棲地的豬。

非洲

長有簇毛的
尾巴垂直豎起

鬃毛粗
糙稀疏

臉部有疣

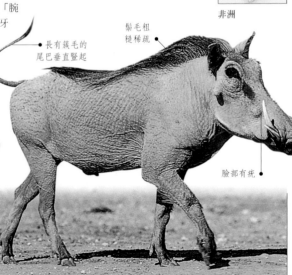

| 社群型態：群居 | 妊娠期：150-175 日 | 每胎幼仔數：1-8 | 食物： |

科：野豬科	學名：*Babyrousa babyrussa*	野生現況：受威脅

鹿豬（BABIRUSA）

身體灰至棕色，幾乎無毛，四肢瘦長。鹿豬最特殊之處，是雄性具有獨特的上獠牙，自口鼻部穿透長出，再向臉部彎曲，長度可達 30 公分，但相當易碎，且牙根鬆動。形似匕首的下獠牙則爲雄性打鬥的武器，並常與上獠牙及樹幹摩擦以保持銳利。雌性和幼仔會組成最多 8 隻的小群集，一起四處遊走，雄性則大都獨居。鹿豬擅長游泳，常會游過狹窄的海域，登陸近海小島。

體型：體長 0.9-1.1 公尺，尾長 27-32 公分。

分布：孟格羅島（Mangole）、蘇拉威西島（Sulawesi）與陶根島（Togian）。活動於雨林、河岸及湖畔。

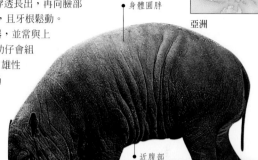

身體圓胖

亞洲

近腹部有大皺摺

雄性的上獠牙突出

社群型態：多變	妊娠期：155-158 日	每胎幼仔數：1-2	食物：

科：野豬科	學名：*Pecari tajacu*	野生現況：地區性常見

白頸貒豬（COLLARED PECCARY）

3 種貒豬中體型最小的成員，四肢細瘦，身體似酒桶，大都爲深灰色，具有白色頸圈，獠牙小且向下彎曲。幼仔全身粉紅色，背部有黑色條紋。具高度社群性，常不分年齡、性別組成最多 15 隻的混合豬群，共同對抗草原狼、美洲獅或美洲豹等掠食者。群集成員間關係密切，會彼此互理毛髮。

體型：體長 75-100 公分，尾長 1.5-5.5 公分。

分布：美國西南部至南美洲南部。活動於沙漠及熱帶森林。

附註：面臨人類獵殺、棲地破壞與棲地零碎化的生存威脅。

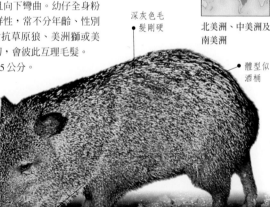

深灰色毛髮剛硬

北美洲、中美洲及南美洲

體型似酒桶

白色頸項

社群型態：群居	妊娠期：145 日	每胎幼仔數：1-4	食物：

偶蹄動物：河馬

這 個家族只有 2 種物種：河馬與侏儒河馬。河馬以草爲主食，分布範圍廣闊，在非洲某些地區的河川與湖泊中擁有相當豐富的數量。食物種類較爲混雜的侏儒河馬則爲稀有動物，只出現在西非的森林與沼澤地，且正面臨棲地消失與遭人獵捕的威脅。

河馬科動物的頭部龐大，巨大的嘴巴能夠張得很開，露出獠牙般的犬齒；皮膚非常肥厚，近乎無毛。肥胖的身體由細短的四肢支撐，每隻腳有 4 根趾頭。爲適應水生環境而演化出趾間的蹼，且眼睛、耳朵和鼻孔都位在頭頂，以便能長時間地幾乎完全浸入水中。

科：河馬科	學名：*Hexaprotodon liberiensis*	野生現況：受威脅

侏儒河馬 (Pygmy Hippopotamus)

體重只有其近親河馬（見對頁）的 1/5，頭部比例較河馬小，前半身略斜，四肢較窄瘦，趾間的蹼也較小，所有生理適應特徵都較偏向陸棲生活型態。侏儒河馬的食物種類比河馬多，包括矮灌木、蕨類及果實等植物。於夜間覓食，沿著慣用的小徑行進；白天則隱匿在沼澤中，或是以其他動物的地穴擴築而成的河邊窩巢裡。

體型：體長 1.4-1.6 公尺，體重 245-275 公斤。

分布：西非。活動於熱帶森林及濕地。

附註：證據顯示自古以來即相當稀有。雖已受到保護，仍遭大量獵殺，作爲野食。

非洲

頭部窄小，適合在植被中穿梭行動 •

身材矮胖，
• 前半身窄

社群型態：獨居	妊娠期：196-201 日	每胎幼仔數：1	食物： 🌱 🌿 🍒

| 科：河馬科 | 學名：*Hippopotamus amphibius* | 野生現況：常見 |

河馬（Hippopotamus）

雖然身體龐大肥胖，卻是不折不扣的水陸兩棲動物，在陸地和水中一樣靈活。身體密度比水略高，能緩慢沉入水中，也能在河床上輕鬆行走。儘管如此，牠也能利用在水面呼吸時，將肺部充滿空氣，以保持上浮狀態，因為肺部的額外空氣會降低身體的密度。河馬的外表皮很薄，容易乾燥，雖然具有分泌黏液的腺體，仍須經常用水或泥漿保持濕潤，否則皮膚很快就會乾裂。夏天時，河馬常組成暫時性的大群集，聚集在水塘中打滾。為夜行性動物，以草為主食，但曾有人目睹河馬吃食小型有蹄動物或腐肉。優勢雄性會與領域範圍內的雌性交配；獨生的幼仔誕生於水中，並受到母親極度的保護，直到近乎成熟才離開母親身邊。

體型：體長 2.7 公尺，體重 1.4-1.5 公噸。

分布：非洲亞撒哈拉東部及南部。活動於草原及濕地中，白天待在水裡。

附註：遺傳基因研究顯示，河馬與鯨魚的血緣可能比其他偶蹄動物更接近。

非洲

打哈欠
河馬打哈欠其實是一種威嚇行為。牠利用犬齒和門牙自衛，在陸地和水中都會無故發動攻擊。

龐大的灰色身體

外表皮薄，乾燥速度快

耳朵位於頭頂，因此在水中仍具聽力

| 社群型態：獨居 | 妊娠期：240 日 | 每胎幼仔數：1 | 食物： |

偶蹄動物：駱駝及其近親

源 自非洲和西亞的單峰駱駝，以及源自中亞的雙峰駱駝，是駱駝科科名的由來。幾乎所有駱駝現今都已馴化，要不就是繁衍自家畜的後代，如今再度恢復自由的野生狀態。

駱駝家族的另一支成員源自南美洲，包括原駝、瘦駝，及其已馴化的後代——駱馬和羊駝。

所有駱駝科動物都具有小型頭部、分裂的上唇，和修長的頸部與四肢；走路時，因為同側的前後腳一起行動，而形成搖擺的「踱步」姿態。與其他偶蹄動物不同的是，承受牠們身體重量的並非蹄，而是腳趾下方的肥厚肉墊。

科：駱駝科	學名：*Vicugna vicugna*	野生現況：瀕臨絕種

瘦駝（Vicuna）

由於開裂的上唇具有抓握力，又有不斷生長的門牙之助，因此能選擇性地啃食多年生禾草。毛皮為均勻的淺褐至深紅褐色，腹部白色，胸部則有型態多變的白色「圍兜」。修長的四肢位於身體中段，臀部狹小。和駱駝（見332頁）不同的是，牠每天都必須喝水。瘦駝群由1隻雄性、5-10隻雌性和其幼仔所組成，並以糞便與尿液標示領域。

體型：體長1.5公尺，體重40-55公斤。
分布：南美洲西部的安地斯山脈。活動於高山凍原。
附註：1950年代，秘魯的族群數已少於1萬隻，與500年前西班牙殖民開拓者初抵南美洲時的數量相比，可能不到1%。

南美洲

• 耳朵尖長而挺立

• 頭部小

• 頸部細長

羊駝

4,000年前，羊駝因毛皮細緻而在安地斯山高海拔區被馴化。過去認為羊駝源自原駝，如今DNA研究顯示牠的祖先是瘦駝。

社群型態：群居	妊娠期：342-345日	每胎幼仔數：1	食物：

科：駱駝科	學名： *Lama guanicoe*	野生現況：受威脅

原駝（GUANACO）

典型的原駝具有淡棕色至深棕色毛皮，胸部、腹部及腿部內側為白色，頭部灰至黑色，眼睛、嘴唇及耳朵都鑲有白邊，頸部修長。從海平面到海拔 4,000 公尺處都有分布，但偏好寒冷的環境。以多種禾草及灌木為食，也攝食地衣及蕈類。家庭群集包括 1 隻雄性、約 4-7 隻雌性及其幼仔。冬天時，原駝分布範圍的極南端會有大量冰雪堆積，因此雌性和幼仔會遷移到較易尋找食物的地區，但雄性則會留守原地以保衛領土。

體型：體長 0.9-2.1 公尺，體重 96-130 公斤。

分布：南美洲西部至南部。活動於草原、沙漠、溫帶森林及山區。

附註：因人類獵殺及天然棲地遭過度啃食之故，4 種亞種都名列受威脅動物名單，其中分布最北的亞種（被視為馴化駱馬的祖先）更處於嚴重瀕危狀態。

南美洲

頭部小

耳朵尖長而醒目

上唇分裂、具抓握力

身體淺棕色至深棕色

頸部始於軀幹較低處

毛皮濃密多毛

四肢修長

腳有肉墊，上側表面具指甲

駱馬

駱馬是馴化動物，最早在 6,000 年前印加文明時期由原駝培育而出。為安地斯山區傳統的負重動物，並因毛皮及肉質而為人所畜養（南美洲以外的國家亦同）。

社群型態：群居	妊娠期：345-360 日	每胎幼仔數：1	食物：

| 科：駱駝科 | 學名：*Camelus dromedarius* | 野生現況：常見 |

單峰駱駝（Dromedary）

野生單峰駱駝已經絕種，僅存馴化的單峰駱駝。牠們以各種方式適應沙漠生活：利用背上的駝峰儲存脂肪；在食物和水分不足時，體重可減少近 40%；沒喝水的情況下，能比所有馴化牲畜存活更久（若氣候寒冷，可長達 6-7 個月）。天氣炎熱時，體溫能隨之升高，以減少流汗量，留住水分。利用具抓握力的分裂上唇啃食多種植物的莖葉，包括多鹽和多刺的植物；也會撿食乾燥的動物屍體。以 1 隻雄性、數隻雌性及其幼仔組成小群集，雄性會用跳躍和啃咬的方式驅離入侵者，以保護駱駝群。毛皮顏色從乳白到所有棕色系及黑色等都有。

體型：體長 2.2-3.4 公尺，體重 450-550 公斤。

分布：北非及東非、西亞及南亞。活動於沙漠。

附註：自西元前 3000 年的史前時代起，就不再有任何野生單峰駱駝的紀錄，因此現今全屬馴化動物。

上唇唇裂深

非洲、亞洲

適應酷熱環境

單峰駱駝的鼻孔能將吸入的空氣降溫並濕潤；厚重的眉毛及 2 層捲曲的睫毛，則可保護眼睛不受沙漠風沙侵襲。

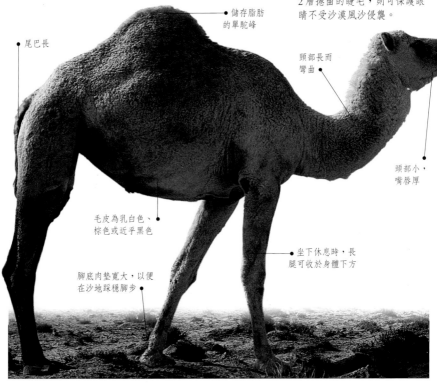

儲存脂肪的單駝峰

尾巴長

頸部長而彎曲

頭部小，嘴唇厚

毛皮為乳白色、棕色或近乎黑色

坐下休息時，長腿可收於身體下方

腳底肉墊寬大，以便在沙地踩穩腳步

| 社群型態：群居 | 妊娠期：370日 | 每胎幼仔數：1 | 食物：🌿🌾🍎🐾 |

科：駱駝科	學名：*Camelus bactrianus*	野生現況：瀕臨絕種

雙峰駱駝（BACTRIAN CAMEL）

亞洲

雙峰駱駝是舊大陸僅存的野生駱駝科動物。牠能夠禁受-29℃到38℃的氣溫，而歷經長期缺水後，也能在 10 分鐘內喝下 110 公升的水。毛皮爲均勻的淡灰棕色至深棕色，雜亂濃密的冬毛到夏天就會褪去。食物量充足時，儲存脂肪的雙駝峰會挺立豎起，待脂肪耗盡則變得柔軟無力。雄性發情時，會鼓起腮幫子，從嘴巴吹突出一個形似汽球的紅色囊袋，一邊磨牙，一邊在競爭者身邊踱步，展示出相當戲劇性的儀式。優勢雄性擁有 6-30 隻雌性及其幼仔，這種家族群集不具領域性，而且還會爲了尋找水與食物而長途跋涉。

體型： 體長 2.5-3 公尺，體重 450-690 公斤。

分布： 野生族群分布於戈壁沙漠，馴化族群則分布於中亞。活動於寒冷的乾草原及沙漠中。

附註： 在 3,500 年前首度被馴化，是重要的負重動物，也是乳汁和鮮肉的來源之一。

腳趾扁平
具 2 根腳趾的寬大腳底，使雙峰駱駝能在沙地與雪地中穩步而行。

第 2 個
駝峰

食物充足時，
駝峰挺立

頭部有
長毛

濃密粗厚
的冬毛呈淺灰
棕色至深棕色

頸部長，
幾乎呈 U 型

四肢修長

社群型態：群居	妊娠期：406 日	每胎幼仔數：1	食物：🌿🌾

偶蹄動物：鹿

 鹿科、麝鹿科及鹿科家族共約45種物種。鹿的每隻腳上均可見4根腳趾，屬於偶蹄類，因第1根腳趾已消失無蹤，第2、5根腳趾很小，所以只剩第3、4根腳趾來支撐體重。由於具有大眼睛、大耳朵和大口鼻部，使鹿擁有敏銳的感官以偵測掠食者蹤跡。

外型和羚羊相似，但鹿的角有分岔，且每年會重新生長。只有雄鹿長角，但馴鹿例外，雌雄都會長角。

鹿多半棲息在林地及森林中啃食莖葉，但有些也會在草原、沼澤及半沙漠地區食草。除了澳洲與非洲（地中海沿岸除外）不產鹿之外，其他各洲大陸都有鹿分布，而且數百年來，陸續有許多鹿種被引進新的地區。

科：鼷鹿科	學名：*Tragulus meminna*	野生現況：不詳

印度鼷鹿（INDIAN SPOTTED CHEVROTAIN）

又稱「斑點鼷鹿」，一如其他鼷鹿科成員，每隻腳上都有發展健全的4根趾頭，而不像「真正的」鹿只有2根完整腳趾。喉嚨與腹側有黑白斑點；雄性會用形似獠牙的上犬齒擊退競爭對手。

體型：體長50-58公分，尾長3公分。

分布：印度南部與斯里蘭卡。活動於熱帶雨林，特別是多岩地區，活動海拔最高到700公尺。

亞洲

突出的大耳朵

棕色毛皮上有黃色小斑點

喉嚨有3條白紋

社群型態：獨居	妊娠期：5個月	每胎幼仔數：1	食物：

科：麝鹿科	學名：*Moschus chrysogaster*	野生現況：瀕危風險低

高山麝鹿（ALPINE MUSK DEER）

分布在崎嶇多岩的山區森林坡地，體格結實，側邊腳趾發達，因此能夠攀爬岩石、穿梭雪地中。深棕色毛皮具有淺灰色雜斑，下巴和耳朵邊緣略白。

體型：體長70-100公分，尾長2-6公分。

分布：阿富汗至中國中部。活動於溫帶林、針葉林及山區之中。

附註：肚臍部位分泌的麝香對香水工業極具價值，因此而遭大量獵殺。

亞洲

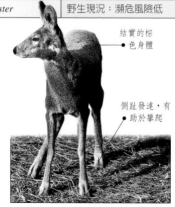

結實的棕色身體

側趾發達，有助於攀爬

社群型態：獨居	妊娠期：185-195日	每胎幼仔數：1	食物：

| 科：鹿科 | 學名：*Dama dama* | 野生現況：地區性常見 |

歐洲黃鹿（FALLOW DEER）

毛皮大都爲棕色，且具有白色斑點，但也有黑色或白色個體。因外型優雅且可供食用而爲人類圈養，也因此引進美洲、非洲及澳洲。發情時，雄鹿會建立小型領域，並在其中交配。於晨昏覓食多種植物。其亞種波斯黃鹿已瀕臨絕種。

體型：體長 1.4-1.9 公尺，尾長 14-25 公分。

分布：歐洲及西亞。活動於草原及森林。

歐洲、亞洲

鹿角寬大

毛皮多為棕色

尾巴上側黑色

| 社群型態：群居 | 妊娠期：229 日 | 每胎幼仔數：1 | 食物：🌾🍃🍎🐾 |

| 科：鹿科 | 學名：*Axis axis* | 野生現況：地區性常見 |

斑鹿（CHITAL）

常以 100 餘隻聚集成群，在草原吃草，或在開闊疏林中啃食莖葉，且常出現於嘈雜的猴群下方，因為猴子會將果實丟到地面。行動快速敏捷，遭遇危險時能以時速 65 公里的速度衝向隱蔽處躲藏。鮮亮的栗色毛皮上有白色斑點，喉嚨有明顯白色斑塊，腹部則爲乳白色。雄鹿的角具有眉叉（譯註：第一組叉角），主幹又分岔爲二，優雅地向後延伸。

體型：體長 1-1.5 公尺，尾長 10-25 公分。

分布：尼泊爾南部、印度及斯里蘭卡。活動於開闊草原，鄰近可供遮蔽的植被處。

亞洲

栗色毛皮上有白色斑點

特有的白色喉斑

腹部乳白色

| 社群型態：群居 | 妊娠期：225-230 日 | 每胎幼仔數：1 | 食物：🌾🍃🍎🐾 |

科：鹿科	學名：*Cervus elaphus*	野生現況：地區性常見

紅鹿 (RED DEER)

夏天毛皮紅棕色，冬天則呈暗棕色；背部與頸部偶有黑色線條順勢延伸，腹側有模糊斑點，尾巴及臀部為麥黃色。紅鹿約有 28 種亞種，包括中國及北美洲的紅鹿，外型變化相當大。只有雄鹿有角，鹿角越大，所吸引的雌鹿就越多。鹿角末端常為叉狀或有角尖的杯狀，年紀越長角尖越多，直到雄鹿壯年期過後才停止增長。雌鹿會組成雌鹿群，由 1 隻優勢雌鹿領導；除了秋天的發情期外，雄鹿也會聚成雄鹿群。發情期間，雄鹿會互相挑戰，如若實力相當，往往引發嚴重的打鬥；在評估是否展開搏鬥時，雄鹿會與對手保持平行踱步，彼此以肢體誇示和肉身搏鬥來競爭，一旦開戰，便以鹿角相牴，開始推擠、摔扭、撞擊；勝利者可贏得一群雌鹿。紅鹿日夜都會食草，食物種類隨著季節而改變，包括禾草、莎草、燈心草、石南以及其他許多植物，有時還會用後腳站立，以摘取高處的枝葉。

體型：體長 1.5-2 公尺，尾長 12 公分。

分布：歐洲至東亞，並已引入澳洲、紐西蘭、美國及南美洲。活動於草原、溫帶林及針葉林。

附註：為世界上分布最廣的鹿種，但在各洲大陸上卻有 9 種亞種瀕臨絕種，面臨盜獵、棲地零碎化及棲地喪失的威脅。

發展完全的鹿角

紅棕色的夏毛在冬天轉為暗棕色

毛皮上有白色斑點

「隱身躲藏」
新生小鹿全身紅棕色，具白色斑點，出生後前 2 週會躲在植被中「隱身躲藏」。母鹿尋找小鹿時會大聲呼叫，並獨自撫養幼仔。

社群型態：群居	妊娠期：225-245 日	每胎幼仔數：1	食物： 🌿 🍃

角尖數量隨年
紀增長而增加

鹿角頂端呈
有角尖的杯狀

歐亞大陸

雌鹿沒有鹿角

淡黃色的
尾巴

臉部、面頰和
頸部色澤較淡

人工圈養
紅鹿能適應多種氣候環境，如今以人
工大量飼養，作為鹿肉、鹿皮、及東
方藥材鹿茸的來源。都市自然公園中
也常圈養成群的紅鹿。

雄性體型與體重
都勝於雌性

鬃毛粗濃

繁殖徵兆
雄紅鹿在秋天進入發情時會長出鬃毛，還會開始吼叫、破壞
樹叢、在泥漿中打滾，並且停止進食，導致體重下降許多。

科：鹿科	學名：*Cervus nippon*	野生況狀：嚴重瀕危

日本梅花鹿（SIKA）

白色斑點 白色臀部

已有數百年的圈養歷史，且許多國家皆有引進。
14 種亞種的外表多變，但大體上，夏天毛皮為濃郁的
紅棕色，帶有白斑，冬天則幾乎全黑。雄性的前額有深色
人字或波浪型斑紋，每隻角最多有 4 個分岔。

紅色毛皮

體型：體長 1.5-2 公尺，尾長 12-20 公分。
分布：越南、台灣、中國及日本，在歐洲
及紐西蘭為外來種。活動於草原及森林。

亞洲

社群型態：群居	妊娠期：220 日	每胎幼仔數：1	食物：

科：鹿科	學名：*Cervus unicolor*	野生況狀：地區性常見

水鹿（SAMBAR）

雄性的角
為三叉

頸部具濃
密鬃毛

全身為均勻的深棕色，下巴和腿部內側鏽紅色，黑色尾端
的內側也是鏽紅色。頸部有濃密鬃毛，發情雄性的鬃毛尤
其明顯。繁殖期時，雄性頸部兩側會出現無毛的傷斑，且
會不停踩腳、在泥漿中打滾及剝樹皮。為夜行性動物，啃
食多種植物的莖葉；多半獨行，但母子檔除外。

毛皮為均
勻的深棕色

體型：體長 2-2.5 公尺，尾長 15-20 公
分。
分布：南亞及東南亞。活動於光線明亮
的林地。

亞洲

社群型態：獨居	妊娠期：240 日	每胎幼仔數：1	食物：

科：鹿科	學名：*Elaphurus davidianus*	野生況狀：嚴重瀕危

四不像
（PÉRE DAVID'S DEER）

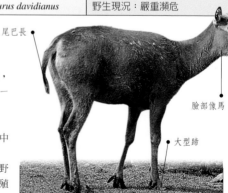

尾巴長

外型並不像鹿（右圖為母鹿），臉像馬，蹄寬大，
尾巴長；公鹿角叉角向後為另一特徵（譯註：一
般叉角向前）。冬毛淺灰黃色，夏毛為紅棕色。
體型：體長 2.2 公尺，尾長 66 公分。

臉部像馬

分布：於 1980 年代再度引進中
國。活動於開闊草原。
附註：曾經廣布於中國，但野
外完全絕種，經英國人工繁殖
而得復育。

大型蹄

亞洲

社群型態：群居	妊娠期：283 日	每胎幼仔數：1	食物：

| 科：鹿科 | 學名：*Capreolus capreolus* | 野生現況：地區性常見 |

麞鹿（ROE DEER）

特徵包括口鼻部有黑色橫紋，下巴及喉嚨具形狀不一的白色斑塊。夏天毛皮紅棕色，冬天則褪換成濃密的灰色毛皮。尾巴細小難見，臀部白色，但雌性臀部的白斑爲上下顛倒的心形，雄性則爲腎形；遭遇危險時，臀部白毛和梅花鹿（見對頁）一樣會豎起。雄鹿的角表面粗糙、具三叉，每年冬天會脫落再重新生長。清晨與黃昏時最活躍，以禾草、草本植物、灌木、長春藤及果實等多種植物爲食。

體型：體長 1-1.3 公尺，尾長 5 公分。

分布：歐洲至小亞細亞。活動於鄰近沼澤的森林或四周有牧草的林地。

附註：西伯利亞麞鹿（*Capreolus pygargus*）爲其近親之一。

歐亞大陸

鹿角三叉
口鼻部黑色
臀部白毛蓬鬆
毛皮紅棕色

| 社群型態：多變 | 妊娠期：300 日 | 每胎幼仔數：1-3 | 食物：🌿🌱 |

| 科：鹿科 | 學名：*Odocoileus hemionus* | 野生現況：瀕危風險低 |

騾鹿（MULE DEER）

廣布於多種生態環境，所吃的植物種類達數百種。夏天毛皮爲鏽棕色，冬天轉爲灰棕色，臉部和喉嚨有形狀不定的白色斑紋，前額有黑色條紋。尾巴上側黑色、下側白色，因此又稱「黑尾鹿」。和許多鹿種一樣，騾鹿的發情期也在 9-11 月展開，小鹿通常在 6 月出生。

體型：體長 0.85-2.1 公尺，尾長 10-35 公分。

分布：北美洲西部。活動於草原、農地到林地邊緣，有時也出現在都會區。

雄鹿的角分岔多
前額具黑色條紋
臉部白色斑紋形狀不定
夏天毛皮爲鏽棕色

北美洲

| 社群型態：群居 | 妊娠期：203 日 | 每胎幼仔數：1-2 | 食物：🌿 |

| 科：鹿科 | 學名： *Blastocerus dichotomus* | 野生現況：受威脅 |

南美沼鹿（MARSH DEER）

為南美洲最大型的鹿種，夏天毛皮紅棕色，冬天色澤變深，臉部顏色淺，嘴唇與鼻子為黑色，四肢下半段黑色。修長的腿部有大型的蹄，因此能輕易穿越沼澤或水潦地。以禾草、蘆葦、水生植物及灌木為食，獨居或三三兩兩小群行動，視水位高度在沼澤與高地之間做季節性遷移。

體型：體長可達 2 公尺，體重 100-140 公斤。

分布：南美洲南部。活動於沼澤、氾濫平原及森林邊緣。

附註：因農業與水污染導致棲地喪失，是南美沼鹿所面臨最嚴重的威脅。

耳朵大，內側白色

毛皮紅棕色，冬天顏色變深

腿特別長，下半段黑色，具大型蹄

南美洲

| 社群型態：多變 | 妊娠期：9 個月 | 每胎幼仔數：1 | 食物：🌾 🍃 🌿 |

| 科：鹿科 | 學名： *Pudu pudu* | 野生現況：受威脅 |

普度鹿（SOUTHERN PUDU）

普度鹿屬共有 2 種成員，均結實矮小，南方的普度鹿（如圖）毛髮長，粗糙的毛皮為淡黃色至紅棕色，幾乎無尾。雄鹿的角為單枝鹿角，長約 8 公分。為獨居動物，日夜都會活動，遇威脅時會躲入濃密植被中。

體型：體長 85 公分，體重可達 15 公斤重。

分布：南美洲西南部。活動於海平面至 1,700 公尺高的潮濕森林。

毛皮淡黃色至紅棕色

背部中央紅棕色

耳朵圓形

臉部淡黃色或棕色

四肢粗短

蹄修長

南美洲

| 社群型態：獨居 | 妊娠期：202 日 | 每胎幼仔數：1 | 食物：🌾 🌰 🍃 |

科：鹿科	學名：*Rangifer tarandus*	野生現況：瀕臨絕種 *

馴鹿（REINDEER）

在北美洲稱爲北美馴鹿，是唯一雌雄都有修長鹿角的鹿種，且有一邊鹿角具有獨特的鏟形眉叉。美洲族群的毛皮多爲棕色，腿部深色，而歐亞品種的毛皮則偏灰色。馴鹿以多種方式適應寒冷的氣候，厚重的毛皮能有效阻隔冰雪寒風，大型的角和蹄可剷雪以尋找地衣。雄性的角在春天或初冬脫落，雌性的角則要等到5月幼仔誕生後才脫落。懷孕的雌鹿在冬天食物不足時，常會用角與雄鹿打鬥、爭奪食物。夏天以禾草、莎草及草本植物爲食，冬天以地衣與蕈類爲食。

體型：體長 1.2-2.2 公尺，體重 120-300 公斤。

分布：北美洲北部、格陵蘭、北歐至東亞。活動於山區及針葉森林。

附註：馴鹿的肉、皮和奶是北極地區某些居民的經濟命脈。約有 2 百萬隻馴鹿爲半馴化動物。

北美洲、格陵蘭及歐亞大陸

遷移路徑

有些馴鹿會每天在同一地區內移動 15-65 公里；有些則會組成龐大的群集，一年進行 2 次 1,200 公里遠的大遷移。

雄性具有大型掌狀鹿角

歐亞馴鹿的毛皮偏灰色

濃密的毛髮可用來禦寒

社群型態：群居	妊娠期：210-240 日	每胎幼仔數：1	食物：

科：鹿科	學名：*Alces alces*	野生現況：不詳

麋鹿（ELK）

為體型最大的鹿，具有多種亞種，美洲麋鹿的雄性（如圖示）喉部垂皮比歐洲品種龐大許多。所有麋鹿都有大而鈍的口鼻部，雄性具寬大的掌狀鹿角，兩側總寬度達 2 公尺，叉角可多達 20 枝。夏天毛皮棕灰色，灰色的冬毛具有較長的保護毛，內毛皮則更為濃密多毛，以便抵擋酷寒。四肢的色澤較淺，蹄寬大，可在水中及泥沼中涉水而行，或在雪地行走。棲息在鄰近沼澤或湖泊的林地中，夏天會將全身泡在水中，僅剩眼睛和鼻子在水面上。以荷花根部及其他水生植物為主食，也攝食莎草、木賊及其他多葉植物；冬天則以柳樹與白楊的幼枝為主食。具有寬大的口鼻部及靈活的嘴唇，因此能抓握水生植物，或剝落枝條上的葉片。大都獨居或是組成小型家庭群集，但雄性在冬天也會聚集成單身漢群。繁殖期於秋天開始展開，此時平日安靜無聲的雄性會開始吼叫，用頭互相撞擊搏鬥，以建立優勢地位。

體型：體長 2.5-3.5 公尺，體重 500-700 公斤。

分布：阿拉斯加、加拿大、北歐至北亞。活動於沼澤森林及接近水邊的針葉林中。

附註：因肉質、毛皮或作為狩獵戰利品而遭獵殺。

阿拉斯加、加拿大及歐亞大陸

鹿角巨大而開展

口鼻部大而鈍

雄性有大型喉部垂皮

母鹿與幼仔
麋鹿幼仔於 5-6 月誕生，出生後 1-2 天就能跟隨母親行動。幼仔以母親營養豐富的奶水為食，生長速度快。遭遇危險時，母鹿會以蹄攻擊與嚇阻掠食者。

社群型態：多變	妊娠期：242-250 日	每胎幼仔數：1-2	食物：

沼澤棲地

麋鹿大都出現在有水的環境或草原沼澤等棲地中，清晨與黃昏最為活躍，但在寒冷的針葉林帶，也會在白天活動，因為冬天夜長晝短，而夏天晝長夜短。

肩部隆起

身體毛皮棕灰色

雄性的體型與體重都勝於雌性

四肢顏色較淺

偶蹄動物：叉角羚

因 頭上具有向前分岔的角而得名，這種外型似鹿的動物是叉角羚科唯一的成員。

叉角羚有許多特徵介於鹿與羚羊之間，例如牠的角和羚羊一樣，具有骨質核心，外層有角質外膜包覆；但牠的角有分岔，且每年都會脫落，再重新生長，這又和鹿一樣。所有雄叉角羚都有角，有些雌性也有角，但比雄性的角小，且沒有分岔。叉角羚的四肢都有 2 根由蹄包覆的腳趾。

叉角羚只分布於北美洲的平原與沙漠地區，並以多種禾草、葉、灌木、仙人掌和棘叢為食。在乾旱地區，牠們能連續數日不喝水，只利用食物中的水分生存。

科：叉角羚科	學名：*Antilopcapra americana*	野生現況：地區性常見

叉角羚（PRONGHORN）

當地人稱之為「草原幽靈」，因為牠奔跑的速度可高達時速 65 公里以上，幾秒鐘內就能從眼前消失。毛皮為紅棕色至棕褐色，鬃毛黑色，腹部及臀部白色，頸部有 2 道白色橫紋。雌性的角很少會比耳朵長，但雄性的角可超過 25 公分長，尖端向後彎曲，上半段還有向前分岔的叉角。發現危險時，從遠處就可看到牠的白色臀毛豎起，作為視覺上的警告。冬季會組成大約 1,000 隻不分年齡與性別的混合群集，夏天時又分散成較小的群集。

體型：體長 1-1.5 公尺，體重 36-70 公斤。
分布：加拿大南部至美國西部與中部。活動於草原及沙漠。

角的上半段有向前傾的叉角

頸部具 2 條白色條紋

有危險時，臀部白毛會豎起作為視覺上的警告

北美洲

社群性態：多變	妊娠期：252 日	每胎幼仔數：1-2	食物：

偶蹄動物：長頸鹿與歐卡皮鹿

歐卡皮鹿和長頸鹿，是長頸鹿科家族僅有的 2 個成員，兩者都分布於非洲，且具有許多相似之處。

牠們全身各部位的生理結構都很細長，頭部、舌頭、頸部、軀幹、四肢和尾巴皆然，這種情形在長頸鹿身上最為誇張。牠們的頭部都具有形似角、其實是由軟骨組成的短圓錐形突起（歐卡皮鹿只有雄性才有），也都會利用能卷曲的舌頭及齒緣呈瓣狀的獨特犬齒，來耙食樹葉。

不過，這 2 種動物的生活型態與棲息環境並不相同。長頸鹿常出現在開闊的疏林草原，個體各自擁有活動領域，但常群聚成鬆散群集。歐卡皮鹿則偏好植被濃密的森林，大都獨居或兩兩成雙，且只有雄性才具有領域性。

| 科：長頸鹿科 | 學名：*Okapia johnstoni* | 野生現況：瀕危風險低 |

歐卡皮鹿
（OKAPI）

生性羞怯、行動隱密，喜歡在植被濃密的森林中覓食，行動時依賴聽覺甚於視覺，遇見同類時會發出獨特的「嚓嚓聲」。在不同角度的光線下，光滑的毛皮會呈深紅、紫、棕或黑色；臉部中段到頸部為白色。臀部和腿部上半段有類似斑馬的條紋，使全身呈現出獨特的雙色調。雌性比雄性高且重，但雄性前額有一對形似短角的突起。進食時，會利用能卷曲的黑色長舌頭纏拉植物；雌性還會用舌頭梳理自己和幼仔，但母子關係並不像其他有蹄動物那麼濃烈。

體型：體長 2-2.2 公尺，體重 200-350 公斤。

分布：薩伊北部及中部東側。活動於濃密潮濕的赤道森林中。

附註：舊名「森林斑馬」，直到 1900 年才鑑定為獨立物種。

臉部中段白色

似短角的圓錐形突起

非洲

耳朵向後伸展

頸部修長以便啃食莖葉

臀部向下傾斜

毛皮紫紅色至黑色

四肢上半段具橫紋

腿部膝蓋以下為白色

| 社群型態：獨居／成對 | 妊娠期：425-491 日 | 每胎幼仔數：1 | 食物： |

| 科：長頸鹿科 | 學名： *Giraffa camelopardalis* | 野生現況：瀕危風險低 |

長頸鹿（GIRAFFE）

為體型最高的陸棲動物，最高能長到 5.5 公尺。長頸鹿為了啃食高處的莖葉，演化出多種適應方式。前腿、肩膀、頸部、修長的頭顱再加上長舌頭，全部長度加總起來，大幅延長了牠可觸及的範圍。長頸鹿的其他特徵包括大眼睛和大耳朵，雌雄都有 2-4 根角狀突起，背部從肩膀到臀部傾斜度大，四肢像高蹺一樣修長，且具沉重的腳，細尾巴末端有簇毛，可用來驅趕蚊蠅。長頸鹿在清晨與黃昏時刻覓食飲水，在一天中最炎熱的時刻咀嚼反芻的食物，夜間以站姿休息。雄性為決定階級地位，會彼此平行站立，甩動脖子並用頭部側面攻擊對手，採取「頸部較量」的儀式化慢動作一分高下。雌性則與當地的優勢雄性交配，新生幼仔身高可達 2 公尺，出生後 20 分鐘內就能起身站立，13 個月大時斷奶，然後繼續留在母親身邊約 2-5 個月。

體型：體長 3.8-4.7 公尺，體重 0.6-1.9 公噸。

分布：非洲撒哈拉沙漠以南。活動於乾燥的疏林草原，以及有零星刺槐生長的開闊林地之中。

非洲

靈活有彈性的長脖子

叉開前腳

胸帶龐大，以便支撐頸部

黑色的大鼻孔

幼仔斑塊色澤較淺

飲水問題

長頸鹿必須張開前肢，彎下脖子，才能喝到水。在平時，牠的心臟會以強大的壓力將血液輸送到頭部，但彎低脖子時，則會有數個單向瓣膜控制血流方向，以防損害腦部。

| 社群型態：多變 | 妊娠期：457日 | 每胎幼仔數：1 | 食物： |

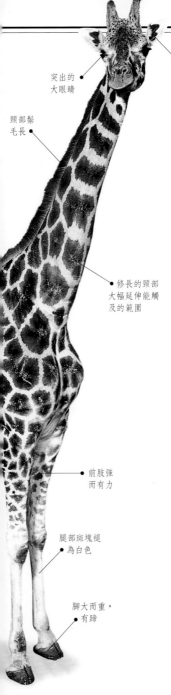

耳朵外緣鑲白毛

突出的
大眼睛

頸部鬃
毛長

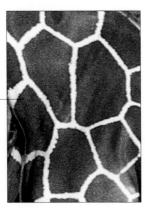

栗色斑塊
鑲有白邊

斑塊變化

長頸鹿依其皮膚斑塊變化，
可分為9種亞種。網紋長頸
鹿（如右圖）的栗色斑塊鑲
有白邊，邊界清晰。

修長的頸部
大幅延伸能觸
及的範圍

頸椎數目與其
他哺乳動物一
樣是7塊

前肢強
而有力

腿部斑塊褪
為白色

腳大而重，
有蹄

找到最愛

長頸鹿最喜愛的食物包括刺槐、含羞草及野杏樹。牠
喜歡摘採高處的枝條，用長而靈活的舌頭把枝葉拉到
口中，再扭動頭部，利用齒緣瓣狀的牙齒扯斷樹葉。

偶蹄動物：牛、羚羊及其近親

共 有140種成員的牛科家族極富多樣性，包括了龐大的野牛、嬌小的遁羚，還有牛羚及飛羚等羚羊類，以及牛、綿羊和山羊等。

儘管如此，成員間仍有許多共通特性，如：4隻腳都有2根以蹄包覆的趾頭，而這也是偶蹄動物的特徵；腳的兩側常各有一根較小的趾頭；大多數種類的雌雄兩性都有不分岔的骨質角，只不過或長或短、或直或彎，有些粗糙而有些平滑。

許多牛科動物分布在非洲，有些則分布於歐亞大陸及北美洲。牛、綿羊及山羊等馴化的牛科動物則已大量引進世界各地，具有重要的經濟價值。

科：牛科	學名：*Tragelaphus spekei*	野生現況：瀕危風險低

沼澤條紋羚（Sitatunga）

為水陸兩棲動物，腳關節很靈活，2根蹄趾開裂距離寬大，末端尖，能輕鬆走於沼澤和濕地中。成年雄性為灰棕色至深棕色，雌性則是鮮亮的赤棕色。兩性在雙眼間都有波浪狀白斑，身體和臉頰也有白色斑塊，但只有雄性才有具脊線的螺旋狀長角。沼澤條紋羚以正值花期的植被為食；受掠食者威脅時會迅速躲到水中避難。雌性會單獨行動，或組成3隻左右的小型群集。成年雄性不僅獨自行動，還會利用吠叫聲（多在夜間）驅趕其他雄性。雄性相遇時，會採取挑釁的攻擊姿態，並在地面摩擦雙角。

體型：體長1.2-1.7公尺，體重50-125公斤。
分布：西非及中非。活動於雨林，以及非洲疏林草原上較潮濕的地區。

有脊線的螺旋狀長角

只有雄性有角

雙眼間有波浪狀紋路

雄性毛皮為灰棕色

雌性毛皮為棕色至鮮栗色

浸身水中

沼澤條紋羚於清晨與黃昏時分啃食草葉，有時也在夜間覓食，白天則在沼澤中休息。浸身水中時也能進食，有時還會抬起前腳，只用後腳站立，以便觸及高大的莎草和禾草。

非洲

社群型態：多變	妊娠期：247日	每胎幼仔數：1	食物：🐾

科：牛科	學名：*Tragelaphus eurycerus*	野生現況：瀕危風險低 *

斑哥羚（BONGO）

爲色彩最亮麗的羚羊，鮮亮的栗色毛皮上有
垂直的白色條紋，臉頰和胸部有白色斑塊。
在夜間哨食含有高蛋白質的植物莖葉。

體型：體長 1.7-2.5 公尺，體重 210-405 公斤。
分布：西非及中非。活動於森林中。

七弦琴狀的角

臉頰
有白斑

垂直的
白色條紋

附註：斑哥羚是
林棲羚羊中體型
最大的成員。

非洲

社群型態：多變	妊娠期：282-287 日	每胎幼仔數：1	食物：

科：牛科	學名：*Tragelaphus angasi*	野生現況：瀕危風險低

安格氏條紋羚（NYALA）

螺旋狀角

尾巴毛髮
濃密

雄性體型比雌性大，毛皮爲深棕灰色，具有不明顯
的條紋，頭角較短。雌性沒有角，且和小羚一樣，紅棕
色毛皮上具白色垂直條紋，兩眼間有 V 字型白斑。這種羚
在清晨和黃昏活動，哨草爲食，還會抬起前腳，食取高處
的枝葉。雌性和幼仔會組成小群集，成年雄性
則單獨行動。

體型：體長 1.4-1.6 公尺，體重 55-125 公斤。
分布：南非。活動於鄰近水邊的濃
密灌木林。

四肢下半
部爲淡棕色

非洲

社群型態：群居	妊娠期：220 日	每胎幼仔數：1	食物：

科：牛科	學名：*Tragelaphus scriptus*	野生現況：地區性常見

條紋羚（BUSHBUCK）

以哨食草本植物和豆科植物的莖葉爲主。雄性毛皮爲均勻的深棕
色至黑色，頸部和身體有白色斑紋，但紋路隨亞種而各異。棲息
在灌木叢的族群雌性爲淺黃褐色，森林族群的雌性則色澤偏紅。
條紋羚形似小型的沼澤條紋羚（見對頁），但角的扭曲程度較小。

體型：體長 1.1-1.5 公尺，體重 25-80 公斤。

只有雄性有角

臀部強壯有力

分布：非洲亞撒哈拉沙漠，但西南部除
外。活動於鄰近水邊的森林及灌木叢。
附註：爲最常見的羚羊之一。

四肢下
半部偏白色

非洲

社群型態：獨居	妊娠期：6 個月	每胎幼仔數：1	食物：

科：牛科	學名：*Tragelaphus strepsiceros*	野生現況：瀕危風險低 *

大扭角條紋羚（Greater Kudu）

身材最高的羚羊之一，毛皮以灰色為主，有白色條紋，鼻子上有明顯V字型起伏斑紋，臉部兩側有小斑點，耳朵為漏斗狀，喉嚨有穗狀長毛。只有雄性有角，角長可達 1.7 公尺，居所有羚羊之冠。日夜都會活動，以啃食樹葉、草本植物、塊莖、花朵及果實維生。雌性會聚集成 5-6 隻不具社會階級的小群集；雄性則組成 2-10 隻的單身漢群。發情期間，雄性對手會用角相牴，試圖以纏扭、推撞等方式扳倒對方。聽覺非常靈敏，能偵查出掠食者的存在。遭遇危險時，會靜止不動，或悄然離開；能輕鬆躍過高於 2 公尺的障礙物。

體型：體長約 2-2.5 公尺，體重約 120-315 公斤。

分布：東非至南非。活動於光線明亮的森林或濃密的灌木叢，經常出現在多岩石或多山的地區。

附註：因棲地喪失而面臨威脅，也遭人類獵食，或作為狩獵戰利品。

非洲

傍水而生
大扭角條紋羚常出現在森林或丘陵灌木叢地區，偏好在近水區活動，午後則為了躲避熱浪而休息。

身體為灰色
至紅棕色

雄性的頸部和
背部具鬃毛

雄性擁有羚羊
中最長的角

身體具明顯
白色條紋

搏鬥時，以螺
旋狀的角相牴

社群型態：群居	妊娠期：9個月	每胎幼仔數：1	食物：

科：牛科	學名：*Taurotragus oryx*	野生現況：瀕危風險低

巨羚（COMMON ELAND）

為最大型的羚羊，特徵是雌雄都有螺距緊密的螺旋狀角。上半身有 2-15 條乳白色垂直條紋，雄性頭頂的毛髮糾結成棕黑色的「髻」。雌性會像牛群一樣聚集在一起，以便保護幼仔。巨羚和駱駝一樣，在乾旱時期能使體溫上升達 7℃ 之多，以避免身體因流汗而喪失水分。

體型：體長 2.1-3.5 公尺，體重 300-1,000 公斤。

分布：中非、東非以及南非。活動於開闊平原、乾燥疏林草原、山區草原、石南叢及高地森林。

附註：性情溫馴，在非洲因肉質、乳汁及毛皮而為人圈養，也出口到亞洲。

螺距緊密的角

肩膀隆起

非洲

尾巴末端黑色

毛皮棕黃色

社群型態：多變	妊娠期：254-277 日	每胎幼仔數：1	食物：🌿🍃🌾

科：牛科	學名：*Boselaphus tragocamelus*	野生現況：瀕危風險低

印度大藍羚（NILGAI）

既非牛也非羚，而和四角羚（見 352 頁）同為藍羚亞科成員。雖名為「藍羚」或「藍牛」，但只有雄性才呈灰色或灰藍色，雌性則為黃褐色。

體型：體長 1.8-2.1 公尺，體重可達 300 公斤。

分布：南亞。活動於林木稀疏的地區、低矮叢林及開闊平原上。

雌雄都有深色鬃毛

雄性喉嚨有簇毛

前肢比後肢長

四肢下半部色澤較深

亞洲

社群型態：群居	妊娠期：243-247 日	每胎幼仔數：1-2	食物：🍃🫐🌾

| 科：牛科 | 學名：*Tetracerus quadricornus* | 野生現況：受威脅 |

四角羚（CHOUSINGHA）

因雄性頭上有 2 對角而得名，這在牛科動物中
極為特別。口鼻部和耳朵外緣為黑色，毛皮為
棕色，四肢的前側具有深色條紋。這種行蹤隱
密、行動快速的小型羚羊經常在水邊吃草；以
低沉的哨音互相辨認，以吠叫聲作為警示。
體型：體長 80-100 公分，體重 17-21 公斤。
分布：印度與尼泊爾。活動於鄰近水邊的山坡
林地中。

耳朵大而圓

毛皮棕色

亞洲

醒目的黑
色口鼻部

| 社群型態：獨居 | 妊娠期：7-8 個月 | 每胎幼仔數：1-2 | 食物：🌾🍃 |

| 科：牛科 | 學名：*Bubalus depressicornis* | 野生現況：瀕臨絕種 |

矮水牛（LOWLAND ANOA）

這種小型牛科動物為深棕色至黑色，喉部有淺色「圍
兜」狀斑紋，臉部和腿部也具有斑塊。頭角短，且
向後斜伸，使牠能在濃密的沼澤森林中推進。在早
晨以果實、樹葉、蕨類及小枝條為食。
體型：體長 1.6-1.7 公尺，體重 150-300 公斤。

亞洲

分布：蘇拉威西島。活
動於低地及沼澤森林。
附註：為最小型的野生
牛種之一。

身材豐滿結實

頭角平展

四肢短

| 社群型態：獨居 | 妊娠期：9-10個月 | 每胎幼仔數：1 | 食物：🌾🍃 |

| 科：牛科 | 學名：*Bubalus arnee* | 野生現況：瀕臨絕種 |

亞洲水牛（ASIAN WATER BUFFALO）

這種龐大的動物已有數世紀的畜養歷史，廣布世界各
地，但野生的亞洲水牛僅剩零星的小族群。以雌性親
族組成穩定群集，由 1 隻雌性領袖統領家族。優勢雄
性在雨季才會進入親族棲地，進行交配。以青翠的植
物為食；午間會在泥塘中打滾。

亞洲

體型：體長 2.4-3 公尺，體重可達 1.2 公
噸。
分布：印度和尼泊爾，泰國可能也有。
活動於濕地。
附註：角長達 2 公尺，居牛科動物之冠。

臉部窄

角上有
皺摺

毛皮
灰黑色

| 社群型態：群居 | 妊娠期：300-340 日 | 每胎幼仔數：1 | 食物：🌾🍃 |

科：牛科	學名：*Syncerus caffer*	野生現況：地區性常見 *

非洲水牛
（AFRICAN BUFFALO）

這是非洲唯一外型像牛的動物，分
布於多種棲息環境，但從不離開水
邊超過 15 公里遠。牛角在前額突起
上交會；雄性體型比雌性大許多，
角也較重，且頸部較粗壯，背部有
隆起，頸部下的垂皮有短小的穗狀鬃
毛。爲夜行性動物，社群性極高，當
食物充足時，牛群可聚集到 2,000 頭個
體；乾旱季節時分組爲較小的母子群、單
身漢群，年長雄性則獨居。

體型：體長 2.1-3.4 公尺，體重可
達 685 公斤。

分布：西非、中非、東非及南非。

活動於原始林、
次生林、疏林草
原、沼澤、多草
平原及山區。

非洲

雄性雙角交會於前
額的龐大突起處

口鼻部無毛

腳大、蹄圓

社群型態：群居	妊娠期：340 日	每胎幼仔數：1	食物：🌱🍃

科：牛科	學名：*Bos javanicus*	野生現況：瀕臨絕種

爪哇牛（BANTENG）

這種牛的外型和家牛很相似。雄性毛皮黑棕色至深
栗色，雌性和小牛則爲紅棕色；牠們的腹部、四肢
和臀部斑塊皆爲白色。雄性的頭角先向外再向內
彎，而雌性的角不僅較小，且呈新月形。乾旱季節
以地面禾草爲食，雨季來臨時，則遷居到森林中，
以竹子和草本植物爲食。雌性、幼仔與 1 隻優勢雄
性組成 2-40 隻的群集，其他雄性則自成單身漢群。

體型：體長 1.8-2.3 公尺，體重 400-900 公斤。

分布：緬甸、爪哇島及婆羅洲。活動於具開闊林地
的森林與灌木叢中。

附註：野生族群很稀有，而其棲地正自銳減中。

亞洲

雌性的
角較小

外型比例
與家牛相似

雌性毛皮
爲紅棕色

四肢「穿白襪」

社群型態：群居	妊娠期：9¹/₂ 個月	每胎幼仔數：1-2	食物：🌱🍃

| 科：牛科 | 學名：*Bos grunniens* | 野生現況：受威脅 |

犛牛（YAK）

亞洲人自古就馴養犛牛，以獲取牠的毛、肉、奶及皮革，同時也作爲交通工具。犛牛全身棕黑色，兩側雜亂的毛髮幾乎長及地面。野生犛牛體型較大，且非常稀少，僅限於荒蕪酷寒的乾草原仍有分布。牠的內毛皮濃密而柔軟，毛髮緊密交織，因此能忍受嚴寒的氣候。以禾草、草本植物乃至地衣爲食，也會咬碎地面凍結的冰雪，作爲水分來源。雌性和幼仔會聚集成大群集，成年雄性則大都獨來獨往，或遊走於單身漢群間。繁殖季節於 9 月展開，持續數星期，此間雄性會互相搏鬥以爭取和雌性交配的機會。雌性每 2 年生下 1 隻幼仔，獨自撫育，幼仔約 1 歲後開始獨立生活。爲西藏狼的掠食對象；遭遇危險時，會高舉尾巴奔馳很長的距離。

體型：體長可達 3.3 公尺，體重可達 525 公斤。

分布：印度喀什米爾東部至西藏和青海。活動於海拔高達 6,000 公尺的荒蕪乾草原中。

亞洲

色澤變化

春天時，犛牛的長冬毛會脫換成顏色較多變的短夏毛。此外，家犛牛的毛皮還有雜色、黑色、棕色或紅色等多種顏色。

深棕黑色
毛皮

肩膀高高隆起

雌雄都有角

肩膀下側
有蓬鬆毛髮

外毛皮的
毛髮很長

| 社群型態：多變 | 妊娠期：258日 | 每胎幼仔數：1 | 食物： 🌾 🌱 🍃 |

科：牛科	學名： *Bos gaurus*	野生現況：受威脅 *

犎牛（GAUR）

又稱「印度野牛」，馬來文則稱「斯拉單」（Seladang），是體型最大的野生牛種。體格龐大、肩膀隆起，毛皮紅、棕或黑色，四肢下半部猶如穿了白襪一般。雌雄都具有向上彎曲的角，長度可達 1.1 公尺。發情雄性「唱」出的一連串低沉吼聲可傳送遠方。

體型：體長 2.5-3.3 公尺，體重 650-1,000 公斤。

分布：南亞至東南亞。活動於常綠森林、落葉林及森林坡地。

彎曲的角基部黃色，末端黑色

頭部龐大

白色四肢結實健壯

亞洲

社群型態：群居	妊娠期：270-280 日	每胎幼仔數：1	食物：

科：牛科	學名： *Bison bonasus*	野生現況：瀕臨絕種

歐洲野牛（EUROPEAN BISON）

也稱為「威桑」（Wisent），即德文的野牛。曾經在野外絕種，經人工繁殖後，又再引進位於波蘭與白俄羅斯交界的拜羅威撒森林（Bialowieza Forest）。最新的基因研究顯示可能與美洲野牛（見 356 頁）為同一品種。生活習性及社群行為都和美洲野牛相似，但毛皮較短、色澤較淺。雌雄都有向上彎曲的利角，以啃食莖葉為主，但也會食草。

體型：體長約 2.1-3.4 公尺，體重 300-920 公斤。

分布：東歐地區。活動於林地、草原及針葉森林。

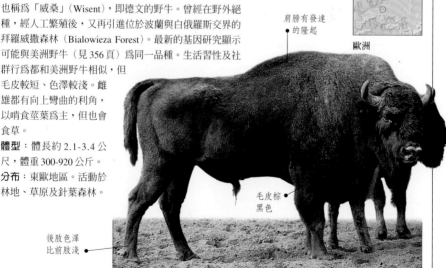

肩膀有發達的隆起

歐洲

毛皮棕黑色

後肢色澤比前肢淺

社群型態：群居	妊娠期：260-270 日	每胎幼仔數：1	食物：

| 科：牛科 | 學名：*Bison bison* | 野生現況：瀕危風險低 |

美洲野牛（AMERICAN BISON）

這種體型龐大的野牛高度可達 2 公尺，但因肩膀隆起相當發達，看起來似乎比實際上更高大。頭、頸、肩及前肢均具有長而蓬亂的棕黑色毛髮，其他部位則爲淺色短毛。頭部龐大而沉重，前額寬闊，黑色牛角短而上彎，具有雜亂蓬鬆的鬍鬚。雄性身材明顯比雌性大許多。美洲野牛儘管身材龐大，奔馳速度卻很快，時速可高達 60 公里。嗅覺和聽覺極敏銳，有助於偵測危險。會組成鬆散的群集，雌性與幼仔組成的群集具社會階級，雄性則組成單身漢群，只在繁殖季節才加入母野牛群。雄性爲交配而搏鬥的場面很激烈，打鬥方式是以頭部互相撞擊，或採取各種威嚇姿態。在過去，美國、加拿大及阿拉斯加仍有龐大族群數量時，野牛群每年都會依傳統路線，進行數百公里遠的大遷徙。

體型：體長 2.1-3.5 公尺，體重 350-1,000 公斤。

分布：美國黃石國家公園及加拿大伍德野牛國家公園。活動於草原、山區及開闊的森林。

附註：近來基因研究顯示，歐洲野牛（見 355 頁）與美洲野牛的親緣關係，比從前所知更爲密切。

明顯的肩部隆起是雄性的特徵

黑色牛角短而上彎

頭部龐大壯碩，前額寬闊

雜亂蓬鬆的深色鬍鬚

保育動物

過去美洲野牛的數量曾高達 5 千萬頭，但遭人類大量獵殺後，如今野生族群已完全消失。儘管數量已因保育努力而回升，但多半仍屬於圈養動物，或來自圈養族群。

| 社群型態：群居 | 妊娠期：285 日 | 每胎幼仔數：1 | 食物：🌿 |

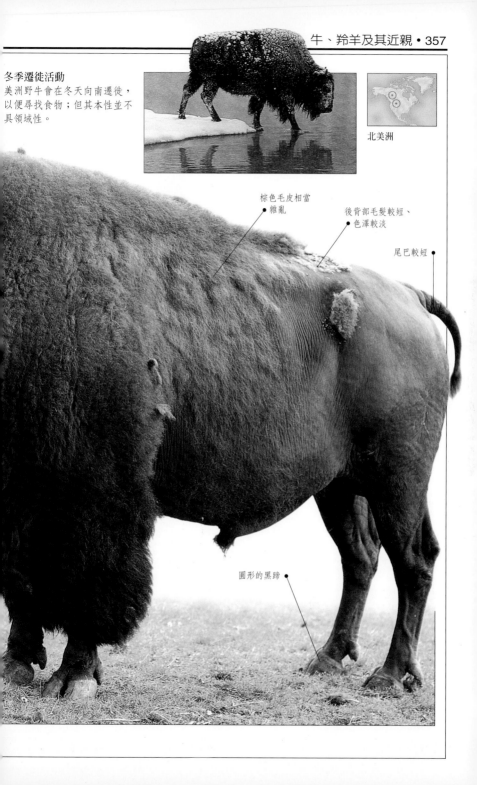

冬季遷徙活動
美洲野牛會在冬天向南遷徙，
以便尋找食物；但其本性並不
具領域性。

北美洲

棕色毛皮相當
雜亂

後背部毛髮較短、
色澤較淡

尾巴較短

圓形的黑蹄

| 科：牛科 | 學名： *Cephalophus natalensis* | 野生現況：瀕危風險低 |

紅遁羚（RED FOREST DUIKER）

這是大約 18 種遁羚中的一員，體型小，背部拱起，後肢比前肢長。毛皮為紅橘色至深棕色，尾巴基部呈紅色，尾端有黑白相間的簇毛。通常雌雄都有後傾的短角，兩角之間有長冠毛，雙眼下方還有會散發氣味的大型腺體。發現掠食者時，會立即靜止不動，或潛入森林底層；被發現時則以飛快速度逃離。會以後腳頓地發出警訊，而不像疏林草原上的其他羚羊那樣用前腳頓地。

體型：體長 70-100 公分，體重 13 公斤。

分布：薩伊、坦尚尼亞南部至南非。活動於濃密的灌木叢及森林中。

附註：遁羚類不尋常之處，在於牠們也攝食小型鳥類、昆蟲和腐肉。

非洲

毛皮紅橘色

頸部有粗糙長毛

圓錐形小角

| 社群型態：成對 | 妊娠期：120 日 | 每胎幼仔數：1 | 食物： 🌿 🍃 🐦 🐁 🐛 |

| 科：牛科 | 學名： *Sylvicapra grimmia* | 野生現況：地區性常見 |

灰遁羚（COMMON DUIKER）

特徵包括前額有簇毛、鼻子具黑色條紋、耳朵大而尖。背部毛皮灰色至紅黃色，腹部白色，雌性通常比雄性大而重，但雄性才有長約 11 公分的利角。為夜行性動物，以啃食莖葉為主，食物包括樹葉、果實、花朵、塊莖、昆蟲、蛙類、鳥類及小型哺乳動物，甚至連腐屍也吃。可長期不須飲水，即使雨季也不飲水，而是從果實中獲得水分，因此常在猴子覓食的樹下撿食果實。有時也用後腳站立以便取食。能適應多種棲地及食物，是繁衍成功的主因。

體型：體長 0.7-1.2 公尺，體重 12-25 公斤。

分布：塞內加爾到衣索比亞及南非。活動於疏林草原及丘陵地。

非洲

臀部顏色可能較深

前額有紅色長簇毛

鼻子具棕色至黑色條紋

距毛棕色至黑色

| 社群型態：獨居／成對 | 妊娠期：191 日 | 每胎幼仔數：1 | 食物： 🍃 🐦 🐁 🌿 🐀 🐛 |

科：牛科	學名：*Kobus ellipsiprymnus*	野生現況：瀕危風險低

水羚（WATERBUCK）

為體重最重的羚羊之一，身體和頸部長，但四肢短。毛皮爲灰色至紅棕色，年齡越長色澤越深；眉毛、喉嚨、口鼻部、腹部、臀部及蹄的上方均有白色斑紋。皮膚具有獨特腺體，能分泌麝香味的油脂，同時使毛皮防水。只有雄性有角，角具環紋，長度可達 1 公尺。遭受威脅時，會用角和蹄抵抗，或躲到水中，只剩鼻孔露出水面。

體型：體長 1.3-2.4 公尺，體重 50-300 公斤。

分布：西非、中非及東非。活動於有林地及常態水源的疏林草原之中。

毛皮灰色
至紅棕色

頸部具粗糙
的長毛

非洲

角有明顯
環紋

社群型態：多變	妊娠期：9 個月	每胎幼仔數：1	食物：🌱🍃

科：牛科	學名：*Kobus leche*	野生現況：瀕危風險低

紅水羚（LECHWE）

又稱「沼澤羚羊」，棲息在氾濫平原及沼澤區中，食物是隨季節及水位變化而露出水面的禾草和水生植物。能夠涉水及游泳，具有強壯的臀部和加長的蹄，能以連續跳躍的方式躍過淺水域，只有休息及分娩等活動才在地面進行。背部栗色至黑色，與腹部的白色及腿部的黑色條紋形成對比。雄性才有如七弦琴般的細角。會組成大而鬆散的群集，當個體數量多時，則會和短尾水羚（見 360 頁）一樣，以「求偶展示場」制度進行交配。

體型：體長 1.3-2.4 公尺，體重 79-103 公斤。

分布：中非至南非。活動於濕地。

附註：是水中移動速度最快的羚羊。

後半身高
於前半身

眼睛上
方有模糊的
白色條紋

蹄又長
又寬

腿部有黑
色條紋

非洲

社群型態：群居	妊娠期：7-8 個月	每胎幼仔數：1	食物：🌱🍃🌾

| 科：牛科 | 學名： *Kobus kob* | 野生現況：瀕危風險低 |

短尾水羚（KOB）

體態強壯但優雅，毛皮淺紅褐至棕黑色，臉部和喉嚨有白色斑塊，腿具黑色條紋，腳也是黑色；雄性具有形似七弦琴的角，角上有明顯環紋。當族群的個體數非常密集時，雄性會聚集在一塊可能僅約15公尺寬的較高地面上，稱爲「求偶展示場」。通常經過較量儀式（但少有打鬥場面）後，展示場上最壯碩的雄性就可與數隻雌性交配。但若群集密度低時，雄性則可持有標準的領域大小，還會將母羚趕集在一起，以防雌性離開領域。於晨昏活動，且每天都需要喝水。遭遇危險時，會發出高頻率的咩咩聲，並跳到最近的蘆葦叢中躲藏。

體型：體長 1.3-2.4 公尺，體重 50-300 公斤。

分布：西非至東非。活動於潮濕的疏林草原、氾濫平原及具有永久水源的林地邊緣。

附註：族群數量是非洲排名第二的羚羊類，僅次於牛羚。

雄性的角為七弦琴狀，具環紋 •

眼睛四周白色 •

毛皮短而光亮 •

腿部前側具黑色條紋 •

非洲

| 社群型態：群居 | 妊娠期：261-271 日 | 每胎幼仔數：1 | 食物：🌾🍃 |

| 科：牛科 | 學名： *Kobus vardonii* | 野生現況：瀕危風險低 |

草原水羚（PUKU）

全身爲均勻的金黃色，眼睛四周、口鼻部及喉嚨爲白色，四肢紅棕色。雄性體格通常比雌性大，且具有長約 50 公分的彎角。大都以 3-15 隻聚集成小群，彼此以肢體動作進行溝通。繁殖方式與短尾水羚（見上方）相似，群集密度高時採取「求偶展示場」的交配制度，密度低時採領域制。以禾草爲食，偶爾也會攝取刺槐樹葉。和其他平原羚羊一樣，遭遇危險時會快速奔逃。

體型：體長 1.3-1.8 公尺，體重 66-77 公斤。

分布：西非至東非。活動於鄰近沼澤或河岸的疏林草原之中。

附註：也可視爲是短尾水羚的南方疏林草原品種，但彼此並不雜交。

角較短 •

口鼻部呈白色 •

腿部為均勻的紅棕色 •

非洲

| 社群型態：多變 | 妊娠期：8 個月 | 每胎幼仔數：1 | 食物：🌾🍃 |

| 科：牛科 | 學名：*Redunca redunca* | 野生現況：瀕危風險低 |

中非沼羚（BOHOR REEDBUCK）

這種羚羊的身材嬌小輕盈，毛皮為淡黃褐色，腹部、喉嚨及眼圈為白色。耳朵下方有一塊明顯灰斑，是散發氣味的腺體所在。雄性體型比雌性大，頸部較粗，斑紋也較清晰。雄性頭上的角彎曲角度很大，在末端幾乎形成鉤狀。大都在早晨及黃昏覓食禾草及柔嫩的蘆葦心，偶爾也會在晚間覓食。遭受威脅時會快速奔逃，並露出尾巴白色的內側。雌性單獨與幼仔生活，年輕雄性以 2-3 隻組成一群，成熟雄沼羚則獨居。儘管如此，旱季期間仍會聚集成多達上百隻個體的鬆散群集。

體型：體長 1.1-1.6 公尺，體重 19-95 公斤。
分布：西非至東非。活動於疏林草原，最常出現在開闊寬廣的氾濫平原。

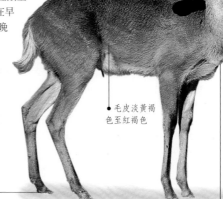

雄性的角呈鉤狀

毛皮淡黃褐色至紅褐色

非洲

蹄修長狹窄

| 社群型態：多變 | 妊娠期：7-7½ 個月 | 每胎幼仔數：1 | 食物：🌿 |

| 科：牛科 | 學名：*Hippotragus equinus* | 野生現況：瀕危風險低 |

褐馬羚（ROAN ANTELOPE）

背部毛皮紅色至棕色，腹部白色，臉上有黑白斑紋。在羚羊中體型排名第四大，雌雄都有鑲黑邊的挺立鬃毛和粗壯的角，且角上都有密集條紋。能靠極少量的鮮草維生，但每天要喝水 2-3 次。群集通常包括 12-15 隻雌性、幼仔及 1 隻優勢雄性，或是較為年少的雄性。雄性對手競爭時，會跪在地上，激烈地向後甩動彎曲的角進行攻擊。

體型：體長 1.9-2.7 公尺，體重 150-300 公斤。
分布：西非、中非及東非。活動於疏林草原。

鬃毛挺立

毛皮為淡紅棕色

臉上有黑色斑痕

非洲

臉部有黑白相間的斑紋

| 社群型態：多變 | 妊娠期：268-280 日 | 每胎幼仔數：1 | 食物：🌿 |

| 科：牛科 | 學名：*Hippotragus niger* | 野生現況：瀕危風險低 |

黑馬羚 (SABLE ANTELOPE)

為大型羚羊，與褐馬羚（見 361 頁）有許多相似之處。臉部白色，中間具有黑色斑痕，兩頰還有黑色頰紋，這種醒目的臉部斑紋就是黑馬羚的特色。成年雄性的毛皮為黑色，雌性與幼仔則為黃棕色至濃栗色，但臉部斑紋與雄性一樣。雌雄皆有粗壯的角，且角上都有密集環紋。頸部上方到肩胛隆起處有相當發達而挺立的鬃毛，喉嚨毛髮較短。旱季期間會組成約 100 隻個體的群集，雨季期間則分散為小群，雌雄各有其社會階級。年輕雄性會組成 2-12 隻個體的單身漢群，群中的優勢雄性會奮力防衛其領域，並與領域內的雌性交配。大都於清晨及午後活動，但有些群集也會在夜間行動。

體型：體長 1.9-2.7 公尺，體重 150-300 公斤。

分布：東非至東南非。活動於具有稀疏林木的草原。

附註：過去人類以其頭顱作為紀念品而加以獵殺。非洲政治的動盪不安也影響到黑馬羚的生存，其亞種安哥拉大黑馬羚（Giant Sable of Angola）即處於嚴重瀕危狀態。

非洲

鬃毛挺立而發達

耳朵長而尖

臉頰有黑色條紋

尋找食物

黑馬羚以食草為主，但在旱季也會大量啃食莖葉。總是棲息在距離水邊 2-4 公里處。

| 社群型態：群居 | 妊娠期：261-281 日 | 每胎幼仔數：1 | 食物：🌿 |

科：牛科	學名：*Oryx gazella*	野生現況：瀕危風險低

南非劍羚（SOUTHERN ORYX）

另有英文俗名 Gemsbok 源自南非荷蘭語，意爲「山羚羊」。全身具對比強烈的灰、黑、白三色調，灰色毛皮略帶淡黃色澤，腹部及腿部上方有一道黑色長條紋，尾巴也是黑色，臉部則有獨特的黑白雙色斑紋。劍羚很能適應乾燥環境，在體溫達 45℃ 時才會開始喘氣及流汗，尿液非常濃縮，糞便也極爲乾燥。於夜間、清晨及傍晚覓食，除了禾草及灌木等主食之外，也攝取瓜類、黃瓜等果實以補充水分。

體型：體長 1.6-2.4 公尺，體重 100-210 公斤。

分布：納米比亞及南非西部。活動於乾燥的灌木叢區及沙漠。

附註：幾乎完全適應沙漠生活，能在其他偶蹄動物難以生存的乾燥環境中存活。

挺直的角上具有環紋

前額有黑色斑塊

口鼻部白色

腹部具黑色條紋

黑尾巴多毛

非洲

社群型態：群居	妊娠期：260-300 日	每胎幼仔數：1	食物：🌱🍃

科：牛科	學名：*Oryx dammah*	野生現況：嚴重瀕危

彎角劍羚（SCIMITAR-HORNED ORYX）

毛皮淡褐棕色，前額、臉部及眼睛上有棕色斑塊，頸部及胸部爲紅褐色；雌雄都有向後伸展的大弧度修長彎角。在乾燥地區的生存方式與南非劍羚（見上方）有許多相似處，且具有寬大的蹄，以便在沙地上承受粗壯身體的重量。以禾草、豆科植物、刺槐果莢、多肉植物及果實爲食，於清晨、傍晚及有月光的夜晚覓食，白天則在遮蔭處休息。會組成混合群集，也會爲了尋找食草而長途跋涉。雄性間則會爲了爭奪雌性，而展示長角、互相戳刺，展開激烈的打鬥。

體型：體長 1.5-2.4 公尺，體重 100-210 公斤。

分布：查德。活動於乾燥多岩的平原。

附註：已遭獵殺至近乎絕種，如今分布於查德中北部的保護區中。於 1991 年再引進突尼西亞，進一步的野放行動正在計畫當中。

雌性的角較爲修長

胸部紅褐色

棕色尾巴有簇毛

身體略具紅褐色調

蹄大而寬

非洲

社群型態：群居	妊娠期：222-253 日	每胎幼仔數：1	食物：🌱🍂🍐

| 科：牛科 | 學名：*Addax nasomaculatus* | 野生現況：嚴重瀕危 |

弓角羚（ADDAX）

人類對弓角羚所知不多，這種稀有的羚羊分布於偏遠的沙漠地區，以多種方式適應沙漠生活，包括：四肢短、蹄趾大幅展開，因此能輕鬆走在沙地上；可從所攝食的多肉植物獲取水分，因此極少喝水。於清晨、黃昏及上半夜活動；會爲了尋找各種沙漠植物而長途跋涉，爲了追逐雨水而四處遊走。過去這些羚羊常聚集成 5-20 隻個體的群集，由一隻年長雄性領導；如今弓角羚大都單獨行動，或形成 2-4 隻的孤立群體。臉部有白色斑紋，前額有栗色簇毛，黃棕色至白色的夏毛在冬天轉爲灰棕色。螺旋狀的角最多可曲折 3 回。

體型：體長 1.5-1.7 公尺，體重 60-125 公斤。

分布：西北非。活動於沙漠及半沙漠地區。

附註：奔跑速度不快，易遭人類捕捉。近年來又面臨傳統的威脅，亦即嚴重乾旱。

螺旋狀角

前額有栗色簇毛

夏天毛皮黃棕色

四肢短

臀部到蹄之間爲白色

非洲

| 社群型態：多變 | 妊娠期：257-264 日 | 每胎幼仔數：1 | 食物： |

| 科：牛科 | 學名：*Damaliscus dorcas* | 野生現況：受威脅 |

白面狷羚（BONTEBOK）

也稱爲「白臀白面狷羚」，毛皮深紫棕色，修長的口鼻部有一道寬大的白斑，發達的角呈七弦琴狀，且具有環紋。雄性爭奪領域時，會用角來擺架勢及做試探性攻擊，但很少真的發生肢體衝突。雌性和幼仔組成的群集由 1 隻優勢雄性領導，牠負責聚集羚群並領隊前行。雌性會在慣用的分娩區中產下獨生幼仔，而不像其他羚羊一樣會將幼仔孤立或隱藏起來。幼仔出生後 5 分鐘內就能行走，很快就能跟著母親行動，並在 6 個月大時斷奶。

體型：體長 1.2-2.1 公尺，體重 68-155 公斤。

分布：南非。活動於草原及偶有林木生長的地區；如今也出現在硬葉矮木林保護區中。

附註：野生族群於 1830 年代幾乎完全絕種，僅存 17 隻，有數個群集保留在動物園及保護區中。至今仍是非洲最稀有的羚羊。

幾乎整段角上都有環紋

棕色毛皮具紫色光澤

腿的下半部呈白色，對比鮮明

非洲

| 社群型態：群居 | 妊娠期：8 個月 | 每胎幼仔數：1 | 食物： |

| 科：牛科 | 學名：*Damaliscus lunatus* | 野生現況：瀕危風險低 |

黑面狷羚（Topi）

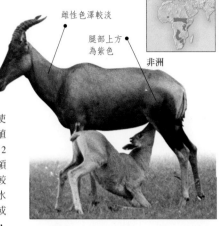

也稱為查色比（Tsessebe），為非洲班圖族語。
紅棕色毛皮具迷人的閃亮光澤，腿部上方、
臀部及大腿有深紫色斑塊。頭部修長，肩膀
隆起，背部向後傾斜。雌雄都具有末端內
彎的L形角，角上都有環紋；但雌性的毛
皮色澤可能較淺，角也較小。常與牛羚、
斑馬及鴕鳥混群，棲息在會季節性氾濫的草原，使
用狹長的口鼻部和靈活的嘴唇攝食禾草及其他植
物。依棲息環境及生態系的不同，繁殖方式分為2
種：一是棲息於特定區域的族群，成熟雄性保有領
域及妻妾群；另一為四處遊牧的族群，雄性運用較
小型的領域，即「求偶展示場」（見360頁短尾水
羚）制度進行繁殖。群集中的哨兵會站在蟻丘上或
高處，負責對夥伴發出危險警報；當牠們奔逃時，
身體會呈現前後搖擺的姿態。

體型：體長1.2-2.1公尺，體重68-155公斤。
分布：西非、東非及南非。活動於開闊區域、林木
稀少的地區，偏好植被高度及膝的草原。

雌性色澤較淡

腿部上方
為紫色

非洲

母子拍檔
母黑面狷羚在繁殖期可與
1隻或數隻雄性交配。每
胎產1隻，幼仔可能
會被藏起來，也可
能跟在母親身邊。

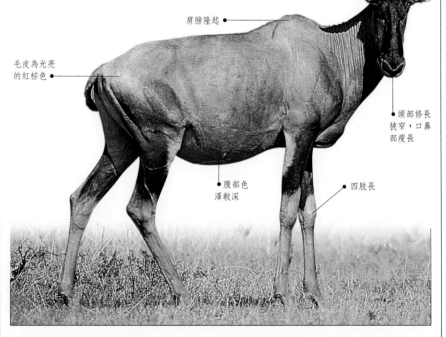

肩膀隆起

毛皮為光亮
的紅棕色

頭部修長
狹窄，口鼻
部瘦長

腹部色
澤較深

四肢長

| 社群型態：群居 | 妊娠期：7 1/2-8 個月 | 每胎幼仔數：1 | 食物：🌾 |

科：牛科	學名：*Connochaetes taurinus*	野生現況：瀕危風險低

牛羚（WILDEBEEST）

這種大型羚羊又稱為「斑紋角馬」或「黑尾牛羚」，外表笨拙獨特，很難錯認。肩膀高聳，頭部及口鼻部大，角形近似牛角，前額、頸部及肩部披散著濃密的鬃毛。此外，頸部、肩部和前半身為灰銀色，且具棕色條紋，鬍鬚則視亞種不同而呈黑色或白色。雌雄都有不具脊線的黑色角，角的基部呈水平伸展，末端向上並向內側彎曲。以禾草和多肉植物為主食，於清晨及黃昏覓食，而在炎熱的白天休息。雌性及幼仔匯聚成 10-1,000 隻的群集，而雄性則組成單身漢群。雄性在 3 或 4 歲時，會以儀式性的姿態互相推擠較量，發出獨特的「給一怒」叫聲，設法建立自己的領域，因為只有擁有領土的成熟雄性才能進行交配。為非洲的獅子、花豹、獵豹、鬣狗及獵狗等掠食者的狩獵目標。受到驚擾時，會開始蹭躍並用爪子耙地，奔逃時頭部低垂，尾巴不停地搖擺；若無處可逃時，則會頑強禦敵。

體型：體長 1.5-2.4 公尺，體重 120-275 公斤。

分布：肯亞南部、安哥拉南部至南非北部。活動於開闊多草的平原及刺槐生長的疏林草原，通常鄰近水邊。

頸部和肩膀具
黑色長鬃毛 ●

毛皮灰銀色 ●

遷徙中的
牛羚群 ●

多毛的尾巴
特別長 ●

群集遷徙
牛羚在旱季匯聚成龐大的群集，大多會長途跋涉數百公里尋找食草。在渡河時，最容易遭受鱷魚攻擊。

社群型態：群居	妊娠期：8-9 個月	每胎幼仔數：1	食物：🌱 🌿

非洲

雌雄都有不具
脊線的黑色短角

耳朵比例較大

鬃毛垂散
到前額

頸部具棕色條
紋，後側條紋
逐漸褪色

頭部具明顯的
長口鼻部

雄性的角可
達 80 公分長

黑色鬍鬚

四肢纖細

食物與水
牛羚棲息在靠近水源的草原。雖然多半會尋找
鮮草地而遷徙，但若找到蘊含豐富食物及水源
處，就會定居下來。

科：牛科	學名：*Alcelaphus buselaphus*	野生現況：瀕危風險低

狷羚（HARTEBEEST）

這種羚羊的飲食和外型都與黑面狷羚（見365頁）相似。毛皮為淡黃褐色至棕灰色，臀部有白色斑塊，前額、口鼻部、肩膀及大腿為黑色。共有7種亞種，視亞種不同而有螺旋狀或七弦琴狀的角。於清晨及黃昏時分活動，經常和鴕鳥、牛羚或斑馬混群。會聚集成組織性高的大群集，個體數可高達300隻，由擁有領土的優勢雄性領導，群集中可包含沒有領土的雄性小群，或是雌性及幼仔的小群。

體型：體長1.5-2.5公尺，體重100-225公斤。

活動：西非、東非及南非。活動於乾燥的疏林草原。

角有密集環紋

頭部修長

尾巴有簇毛

毛皮為淡黃褐色至棕灰色及栗色

四肢修長

非洲

社群型態：群居	妊娠期：214-242日	每胎幼仔數：1	食物：🌱

科：牛科	學名：*Oreotragus oreotragus*	野生現況：瀕危風險低

岩羚（KLIPSPRINGER）

這是隻口鼻部很短的小型羚羊，橄欖黃色的毛皮上，具有黃色及棕色斑點。蹄很小，因此能靈活地在岩石區活動。毛皮濃密且毛髮中空，可在撞擊時增加緩衝力以防瘀血，這在非洲牛科動物中絕無僅有。雌雄成對活動，身邊還會有1、2隻幼仔，以啃食常綠植物及其他灌木的葉片為食。遭花豹、斑點鬣狗、冕鵰、胡狼及狒狒等掠食者攻擊時，雄性會以角牴撞，雌性則會啃咬敵人以求自衛。

體型：體長0.8-1.2公尺，體重8-18公斤。

分布：東非、中非及南非。活動於陡峭的山區，常出現在大河的峽谷中。

耳朵寬圓

非洲

口鼻部較短

橄欖黃色的毛皮具雜斑

腹部白色或黃色

蹄極小且圓

社群型態：成對	妊娠期：214-225日	每胎幼仔數：1-2	食物：🌿🍃🌱

| 科：牛科 | 學名：*Ourebia ourebi* | 野生現況：瀕危風險低 |

搖尾羚 (ORIBI)

這種身材苗條、脖子長的小型羚羊，毛皮如絲，背部黃棕色至赤褐色，腹部、下巴及臀部爲白色，膝部毛髮較長。雄性具尖銳有環紋的角；雌性體型較大，具黑色冠毛。爲花豹、獰貓及蟒蛇等掠食者的獵食對象，會躲在高長的草叢中，垂直跳起以偵測危險，受到驚擾時，則以彈跳方式快速逃離。雌雄成對，或組成 7、8 隻的小群集，其中有 2-3 隻成熟雄性；白天晚上都會活動。雄性有時也會協助理毛與保護幼仔。

體型：體長 0.9-1.4 公尺，體重 14-21 公斤。

分布：西非、東非及南非。活動於疏林草原及鄰近水邊的林地，分布海拔可達 3,000 公尺高。

耳朵大而尖

背部黃褐色至赤褐色

下巴白色

腹部為對比強烈的白色

非洲

| 社群型態：多變 | 妊娠期：200-210 日 | 每胎幼仔數：1 | 食物： |

| 科：牛科 | 學名：*Raphicerus campestris* | 野生現況：地區性常見 |

小岩羚 (STEENBOK)

具有鮮亮的赤褐色至淡黃褐色毛皮，有時還染有銀灰色，腹部色澤較淡。大都獨行，或雌雄成對，但彼此間的生活相當疏離。用體味及糞便來標示領域範圍，既食草也啃莖葉，或用腳挖掘植物根部。白天晚上都會活動。

體型：體長 61-95 公分，體重約 7-16 公斤。

分布：東非及南非。活動於具有濃密植被的棲息環境，以樹木稀疏的疏林草原爲主。

臀部與後腿相當發達

耳朵內側白色

頭部短，呈圓錐形

非洲

| 社群型態：獨居／成對 | 妊娠期：166-177 日 | 每胎幼仔數：1 | 食物： |

| 科：牛科 | 學名：*Madoqua kirkii* | 野生現況：地區性常見 |

克爾氏犬羚（KIRK'S DIK-DIK）

這種矮小的羚羊具有柔軟平直的毛髮，灰色至棕色的毛皮上具有雜斑，頭部、頸部和肩膀偏紅色。蹄上具有富彈性的肉墊，因此能在岩質地面行走；只有雄性有角。主要在清晨及黃昏覓食，有時也會在夜間活動。由於身材嬌小，且口鼻部非常狹窄，所以能攝食到體積極小的食物；除了樹葉、芽苞、花朵和果實外，鹽也是重要的飲食項目。總是雌雄成雙，帶著幼仔在領域範圍內生活。

體型：體長 52-72 公分，體重 3-7 公斤。

分布：東非及西南非。活動於乾燥多石的坡地，及沙質的灌木叢區。

附註：犬羚共有 4 種亞種，面臨危險時，會以不規則的之形急轉彎方式快速奔逃，同時發出警告夥伴的「dik-dik」叫聲，英文俗名即源於此。

耳朵大

灰棕色毛皮具有雜斑

為適應在岩石上行走而特化的蹄

非洲

| 社群型態：成對 | 妊娠期：169-174 日 | 每胎幼仔數：1 | 食物： |

| 科：牛科 | 學名：*Antilope cervicapra* | 野生現況：受威脅 |

黑羚羊（BLACKBUCK）

雄性的頭部、背部、體側及腿部外側為濃郁的咖啡棕色（但優勢雄性為黑色），雌性的頭部及背部為淡黃褐色。雌雄的眼睛四周都有淡色眼圈，口鼻部似綿羊，腹部白色，尾巴短。只有雄性有角，呈緊密螺旋狀，旋轉數有時可多達 5 旋。群集以 1 隻優勢雄性單獨統領約 5-50 隻雌性及其幼仔，優勢地位是透過角及威脅姿態的展示，以視覺效果取勝。受到驚擾時，會由 1 隻雌性率先彈跳到空中，其他成員隨即跟進，直到所有成員都開始行動為止。幾乎只以禾草為食，但也會覓食農作穀物。

體型：體長 1.2 公尺，體重 32-43 公斤。

分布：巴基斯坦、印度及尼泊爾。活動於開闊的平原及多刺的森林。

附註：遭人類獵食，或作為狩獵戰利品，也因棲地喪失而面臨危機。所幸因印度當地的比須諾依族人（Bishnoi）對動物的尊崇，而受到一定程度的保護。

螺旋狀的角

眼睛四周有淡色眼圈

腹部白色

腿部內側白色

亞洲

| 社群型態：群居 | 妊娠期：6 個月 | 每胎幼仔數：1 | 食物： |

| 科：牛科 | 學名：*Aepyceros melampus* | 野生現況：瀕危風險低 |

飛羚（IMPALA）

是最喧鬧的羚羊之一：雄性在發情期時會發出響亮的呼嚕聲；幼仔會咩咩叫；遭遇危險時，全部都會大聲發出鼻息聲，並開始跳離現場。跳躍時，後腳會水平向後踢出，以前腳著地。平滑光亮的毛皮為淡黃褐色至紅色，四肢及大腿色澤較淡，耳朵白色、末端黑色，上唇、下巴及腹部也是白色，臀部兩側及尾巴都有垂直的黑色條紋。適應力頗強，既食草也啃莖葉，每天至少飲水 2 次。旱季時會聚集成龐大混雜的群集，但在其他季節，雌性與幼仔會另外組成 10-100 隻個體的群集。優勢雄性利用前額的腺體散發氣味，以彰顯其優勢地位；當牠彈動舌頭時，單身雌性見此訊號就會聚集成群，而其他雄性若沒有逃離現場，就會回應這項挑戰。

體型：體長 1.1-1.5 公尺，體重 40-65 公斤。
分布：肯亞及安哥拉南部至南非北部。活動於開闊的林地及有刺槐的疏林草原。

非洲

權力爭奪戰
只有雄性飛羚有角，並會互相打鬥以爭取優勢。地位最高的雄性能接管一片領土，還可以和雌性交配。

雄性具彎角

背部毛皮
偏紅色

臀部有深
色條紋

四肢及大
腿色澤較淡

| 社群型態：群居 | 妊娠期：6-7 個月 | 每胎幼仔數：1 | 食物： |

| 科：牛科 | 學名：*Litocranius walleri* | 野生現況：瀕危風險低 |

長頸羚（GIRAFFE GAZELLE）

另有俗名 Gerenuk，源自非洲索馬利族語的長頸羚。這種羚羊具有纖細的長頸和修長的四肢。毛皮爲偏紅的淡黃褐色，背部和身體上側有一道寬大的深色條紋。頸部、頭部和楔形的口鼻部非常狹小，因此能夠探入刺槐及其他有刺植物叢中，以尖細的舌頭、靈活的嘴唇及銳利的門牙採摘最小的樹葉和嫩芽。爲了採摘食物，長頸羚還能將脊椎伸展成 S 形，長時間抬起前腳，只以後腳站立，因此所能啃食的莖葉高度，比生活在開闊林地及灌木叢區其他同等身材的羚羊更高。大都雌雄成雙或以家庭群集單位，但年輕雄性會組成單身漢群或獨自遊蕩，而成熟雄性則會爭奪自己的領域。主要的掠食者爲「大貓」（見 276 頁），爲躲避偵查，常靜止不動地站著。

體型：體長 1.4-1.6 公尺，體重 28-52 公斤。
分布：東非。活動於有稀疏灌木生長的乾燥地區。
附註：人類爲了獲取長頸羚的毛皮而大量獵殺這種所知有限的動物。

雄性才有的大角

背部有深色條紋

腹部白色

後肢結實

非洲

| 社群型態：多變 | 妊娠期：6¹/₂-7 個月 | 每胎幼仔數：1 | 食物： |

| 科：牛科 | 學名：*Gazella thomsonii* | 野生現況：瀕危風險低 |

湯姆森瞪羚（THOMSON'S GAZELLE）

嬌小優雅，腹側一道黑色條紋，將淡黃棕色的背部和白色腹部分隔。紅棕色頭部有深色斑痕，白色眼圈順著口鼻部延伸至黑色頰紋的上方。這是其分布區內最常見的羚羊，常和其他羚羊混群，也是大貓的主要獵物。在草地（雨季）和灌木叢（旱季）間遷移時，雌性和幼仔組成的小群集會加入單身漢群及其他雄性群集。

體型：體長 0.9-1.2 公尺，體重 15-30 公斤。
分布：蘇丹東南部、肯亞及坦尚尼亞。活動於開闊地區或灌木叢中，分布海拔可達 5,750 公尺高。
附註：湯姆森瞪羚是少數一年繁殖 2 次的羚羊之一。

角有環紋

耳朵內側有黑色指狀斑紋

腹側具黑色條紋

腹部白色

非洲

| 社群型態：群居 | 妊娠期：160-180 日 | 每胎幼仔數：1 | 食物： |

| 科：牛科 | 學名：*Antidorcas marsupialis* | 野生現況：瀕危風險低 |

跳羚（SPRINGBOK）

背部淡紅褐色至淡黃褐色，腹部白色，前肢上方至臀部間有一道紅棕色橫紋。背部中央到尾巴基部之間的皮膚有個皺摺，當皺摺張開時，會出現白色鬃毛，可能是用來困惑掠食者，或警告群集成員之用。雌雄都擁有具環紋的黑色短角。跳羚是牛科動物中少數幾種能「彈跳」或「蹬」的成員，牠們以僵直的四肢，強力地高高躍起，有如彈跳一般，這種行為可能具有嚇阻掠食者的作用。為社群性高的草食性動物，會聚集成龐大的遷移群集，在旱季則分裂為較小的隊伍。過去數量曾高達數百萬隻，如今在每個「大型」遷移群集中，大約僅存1,500隻個體。

體型：體長1.2-1.4公尺，體重30-48公斤。

分布：南非。活動於開闊乾燥的疏林草原及大草原上。

附註：過去曾因為摧毀農作物，而遭到大量獵殺，但人類也獵殺跳羚為食。

隱身保護色
一群在南非喀拉哈里（Kala-hari）國家公園的跳羚，具有能融入乾燥灌木叢環境的保護色。

非洲

黑色的角

紅棕色頰紋

腹側具紅色橫紋

背部淡紅褐色

修長的腿可用來「彈跳」

腿部內側白色

| 社群型態：群居 | 妊娠期：24週 | 每胎幼仔數：1 | 食物： |

| 科：牛科 | 學名：*Saiga tatarica* | 野生現況：受威脅 |

大鼻羚（SAIGA）

特徵為具有鼻孔向下張開的大型「羅馬」鼻。外型介於山羊與羚羊之間，毛皮濃密蓬鬆，呈淡紅褐至暗黃色，冠毛和臀部毛髮有雜斑。冬天毛皮不僅顏色變得較白，密度也增加70%。冬季時，小型繁殖群集會匯聚到將近2,000隻，集體遷移到覓食區；雄性則組成獨立群集，比雌性更早展開旅程。

體型：體長1-1.4公尺，體重26-69公斤。

分布：俄羅斯、裡海西部、哈薩克及蒙古。活動於多草的平原，也包括乾燥的地區。

亞洲

毛皮淡紅褐色至暗黃色

雄性有角

獨特的鼻子

腹部略白

| 社群型態：群居 | 妊娠期：139-152日 | 每胎幼仔數：1-2 | 食物： |

| 科：牛科 | 學名：*Oreamnos americanus* | 野生現況：地區性常見 |

北美山羊（MOUNTAIN GOAT）

生活在嚴寒的冰天雪地與冰河中，具有毛茸茸的黃白色毛皮，內毛皮非常濃密，可保持體溫。具有大型的蹄，蹄緣堅硬，中央有柔軟肉墊，可在滑溜的地面上保有抓地力。白天晚上都會覓食，以青草、苔蘚、地衣及嫩枝為食，也會尋找鹽塊，並為爭奪鹽塊而搏鬥。夏天的群集不超過4隻，冬天的群集較為龐大，但雄性大都獨自行動。

體型：體長1.2-1.6公尺，體重46-140公斤。

分布：加拿大西部、美國北部及西部。活動於高山凍原及乾燥坡地。

北美洲

白色長毛皮

彎曲的黑色短角

大型蹄可增加斜坡抓地力

| 社群型態：多變 | 妊娠期：186日 | 每胎幼仔數：1 | 食物： |

科：牛科	學名：*Rupicapra rupicapra*	野生現況：嚴重瀕危

歐洲山羚（CHAMOIS）

歐洲山羚的蹄具有彈性，使牠在滑溜的地表也具有良好抓地力，因此能在山區靈活攀爬，跳躍距離可達到2公尺高、6公尺遠，奔跑速度達時速50公里。毛皮硬挺粗糙，夏天為淡黃棕色，冬天呈黑棕色且較濃密。眼睛到口鼻部間有黑色條紋，頭部和喉嚨有白色斑塊。雌雄都具有垂直生長的黑色細角，雙角間距狹小，角尖驟然向後彎曲成鉤狀。在清晨及黃昏時刻最活躍，夏天以草本植物及花朵為食，冬天以地衣、苔蘚和松樹嫩枝為食。雌性與幼仔會組成15-30隻個體的小群集，且有「哨兵」負責以蹬腳和高頻率叫聲發布危險警訊。

體型：體長0.9-1.3公尺，體重24-50公斤。

分布：阿爾卑斯山，以及歐洲中南部、巴爾幹半島、小亞細亞和高加索等地的山區。活動於多岩地區及高山草原。

附註：因人類大量獵殺、棲地喪失、家畜競爭食草等因素的影響，導致數量大幅減少。

歐洲、亞洲

眼睛外圍有
黑色條紋

夏天淡黃棕色
的毛皮硬挺而
粗糙

喉嚨及
胸部有白
色斑塊

在陡峭坡地上仍
能穩步行走

陡峭的坡地
夏天時，歐洲山羚停留在海拔1,800公尺以上的草原，從不遠離能夠避難的突出岩棚。雖然並不遷徙，但有時會在冬季向下移動到不會積雪的陡峭林地。

蹄具彈性

為抓住滑溜坡
地演化而成的蹄

社群型態：多變	妊娠期：170日	每胎幼仔數：1	食物：

科：牛科	學名：*Ovibos moschatus*	野生現況：地區性常見

麝牛（MUSKOX）

雄性在交配季節時，常會高速奔馳、用角彼此衝撞，並散發出強烈的氣味，麝牛即因此而得名。雌雄都有寬大的角，先是向下彎曲，最後角尖又上翹，雙角的基部在額頭中央隆起處幾乎相連。體型龐大，具深棕色且向下斜生的外毛皮，能使雨雪順利滑落；內毛皮為柔軟的淺棕色毛髮，可抵禦北極酷寒的氣候。夏季期間，會在河谷及草地覓食；冬季則遷移到地勢較高處，因為高處的強風會吹散地面積雪。成年麝牛會環繞在幼仔四周，以抵擋掠食者襲擊，有時還會主動向敵人發動攻擊。

體型：體長 1.9-2.3 公尺，體重 200-410 公斤。

分布：加拿大、格陵蘭。活動於北極凍原。

附註：成功的再引進計畫使麝牛免於瀕臨絕種的命運。

北美洲、格陵蘭

粗糙的深棕色
毛皮具有斜傾
的保護毛

肩膀略有隆起

頸部短

角寬大
而彎曲

四肢淺色

社群型態：群居	妊娠期：8-9 個月	每胎幼仔數：1	食物：

科：牛科	學名：*Hemitragus jemlahicus*	野生現況：受威脅

半羊（Tahr）

步履穩健，頸部和肩膀具有長垂到膝蓋的雜亂鬃毛；頭部和臉部的毛髮相較之下就顯得非常短。角呈扁平狀，雄性的角可長達 40 公分，是雌性的 2 倍長。雄性除了夜間外，很少在開闊地區覓食，但雌性卻常出現在空曠地區。交配季節期間，雄性會彼此用角相卡，試圖將對方摔倒。和許多高山哺乳動物一樣，半羊在春天進行遷徙，向喜馬拉雅山的高處移動，並在秋天回到海拔較低的溫帶森林。遭受掠食者威脅時，會快速攀爬到岩石上，攀越險惡地勢的能力比追捕者優秀許多。

體型：體長 0.9-1.4 公尺，體重 50-100 公斤。

分布：南亞。活動於溫帶林至亞高山森林區，在海拔 2,500-5,000 公尺間的林線以下範圍。

角呈扁平狀

毛皮紅棕色

尾巴極短

亞洲

社群型態：群居	妊娠期：5-6 個月	每胎幼仔數：1	食物：🌱🍃

科：牛科	學名：*Capra ibex*	野生現況：瀕臨絕種 *

高地山羊（Ibex）

分布於林線上或更高處，最高可達海拔 6,700 公尺。身材粗壯，四肢結實且較短。雌性在夏天會披上金黃色的毛髮，冬天變成灰棕色，雄性的毛皮則為濃棕色，背部和臀部有黃白色斑塊。雄性巨大的彎角最長可達 1.4 公尺，雌性的角卻只有雄性的 1/4 長。

體型：體長 1.2-1.7 公尺，體重 35-150 公斤。

分布：南歐、西亞及南亞，以及北非。活動於山區。

附註：族群數量因人類的大量獵殺而嚴重受損。

雄性的角為雌性的 4 倍大

身材較為粗壯

雌雄都有毛茸茸的顎鬚

歐洲、亞洲、非洲

社群型態：多變	妊娠期：150-180 日	每胎幼仔數：1	食物：🌱🍃

科：牛科	學名：*Capra aegagrus*	野生現況：受威脅

野山羊（WILD GOAT）

也稱爲「牛黃山羊」，雌性與年輕雄性（如下圖所示）具有紅灰色或黃棕色毛皮，成熟雄性的毛皮則爲銀灰色，且擁有鬍鬚及深色斑紋；雌雄都有角。蹄的底部寬大有彈性，使牠在山區坡地上能有較好的抓地力，遭掠食者攻擊時，會逃到難以靠近的懸崖峭壁上。雖然主要的活動時間是在清晨與黃昏，但到了夏天就會在夜間食草，而在白天休息。雌性常以 5-25 隻個體組成群集；雄性以展示頭角的方式爭奪交配對象。

體型：體長 1.2-1.6 公尺，體重 25-95 公斤。

分布：西亞。活動於多種棲息環境，從乾燥的灌木叢區到高山草原地，海拔高度可達 4,200 公尺。

亞洲

野生基因

家山羊即由野山羊繁衍而來，如今卻與野山羊競爭食草地，並產生雜交現象，而對野山羊造成威脅。

雄性的角銳利，
形似短彎刀

肩膀有明顯的
黑色條紋

臉部煙灰色

胸部毛髮
深棕色

夏天毛皮為
略紅的黃褐色

蹄底寬大

社群型態：群居	妊娠期：150-170 日	每胎幼仔數：1-3	食物：

| 科：牛科 | 學名：*Capra falconeri* | 野生現況：瀕臨絕種 |

螺角山羊（MARKHOR）

夏天的毛皮短而平順，呈紅灰色，到了冬天則色澤較灰也較長。完全成熟而長有黑鬍鬚的公羊，體重近乎母羊的2倍重，濃密雜亂的深色鬃毛從頸部披散到腿部，壯觀的螺旋狀長角則可長達1.6公尺，但雌性的角卻只有25公分長。於清晨和黃昏活動，很少出現在雪線以上的地區。

體型：體長1.4-1.8公尺，體重32-110公斤。

分布：中亞及南亞。活動於山區海拔700-4,000公尺處。

附註：遭人類獵殺，以獲取羊角、羊肉、羊皮及身體器官（以製成當地藥材）。

亞洲

螺旋狀的角

冬天的長毛

雄性頸部具蓬鬆鬃毛

| 社群型態：多變 | 妊娠期：135-170日 | 每胎幼仔數：1-2 | 食物：🌿 |

| 科：牛科 | 學名：*Pseudois nayaur* | 野生現況：瀕危風險低 |

藍羊（BLUE SHEEP）

於原生地俗稱巴拉爾（Bharal），即北印度語的「印度」之意，擁有生活在冰冷岩石山區所需的保護色。雄藍羊的棕灰色毛皮略帶有暗灰藍色調，腹側和四肢都有黑色條紋，圓而平滑的角向外側伸展。雌性體型較小，角也較短，身上的黑色條紋比雄性少許多。受到驚擾時會完全靜止不動，讓身上的保護色自然融入環境中，也會逃到難以接近的岩區，躲避掠食者的追擊。

體型：體長1.2-1.7公尺，體重25-80公斤。

分布：南亞至東亞。活動於林線與雪線之間的高山地區。

角圓而平滑

棕灰色身體有保護色功能

亞洲

| 社群型態：群居 | 妊娠期：160日 | 每胎幼仔數：1-2 | 食物：🌿🍃 |

科：牛科	學名：*Ovis canadensis*	野生現況：瀕危風險低

大角羊（BIGHORN SHEEP）

具光亮的棕色毛皮，外層保護毛容易斷裂，內毛皮則為卷曲的短毛，冬天毛色較淡。雄性的角幾乎卷曲成圓圈，重量可達 14 公斤，可能與全身骨骼相當；雌性的角僅略為彎曲，尺寸也較小。由母羊和小羊組成的群集通常有 8-10 隻個體，公羊則組成單身漢群或獨居。發情期間，雄性會先拉開彼此距離，再轉身展開威脅性的跳躍動作，然後以極大的威力迎頭互相衝撞。這種競爭儀式會持續數小時，直到有一方放棄為止。大角羊的頭蓋骨相當厚實，因此能夠保護頭部。

體型：體長 1.5-1.8 公尺，體重 55-125 公斤。

分布：加拿大西南部、美國西部及中部、墨西哥北部。活動於山區，包括高山草地以及鄰近岩石崖壁的山坡草地。

附註：因人類不斷逼近、入侵其棲地而受到生存威脅。大角羊也是人類狩獵運動的戰利品，但常因此導致其族群中缺少優勢雄性。

雌性的角較小

北美洲

季節性遷移
年輕的大角羊向成羊間道季節性的遷移路線，並藉著腳的抓地力和良好的視力找出穿越艱險岩壁的路徑。

臀部有淺色斑塊

夏天濃密光亮的短髮，在冬天挺為淺色

雄性的羊角卷曲成圓形

頭部強而有力，鼻子狹窄

保護毛容易斷裂

社群型態：多變	妊娠期：150-180 日	每胎幼仔數：1-4	食物：🌱 🌿

科：牛科	學名：*Ovis orientalis*	野生現況：瀕臨絕種

東方綿羊（ASIATIC MOUFLON）

可能是所有家綿羊的祖先，也是體型最小的野生綿羊，毛皮紅棕色，背部有鞍形淺色斑塊，背部中央有深色線條。臉部的顏色隨年齡增長而變淡，尾巴短且色澤深，腹部則爲淺色。和其他野生綿羊一樣，母羊與小羊會組成小群集，公羊則獨居或在單身漢群中遊蕩。雄性之間根據年齡、體能及羊角大小，有嚴格的社會階級；多數雄性要等到6或7歲時才開始交配。

體型：體長約1.1-1.3公尺，體重約25-55公斤。

亞洲

分布：西亞。活動於開闊林地及低海拔的山區坡地。

雄性彎曲的羊角可達65公分長

身體爲紅棕色

腹部色澤較淡

社群型態：多變	妊娠期：5個月	每胎幼仔數：1-2	食物：

科：牛科	學名：*Ammotragus lervia*	野生現況：受威脅

髯羊（BARBARY SHEEP）

也稱爲奧得（Aoudad），爲北非巴巴里人對牠的稱呼，是一種介於綿羊與山羊之間的動物。毛皮赤黃褐色，頸部和肩膀有挺立的短鬃毛，喉嚨、胸部和前肢上方則有柔軟的長毛；但雌性的鬃毛和羊角不如雄性發達。於清晨或黃昏食草，也啃食草本植物和矮小灌木的莖葉。

體型：體長1.3-1.7公尺，體重40-145公斤。

分布：北非。活動於半沙漠地區及沙漠高地。

新月形的角

毛皮赤黃褐色

典型的寬蹄

非洲

社群型態：多變	妊娠期：154-161日	每胎幼仔數：1-3	食物：

名詞釋義

• **樹棲 Arboreal**
完全或主要生活在樹上,如
多種松鼠與猴。對照水棲、
陸棲。

• **水棲 Aquatic**
完全或主要生活於水中,例
如鯨類及海豚。對照樹棲、
陸棲。

• **偶蹄動物 Artiodactyl**
有蹄動物,其全部或多數的
腳具有雙數的趾,如駱駝、
鹿和牛。對照奇蹄動物。

• **鯨鬚╱鯨鬚板**
Baleen╱Baleen plates
許多大型鯨魚上顎垂掛的形
狀似梳子的豎毛狀板片,或
剛毛狀物質組成的縫狀鬚。
用來在海中過濾小型獵物如
磷蝦。又稱為鯨骨。

• **噴氣柱 Blow**
由鯨魚、海豚、鼠海豚等噴
出充滿水氣的氣雲。

• **噴氣孔 Blowhole**
鯨、海豚、鼠海豚頭部上方
的鼻孔或用來呼吸的開孔。

• **牛科動物 Bovid**
屬於牛科大家族的偶蹄類哺
乳動物,包括野生和馴化的
鹿、長頸鹿、羚羊、瞪羚、
牛、綿羊和山羊。

• **破浪頭 Bow-ride**

在船頭或大型水生動物如鯨
魚前方產生的浪頭上游泳或
衝浪。

• **擺盪 Brachiating**
以雙臂吊掛,在樹枝間以兩
臂接力向前盪行。

• **躍身擊浪 Breaching**
許多鯨魚、海豚及鼠海豚完
全跳出水面,再向下衝擊水
面造成巨大浪花的行為。

• **食莖葉 Browse**
啃食地面以上的樹、灌木及
矮灌木等植物的葉叢,對照
食草。

• **犬科動物 Canid**
哺乳動物中的犬科成員,包
括所有馴化的及野生的狗、
狼、狐及胡狼。

• **犬齒 Canine**
口腔前側,緊鄰門牙後方,
大而長、微彎、末端尖銳的
牙齒,也稱為眼牙(eye
tooth)。食肉動物具有發展
良好的犬齒。

• **林冠森林 Canopy forest**
樹木高度大致相同,且樹枝
相互交錯,在地面上方高處
形成密集的屋頂狀樹冠層的
森林。

• **食肉動物、肉食性動物**
Carnivore

1. 以動物或鮮肉為主食的哺
乳動物或其他動物,為獵捕
者或掠食者。對照草食性動
物或雜食性動物。2. 哺乳動
物族群之食肉目的成員,如
貓、犬、熊、貂、靈貓等。

• **鹿科動物 Cervidae**
哺乳動物之鹿科的成員。

• **鯨豚 Cetacean**
哺乳動物之鯨目成員,即鯨
魚、海豚、鼠海豚。

• **極圈的 Circumpolar**
分布於極地周遭的所有經度
範圍。適用於北極與南極。

• **群落 Colony**
一群共同棲居,並分享如搜
尋食物等生存所需工作的動
物群體。

• **珊瑚礁岩灌木**
Coral rag scrub
生長在由珊瑚礁形成的石灰
岩上的灌木。

• **甲殼動物 Crustaceans**
一群主要為棲息於海洋的無
脊椎動物,包括螯蝦、蟹、
對蝦、小蝦、藤壺及陸地上
的土鱉。

• **垂皮 Dewlap**
哺乳動物喉部或頸部鬆垮垂
掛的皮肉。

- **趾 Digit**
手指、腳趾或類似結構，包括其中的骨頭。哺乳動物基本上是四肢都具有5趾。

- **趾行動物 Digitigrade**
用趾頭站立行走者，如馬和鹿，而不是用腳底或腳掌中央行走者。對照蹠行動物。

- **日行性 Diurnal**
主要於白天時活動。對照夜行性。

- **馴化 Domesticated**
哺乳動物或其他動物，透過各種方法，經過各種培育方式，使之能夠易於與人相處或為人所用，特別是使其攻擊性降低或更加溫馴。

- **背鰭 Dorsal Fin**
水生哺乳動物，如鯨、海豚等，或是魚背部的鰭。

- **回聲定位 Echolocation**
一種用來了解四周物體位置的探測方式，須先將聲音發射出去（通常為高頻率脈衝），等待聲音自物體反射回來，再對此回音進行分析。又稱為聲納。

- **馬科動物 Equidae**
哺乳動物之馬科成員，包括野生的和馴化的馬、驢以及斑馬。

- **貓科動物 Felid**
哺乳動物之貓科成員，包括野生與馴化的貓類。

- **野化 Feral**
指原為馴化的動物，後來重回野生生活。常見的例子有貓、狗、馬及豬。

- **鰭狀肢 Flipper**
形狀寬扁的肢，可以游泳、划水或打水等方式，有效地在水中前進。

- **尾鰭 Flukes**
鯨魚、海豚或鼠海豚肌肉發達的尾部，表面寬廣水平，內部沒有肢骨，能以上下揮動的方式游泳前進。

- **妊娠期 Gestation**
懷孕的期間，胎兒出生前在母體內發育的時間。

- **食草 Graze**
覓食位於地面或略高於地面的禾草之葉、莖和其他部位，及類似的低矮植物。對照食莖葉。

- **保護毛、外毛皮 Guard hairs**
哺乳動物的外皮毛，長且厚的毛髮，具有保護作用。長在內毛皮之外加以保護之，內毛皮較短而軟，但通常較濃密。

- **妻妾群 Harem**
一群雌性動物，只與一隻雄性交配，並由該雄性保衛牠們不受其他雄性的爭奪。

- **食草動物、草食性動物 Herbivore**
以葉、果實及其他植物性食物為主食的動物。對照食肉動物及雜食性動物。

- **冬眠 Hibernation**
於冬天休眠的期間。冬眠期間，動物的身體運作降到最低程度。

- **活動領域 Home range**
一隻或一群動物經常用來進行覓食、休息、繁殖或其他需求的地區，該物種不一定會保衛此區，防止競爭者進入。對照領域。

- **門牙 Incisor**
口腔前方的牙齒，常為鑿子或鏟子形。用來啃咬，在囓齒動物特別發達。

- **食蟲動物 Insectivore**
1. 以昆蟲和類似的小型動物如蠕蟲為主食的動物。2. 哺乳動物之食蟲目成員，包括鼩鼱、鼴鼠和刺蝟。

- **外來種 Introduced species**
經由引介（通常由人類帶入）進入原本不會自然出現的新環境的物種。對照原生種。

- **無脊椎動物 Invertebrate**
沒有背骨（脊椎）的動物。

- **龍骨 Keel**
鯨魚及海豚尾巴基部，就在尾鰭前方明顯的突起或隆起的脊。

- **角蛋白 Keratin**
一種硬而質粗的體蛋白質，組成哺乳動物的許多組織，例如皮膚、指甲、蹄、爪和角等。

- **磷蝦 Krill**
形似小蝦的小型甲殼動物，是鬚鯨及某些海豹等許多海洋哺乳動物的主食。

- **兔形動物 Lagomorph**
哺乳動物之兔形目成員，包括兔、野兔和鼠兔。

- **求偶展示場 Lek**
鹿等雄性物種在繁殖季用來吸引雌性，所持有與保衛的小領域。

- **海洋生物 Marine**
生活於海洋或鹹水環境中的生物。

- **有袋動物 Marsupial**
哺乳動物的一種，胎兒在發展階段初期即出生，並在雌性動物胸腹部的育嬰袋中繼續吮乳發展。

- **黑化 Melanism**
會產生棕黑色物質的黑色素過多，致使皮膚及皮毛顏色變深。

- **額隆 Melon**
許多齒鯨、海豚及鼠海豚凸出的前額部位。一般相信它可用來使發射及接收的聲波聚焦，以進行回聲定位。

- **臼齒 Molar**
口腔後方寬扁或有稜脊的牙齒，常稱為頰齒。臼齒用來研磨與嚼碎食物。

- **軟體動物 Molluscs**
無脊椎動物之一大家族，其身體是由肉質外殼或堅硬的保護殼所覆蓋。此群包括了牡蠣、貽貝、蛤及類似的有殼動物，以及蛞蝓、蝸牛、章魚、墨魚、烏賊等。

- **卵生哺乳動物、單孔類動物 Monotreme**
會產卵，然後由卵孵化成幼獸的哺乳動物；對照大多數哺乳動物分娩出成形幼獸的繁殖模式。

- **換毛 Moulting**
脫去毛髮、皮膚層、羽毛、鱗片或類似的外部結構，通常都有季節性。

- **麝香 Musk**
許多動物（特別是雄性）都會散發出一種具有刺激性氣味的物質，如象、鹿、牛及食肉動物。麝香通常是用來宣告個體進入繁殖期。

- **貂科動物 Mustelid**
哺乳動物之貂科成員，包括白鼬、歐洲鼬、林鼬、水獺、貂、黑貂、貛等。

- **原生種 Native**
誕生於該區，或於該地自然出現已有很長時間的物種。對照外來種。

- **瞬膜 Nictitation membrane**
即「第三眼瞼」，可在眼球上移動，用來保護眼睛或降低亮度的覆膜或眼蓋。

- **夜行性 Nocturnal**
主要在夜晚或黑暗時活動。對照日行性。

- **鼻葉 Nose leaf**
某些哺乳動物，特別是蝙蝠鼻孔四周的垂皮狀結構物，有助於導向聲波，進行回聲定位。

- **雜食性動物 Omnivore**
攝食肉類及植物等各類型食物的動物。

- **機會主義覓食者 Opportunistic feeder**
能夠取食多種食物類型，視食物的可及性決定攝食內容的動物。

- **翼膜 Patagium**
蝙蝠或其他能飛行或滑行的哺乳動物身上，如皮膚般具有彈性的革質飛行用薄膜。

- **奇蹄動物 Perissodactyl**
四肢全部或多數具有單數趾頭的有蹄動物，如馬、貘、犀牛等。對照偶蹄動物。

- **鰭腳動物 Pinniped**
哺乳動物之鰭腳目成員（具鰭狀肢），包括海豹、海獅及海象。

• **浮游生物 Plankton**
漂浮在海洋與湖泊的細小植物與動物。

• **蹠行動物 Plantigarde**
以腳底或腳掌中央站立行走的動物。對照趾行動物。

• **鯨群 Pod**
鯨類，特別是大型鯨魚所組成相互合作的同種群體。另見海豚群。

• **掠食者 Predator**
狩獵者，會主動捕捉獵食其他動物作為獵物的動物。

• **可抓握的 Prehensile**
具有抓握的能力。許多新大陸猴擁有具抓握力的尾巴。

• **獵物 Prey**
被其他動物獵捕作為食物的動物。

• **原生林、原始林 Primary forest**
長時間未經干擾（尤指人類活動），並且發展達到成熟穩定階段的森林。

• **靈長類動物 Primate**
哺乳動物之靈長目成員，如狐猴、狨、懶猴、波特猴、猴、猿及人類等。

• **長鼻 Proboscis**
具有彈性、加長、加大的鼻子或鼻突，如象的長鼻。

• **蹬 Pronk**
如跳羚以四肢僵直的高跳、彈跳或蹦跳等方式移動，又稱為「彈跳」。

• **原猴類 Prosimian**
哺乳動物之靈長目成員中，不屬於猴或猿的物種，包括狐猴、狨、懶猴、波特猴等動物。

• **漫遊 Range**
1. 為了尋找食物、棲所或配偶而進行長距離的遊走或旅行。 2. 見活動領域。

• **反芻 Regurgitate**
將吞入胃部、嗉囊或其他類似的儲存性消化器官中的食物「咳出」或吐出。

• **再引進 Reintroduce**
在物種已消失的原生環境中進行復育或將活的生物釋放回當地。

• **回縮爪 Retractable (Retractile) claws**
能夠拉回或收入位於趾頭末端的袋狀鞘中的爪子。貓科動物特有特徵。

• **囓齒動物 Rodent**
哺乳動物中的囓齒目，成員為數眾多，如大鼠、小鼠、田鼠、松鼠、沙鼠、河狸、豪豬等。

• **棲息、歇息 Roost**
休息或入睡，通常在遠離地面的樹洞、樹枝或洞穴的穴頂上。

• **鬚鯨 Rorqual**
嚴格來說是指鬚鯨科的鬚鯨，但許多專家也將大翅鯨科的大翅鯨列入其中。

• **吻突、喙 Rostrum**
拉長或放大的鼻吻或前額，尤指頭骨上顎部位，如海豚的「喙」。

• **發情、動情 Rutting**
雄性動物聚集在一起，相互展示與打鬥，以爭取與雌性交配的機會。

• **疏林草原 Savanna**
大型草原棲地，具有零星的樹木與灌木叢，及漫長的旱季。經常用來形容東非及南非地區的開闊草原。

• **分散貯食者 Scatter-hoarder**
會將食物分別埋藏或貯藏在不同地點的動物，如松鼠將堅果埋藏在不同地區。

• **食腐 Scavenge**
攝食殘餘物、垂死或死亡腐敗的屍體，以及類似的動物殘體。

• **海豚群 School**
鯨目成員中相互協調行動的同類族群，尤指海豚。另見鯨群。

• **次生林 Secondary forest**
經過人類活動、野火、水災等事件干擾後，正在重新往

成熟的林木及動物分布發展的森林。

• 半回縮爪 Semi-retractable claws
可部分回縮至肉鞘中的爪子。見回縮爪。

• 真猴（猿猴）Simians
猴（包括狨與獠狨）與猿；哺乳動物之靈長目成員中非原猴者。

• 海牛目動物 Sirenians
海牛目成員，包括儒艮與3種海牛。

• 聲納 Sonar
以聲波導航與測距。見回聲定位。

• 浮窺 Spyhopping
將頭部垂直挺出水面，然後再沉入水下，不濺起水花。

• 乾草原 Steppe
以草原為主，樹木及灌木非常稀少，旱季很長的棲地。常用來指稱亞洲地區的開闊草原。

• 彈跳 Stott
見蹬。

• 亞撒哈拉地區 Sub-saharan
非洲撒哈拉沙漠南緣地區。

• 亞南極地區 Sub-Antarctic
南極洲的南極以北的島嶼及海洋，通常包括南美洲及非洲的最南端。

• 山麓區 Submontane
低地平原與山腳以上的坡地地區，但仍位於真正山區的下方。

• 共生 Symbiotic
2個個體或2種物種互利生存的關係。

• 針葉林帶 Taiga
指橫跨亞洲北部及北美洲地區，以常綠森林及林地為主的廣大地區。

• 陸棲 Terrestrial
完全或主要生活在陸地上。對照樹棲、水棲。

• 領域 Territory
一隻或一群動物固定用來覓食、休息及繁殖的地區，經常需要保衛以防禦入侵者。

• 叉 Tine
鹿的叉角末端尖銳處。

• 耳珠 Tragus
專指蝙蝠耳朵前方的肉質突出物。

• 結節 Tubercles
疣狀突起、圓形突起或類似的結瘤狀組織。

• 凍原 Tundra
位於北方，部分時間覆蓋冰雪，只有低矮植物而無樹木的開闊地區。

• 內毛皮 Under fur
見保護毛。

• 有蹄動物 Ungulate
具有蹄的哺乳動物。見偶蹄動物、奇蹄動物。

• 脊椎動物 Vertebrate
具有背脊骨的動物。

• 退化的 Vestigial
指萎縮或沒有功能的器官。

• 靈貓科動物 Viverrid
哺乳動物之靈貓科成員，包括麝貓、獴、靈貓、獴等。

• 斷奶 Weaning
哺乳動物的母獸逐漸停止為其幼仔提供乳汁的期間。

• 野生 Wild
未經馴化或馴服，自然而未受人類的影響。

中英索引

*斜體字者爲拉丁學名。

英中索引

*斜體字者爲拉丁學名。

供應商	農 學 社 TEL:29178022 FAX:29157212
出版	貓頭鷹（
書 名	哺 乳 動 物 圖 鑑
書號：	9789867879417
定價	'750
訂量	0930418